REINHARD K. SPRENGER

DAS ANSTÄNDIGE
UNTERNEHMEN

REINHARD K. SPRENGER

DAS ANSTÄNDIGE UNTERNEHMEN

Was richtige Führung ausmacht –
und was sie weglässt

Deutsche Verlags-Anstalt

Verlagsgruppe Random House FSC® N001967
Das für dieses Buch verwendete FSC®-zertifizierte Papier
Munken Premium Cream liefert Arctic Paper Munkedals AB, Schweden.

1. Auflage
Copyright © 2015 by Deutsche Verlags-Anstalt, München,
in der Verlagsgruppe Random House GmbH
Alle Rechte vorbehalten
Typografie und Satz: DVA / Brigitte Müller
Schutzumschlagdruck: RMO Druck GmbH, München
Inhaltdruck und Bindung: GGP Media GmbH, Pößneck
Printed in Germany
ISBN 978-3-421-04706-9

www.dva.de

Wenn wir nicht den Mut haben, wieder ein echtes Gefühl für menschliche Distanzen aufzurichten und darum persönlich zu kämpfen, dann kommen wir in einer Anarchie menschlicher Werte um.

Dietrich Bonhoeffer

INHALT

Die Lage

Wir leben in wirtschaftsethisch abschüssigen Zeiten. Der Bürger steht fassungslos vor riesigen Staatsschulden, EU-Ländern, die diese Schulden nicht begleichen wollen,»Too big to fail«-Zynismen, mit denen sich Politik und Finanzindustrie wechselseitig schützen, und den Gehaltsexzessen einer kleinen Managerclique, die sich aus der Wertegemeinschaft der Zivilisierten längst verabschiedet hat. Permanent werden geheime Kartelle und Preisabsprachen von Unternehmen aufgedeckt, die sich ihrerseits als Opfer preisknebelnder Einkäufer schildern. Wir lesen von Manipulationen der Wechselkurse, Verrechnung falscher Preise, Strafverfahren für Topmanager, bonusgetriebener Beratung und von Städten, in denen Familien keine Wohnung mehr finden, während Spekulanten ganze Häuserblocks verrotten lassen. Das alles überzuckert von»There is no alternative«-Advokaten, die die Selbstabschaffung der Vernunft empfehlen. Ein bizarres Kaleidoskop zerstörter Ideale.

Man mag daran erinnern, dass die weitaus meisten Unternehmer und Manager verantwortungsvoll und gesetzlich korrekt arbeiten. Jedoch sind die Anstößigkeiten in den Medien derart omnipräsent, dass der Bürger den Eindruck hat, die *ganze* Wirtschaft sei korrupt. Wirtschaftlicher Erfolg, so des Bürgers Schlussfolgerung, verdankt sich nicht mehr bürgerlichen Tugenden wie Fleiß, Ausdauer, Talent und unternehmerischer Risikobereitschaft, sondern der Zugehörigkeit zu einer neofeudalen Kaste und ihrer Nähe zum Kapitalstock der Gesellschaft. Das alles wirft Fragen auf, welche Formen des Wirtschaftens gesellschaftlich akzeptabel sind. Diese Fragen stellen sich auch *innerhalb* der Unternehmen. Dort mehren sich ebenfalls die Zeichen der Überforderung. Ein Auszug aus der Anklageschrift:»Change« als Veränderung des Status quo gehört längst zum Status quo; der Wunsch nach Work-Life-Balance, die Klage über Arbeitsverdichtung, Kontroll-Exzesse, Burnout, die anhaltende Konjunktur der Chefbeschimpfungs-Bücher, ganze Regale mit Empörungsliteratur, Milliardenkosten durch Innere Kündigung und Dienst nach Vorschrift, irritierend hohe Umfragezahlen über Angestellte, die in der Illusion, woanders sei es besser, nach einem neuen Arbeitgeber suchen. Kein Zweifel, auch Unternehmen und Mitarbeiter haben sich entfremdet.

Reaktion der Politik und der Unternehmen

Die Politik reagiert auf diese Gemengelage mit *Moralisierung der Wirtschaft*: Mindestlohn und Mietpreisbremse, die Löhne und Mieten nicht mehr dem Spiel von Angebot und Nachfrage unterwerfen, sondern dem Gesetzgeber; Frauenquoten, die Leistung und Erfahrung durch Geschlecht ersetzen; Überlegungen, die maximale Einkommensspreizung innerhalb eines Unternehmens gesetzlich festzulegen; gedeckelte Managerboni, Unternehmen als Agenten der Steuerbehörden, eine Compliance-Bürokratie, die mittlerweile monströse Formen angenommen hat; Corporate Social Responsibility, Corporate Governance, Value Based Leadership – Anglismen, die für eine glänzende Oberfläche sorgen und Legimitätsfassaden bauen.

Geradezu täglich dichter wird das Netz staatlicher Regulierungen, Auflagen und Transparenzforderungen, allerorten explodieren Verbots- und Bevormundungsinstanzen, das Strafrecht verdrängt das Zivilrecht in einer gesellschaftlichen Gestimmtheit, in der man es »denen da oben« mal zeigen will. Hinzu kommt eine Gründungswelle für Wirtschaftsethik-Lehrstühle, die mit verbeamteten Professoren den gesinnungsbetrieblichen Überbau staatlich finanzieren. Immer stärker wird die Tendenz, die Wirtschaft vom moralischen Hochsitz aus zu gestalten, überall droht der erhobene Zeigefinger, soll über der unsichtbaren Hand des Marktes die sichtbare Faust des Staates schweben.

Unternehmer und Manager beklagen zwar das wirtschaftsfeindliche Klima, wollen aber auch zu den Guten gehören: Die Wertegesänge der »Codes of Conduct« schwellen ebenso an wie die Geschäftsberichte, deren Umfang sich in den letzten Jahren verdreifacht hat und in denen es nur so wimmelt von »Gemeinwohl« und »Verantwortung«. Das alles in geschlechtsblinden Formulierungen.

Reaktion der Menschen

Man muss diesen Besänftigungsaktivismus nicht allzu ernst nehmen: Das Marketingelement ist hoch zu veranschlagen, die Grenze zur Fiktion unscharf. Aber auch bei den Bürgern verbreitet sich in dem Maße, in dem Ökonomie und Gesellschaft in der Wahrnehmung vieler auseinanderklaffen, die Sehnsucht nach der Wiederherstellung der Einheit. Zumindest nach einem Ausgleich der Beziehung. Entsprechend beobachten sie die Unternehmen kritisch unter den

Stichworten »soziale Verantwortung« und »Nachhaltigkeit« und beeinflussen die Märkte durch ihr Konsumverhalten. Keineswegs kommt es also, wie oft befürchtet, zu einer Verdrängung der Moral durch den Markt. Im Gegenteil: Überall mit Händen zu greifen ist die Sehnsucht nach »Balancen«, nach Rechtschaffenheit, Dauer, Ordnung und ruhiger Arbeit, nach Führungspersönlichkeiten mit »Maß und Mitte« (Wilhelm Röpke), nach einer Wirtschaft für das »ganze Haus« – und nicht nur für einige Privilegierte.

Falls nun auf den Begriff gebracht werden soll, was diese Sehnsucht bündelt, so wüsste ich nur ein Wort: *Anstand*. Ein älterer Jargon, ich weiß. Aber vielleicht eben deshalb passend. Die Menschen wollen Anstand – vor allem auch in der Unternehmensführung.

Anstand am Arbeitsplatz

Wer den Buchtitel *Das anständige Unternehmen* liest, denkt wahrscheinlich genau an diese Zusammenhänge – an Skandale, die ihren eigenen Erregungsroutinen folgen, an ökologische Fragen und Großprobleme im politisch-wirtschaftlichen Spannungsfeld. Zweifellos: Es gibt auf dieser Makro-Ebene Gestaltungsbedarf. Aber für kriminelle Handlungen, für Korruption, Kartellabsprachen oder Insiderhandel ist die Justiz zuständig, für die Entspannung des Publikums gibt es Ethik-Kommissionen, für die sich blähende Öko- und Werteorientierung die Öffentlichkeitsarbeiter in den Unternehmen.

Ich aber will zeigen: Das anständige Unternehmen geht *anders*. Aus zwei Gründen.

Erstens: Wirtschaftlicher Anstand realisiert sich gerade *nicht* in der Unterscheidung legal/illegal; dafür ist, wie gesagt, der Staatsanwalt zuständig. Und so notwendig gesetzliche

Regelungen sein mögen, sie zerstören auch Verantwortung. Sie ersetzen Freiheit durch Zwang und Staatshörigkeit. Hingegen realisiert sich wirtschaftlicher Anstand auf der breiten (aber immer enger werdenden) Straße des Legalen. Da, wo wir nicht gezwungen werden, sondern verantwortlich sind; wo wir wählen können. Bei Seneca lesen wir:»Was das Gesetz nicht verbietet, verbietet der Anstand.« Anstand definiert mithin einen Handlungsraum *innerhalb* des gesetzlichen Rahmens.

Zweitens: Die Skandale sind abstrakte Medienereignisse. Konkret wird Wirtschaft vor allem *am eigenen Arbeitsplatz.* Da, wo Menschen Wirtschaft am unmittelbarsten erleben und wo sie einen Großteil ihres Lebens verbringen: sechs, acht, zehn, manchmal zwölf und mehr Stunden täglich, vielfach auch am Wochenende – für manche Menschen *ist* Arbeit ihr Leben. Da kann es nicht egal sein, unter welchen Umständen sie arbeiten.

Arbeit hat ja nicht nur die instrumentelle Funktion des Geldverdienens oder des Zeitvertreibs, sondern auch eine *selbstprägende* Funktion: Man prägt sein Selbst durch Arbeit. Am Arbeitsplatz macht der Einzelne Erfahrungen, die dann wieder über die Familie und Freunde, über das Wahlverhalten und über soziale Beteiligungsformen in die Gesellschaft hinein strahlen. Was Menschen hier unmittelbar erleben, prägt sie direkt für ihr Leben als Bürger in der Zivilgesellschaft. Insofern beeinflusst der Arbeitsplatz sowohl quantitativ wie qualitativ und mit zum Teil hoher psycho-sozialer Dichte, ob Menschen ihr Leben würdevoll führen können. Wie werden sie am Arbeitsplatz behandelt? Welche Freiheitsgrade haben sie dort? Wie mündig können und wollen sie da sein? Wie viel Respekt wird ihnen entgegengebracht? Wieweit wird ihnen vertraut und was wird ihnen zugetraut? Deshalb kann man durchaus argumentieren, dass eine ethische Reflexion der Erfahrungen am Arbeitsplatz eine überragende Rolle spielt für eine freie Gesellschaft.

Das wird noch verstärkt durch die Tatsache, dass Arbeit ja nicht einfach ein Wert unter anderen ist (wie Bildung, Religion oder Kunst), sondern einen Sonderstatus hat: Die meisten Menschen *müssen* arbeiten. Man mag das aus unterschiedlichen Gründen bestreiten. Aber die Mehrheit der Menschen zerbricht sich morgens nicht den Kopf, ob sie nun arbeiten geht oder zum Golfplatz.

Wenn also die ethische Diskussion zumeist um »Externalisierungen« kreist, um die Kosten privaten Verhaltens zu Lasten der Allgemeinheit, dann wird in der Regel der wichtigste Faktor übersehen: *Menschen*. Menschen, die in Unternehmen geformt und (manchmal) verformt werden. Zum Gemeinwohlbeitrag eines Unternehmens gehören eben nicht nur die ökonomische Wertschöpfung, Sponsoring, Ausbildungsplätze oder plakative Gesetzestreue, sondern eben auch die Formung menschlichen Zusammenlebens, das Erleben von Selbstwirksamkeit und die Lebensfreude, mit der Menschen arbeiten und abends das Unternehmen verlassen. Die Erfahrung von Freiheit und Verantwortung in den Unternehmen prägt die Gesellschaft jedenfalls mehr als das Beobachten von Wirtschaftsskandalen. Wenn also ein Unternehmen über gute Produkte und Dienstleistungen hinaus »soziale Verantwortung« übernehmen will, dann sollte es seine Wirkung auf die Menschen am Arbeitsplatz kennen. Genau aus dieser Perspektive bezieht dieses Buch seine gesellschaftliche Relevanz.

Überschuss an Zudringlichkeit

Den meisten Menschen ist kaum bewusst, wie sehr die Arbeit sie prägt. Nicht nur die berüchtigte *déformation profession- nelle* – der Lehrer spricht irgendwann auch mit Erwachse- nen wie mit Schülern, Stewardessen lächeln ihr eingefrorenes Lächeln auch in ihrer Freizeit, Top-Manager finden nichts dabei, mit dem Firmenhubschrauber zur Arbeit zu fliegen. Es gibt einige wirklich dunkle Seiten der Anpassung: Auszeh- rung durch Konformitätsdruck, Effizienzexzesse, Führung, die mit Scham und Angst arbeitet, Sanktionen, die auf den Kern der Persönlichkeit zielen. Man denke an Willy Loman in Arthur Millers *Tod eines Handlungsreisenden*. Auch durch die Subjektivierung und Entgrenzung der Arbeitswelt inten- siviert sich die emotionale Vereinnahmung. Vieles, was in den Unternehmen passiert, trägt aus der hier vorgetragenen Sicht nicht zum gesellschaftlichen Wohlstand bei.

Vor allem aber – und das ist meine These – erzeugen die Unternehmen einen *Überschuss an Zudringlichkeit*. Ja, man versteht das moderne Unternehmen in moralphilo- sophischer Hinsicht nur, wenn man seine institutionelle Zudringlichkeit begreift. »Mehr Nähe!« – das ist der Impe- rativ, der das ganze Unternehmen durchdringt. Das klingt zunächst harmlos, fast sympathisch. Erst beim zweiten Hin- schauen bemerkt man die destruktive Kraft, die diese For- derung entfaltet: Im Prozess des modernen Organisierens sind mehr *Distanzen* – Räume, Freiräume, Spielräume – ver- schüttet worden, als sich mit der hier vertretenen Idee von Anstand vereinbaren lässt. Diese Distanzlosigkeit wird als solche gar nicht wahrgenommen, und falls doch, wird sie positiv gewendet als Wohlmeinen, Fürsorge und Hilfe. Hat jemand danach gerufen? Egal, die Institutionen schaffen ihre eigene Fundierung; es ist das Angebot, das die Nachfrage erzeugt. Arbeitsverdichtung ist daher nicht nur quantitativ zu begreifen als »mehr Arbeit für weniger Leute«. Es ist vor allem ein *psychischer Dichtestress*, der den Menschen zu schaffen macht. Ein Dichtestress, der als binnenorientierte, bürokratische und psychosoziale Zudringlichkeit erlebt wird. Man macht dennoch mit, weil es bequem ist, Vorteile verspricht, chic ist oder schlicht zu mühsam, sich zu wehren. Man unterwirft sich. Wer die Stimme dagegen erhebt, macht sich womöglich gar verdächtig. Irgendwann ist man umschlossen von einem Panzer bürokratischer Eingreiflogik, die *kein Tabu* mehr kennt.

Wir haben es hier mit einem neuen Typus von *Macht* zu tun. Seine Wirkung besteht darin, dass Unterscheidungen und Distanzen aufgehoben werden, dass Schonräume der Intransparenz verschwinden, Territorien der Schuldlosigkeit, Sphären der Unschärfe. Dieser Machttypus, das ist das Perfide, hat selten böse Absichten, sondern vordergründig die Vernunft auf seiner Seite, manchmal gar das Menschenfreundliche. Ich bezweifele aber, dass es sich um sittlichen Fortschritt handelt, wenn das schöpferische Anderssein den Strategien der verähnlichenden Distanzlosigkeit geopfert wird. Ich schaue skeptisch auf die Eigendynamik des Gleichmachens, die ein fauler Humanisierungszauber popularisiert. Ein Gleichmachen, das, von der Allgemeinheit gar nicht gefordert, dennoch überall neue Anwendungen findet.

Ich argumentiere dabei sowohl *ethisch* wie *ökonomisch*. Es geht mir zugleich um Wachstum und Effizienz. Anstand zu wahren heißt eben nicht *end of business*; der Handel mit anständigen Einsichten gibt nicht automatisch eine »Gewinnwarnung« aus. Im Gegenteil: Anstand muss wirtschaftlich erfolgreich sein. Die *ethische* Forderung nach Anstand ist richtungsgleich mit der *ökonomischen* nach Innovation und Reduktion der Komplexität. Denn das anständige Unternehmen produziert 1.) *keine Konformisten* und 2.) *keine unnötigen Transaktionskosten*. Weder Konformität noch Korrektheit noch Konsens noch Konvention. Was jeweils auf Befreiung hinausläuft. Auf Neubeginn. Das bewegte Wirtschaftsleben verlangt allemal, dass man sein Denken in *jede* Richtung neu erprobt. Hier wird also eine Alternative zur herrschenden Weltsicht formuliert. Es ist riskantes Denken, weil es das Konventionelle herausfordert, manchmal auch das Bewährte, meistens nur das *angeblich* Bewährte. Und nicht Veränderung fordert, sondern *Abschaffung*. Nicht mehr das Optimieren von Prozessen, nicht mehr Standard Operation Procedures, Null-Fehler, Kaizen oder Six Sigma – die Logik des Verbesserns und Reparierens reicht in Zeiten disruptiver Veränderung nicht weit genug. Deshalb kann man das Buch auch lesen als Anti-Verkrustungs-Fibel. Oder als Manifest für das heraufziehende Innovationszeitalter.

Institution, nicht Individuum

Was Menschen am Arbeitsplatz erleben, wie sie handeln und behandelt werden, das hat Konsequenzen für die Gesamtgesellschaft. Die dominierende *personenzentrische* Perspektive schaut dabei vorrangig auf das (Fehl-)Verhalten Einzelner: auf charakterliche Missbildungen, auf schäumende Chefs, unbeherrschte Kollegen, Eitelkeiten, Intrigen, sexuelle Übergriffe oder Mobbing. Man kennt das: der Geschäftsführer, der seinen Abteilungsleiter tritt, der seinen Mitarbeiter tritt, der seinen Kollegen tritt, der sein Kind tritt, das den Hund tritt ...

Auf der individuellen Seite wird mithin von Führungskräften gefordert, mit Mitarbeitern anständig umzugehen. Und auch wenn sie aus der Zeit gefallen scheinen, es gibt sie noch, jene, die Leistung daran messen, wie ausführungsergeben Mitarbeiter sind und wie lange sie Bürostühle wärmen. Man darf aber weder Arbeitgeber noch Arbeitnehmer mit moralischen Ansprüchen überfordern. Als Führungskraft eines Unternehmens sieht man sich ohnehin mit Funktionsimperativen konfrontiert, die anonym und moralneutral sind. Moralisierung stößt daher ins Leere – weil sie sich nicht an Individuen richtet, die in einem starken Sinne »frei« sind, sondern an zweckgeleitete Organisationen, deren Leitungspersonen schlicht und einfach das Wohl der Eigentümer mehren sollen.

Ich diskutiere also nicht, ob ein spezieller Banker zu gierig, ein Chef zu aufbrausend, ein Manager zu kontrollwütig ist. Zugespitzt kann man formulieren: Auf der personenzentrischen Ebene gibt es keine Anständigen – nur Unanständige mit schlechtem Gewissen. Ich kritisiere auch nicht das Verhalten von Psychopathen im Management – verantwortungslosen, jähzornigen Menschen ohne Impulskontrolle, die nicht selten als charismatisch, durchsetzungs- und überzeugungsstark gelten. Wer mit Handys nach Mitarbeitern wirft, sollte schlicht das Weite suchen – und auch finden. Natürlich gehören pathologische Extreme ins Gesamtbild. Und aus der individuellen Verantwortung kommt niemand heraus. Aber die Strombergs dieser Welt interessieren mich ebenso wenig wie kränkendes Verhalten, das dem Charakter oder der Laune eines Einzelnen entspringt.

Viel wichtiger ist der *institutionelle Rahmen*, innerhalb dessen sich Chef und Mitarbeiter bewegen, die Strukturen, die Führungsinstrumente, die Kommunikationen. Die institutionelle Demütigung ist gesellschaftlich folgenreicher als unziviliertes Verhalten einzelner Personen. Ich betrachte daher hier die Institutionen und die in sie »eingelagerten« Werte, die ich auf Anstand prüfe. Welches *Menschenbild* setzt dieser Rahmen voraus? Welche Form des Miteinander-Umgehens macht er wahrscheinlich? Welche unwahrscheinlich? Was ermutigt er? Was entmutigt er? Welche Grenze setzt und überschreitet er? Diese Institutionen konkretisieren Ethik zur Moral – jenseits des individuellen Einzelfalls, sei er besonders vorbildlich oder besonders abschreckend. Wo nämlich die Institutionen in Ordnung sind, braucht man sich um Moral kaum zu kümmern. Dann kann man das Böse auf das Kriminelle beschränken.

Unter diesem Blickwinkel beleuchte ich verschiedene Praktiken, wie ich sie in vielen Unternehmen vorfinde, von denen zahlreiche zu Ritualen degeneriert sind, oft zu Widersinn. Praktiken nenne ich Institutionen, kollektive Umgangsformen, Lebensweisen und Begriffe, in denen Menschenbilder eingelagert sind, anthropologische Grundannahmen, wünschbare Kooperationsformen. Und umgekehrt prägen sie ihrerseits die Sichtweisen der Menschen, die mit und durch diese Praktiken bestimmte Regeln und Vorgehensweisen als »normal« empfinden – auch solche, für die sich das Problem des Anstands meist gar nicht *bewusst* stellt. Die aber, so meine These, den Menschen zu nahe treten, den Anstand verletzen. Ich schaue dabei nicht nur »von oben«, indem ich das Prinzip des Anstands *top down* in einzelnen Institutionen anwende. Sondern auch umgekehrt »von unten«: Was ist anständiges Verhalten *der Mitarbeiter*? Was sind anständige Erwartungen an das Unternehmen? Und welche Effekte ergeben sich aus der »unbewussten« Nichtanständigkeit?

Ich glaube, dass diese Analyse die Mittel für eine *grundlegende* Neubewertung derzeitiger Arbeitsverhältnisse bereit-

stellen kann, ja, das Potenzial für eine veritable Gesellschafts-
diagnose hat. Die leidenschaftliche Kühle, die damit verbunden
ist, mag manchen vor den Kopf stoßen. Vor allem, weil sie
herkömmliche Erwartungen an Unternehmensethik unterläuft. Sie kann aber mehr bewegen als sentimentale Appelle.

Das Programm: Anstand durch Abstand

Thematisiert man Moral am Arbeitsplatz, dann stellt sich
sofort die Frage nach einer Norm, die die Zusammenarbeit
prägt und die »moralisch« von »nicht-moralisch« unterscheiden hilft. Den Begriff des »Anstands«, den ich dafür wähle,
betrachte ich nicht als Relikt vergangener Zeiten. Ich will ihn
vielmehr für die wirtschaftsethische Diskussion rehabilitieren.
Und vor allem: praktisch machen. Entsprechend Kurt Lewins
»Nichts ist so praktisch wie eine gute Theorie« will ich zunächst
umreißen, was ich unter Anstand verstehe – ohne mich allzu
tief in philosophischen Spezialfragen zu verstricken.

Daraus werde ich dann *fünf Prinzipien* entwickeln, die
Anstand konkretisieren, gleichsam »übersetzen«, und die
wir zur Abwehr anmaßender Nicht-Anständigkeit brauchen.
Orientiert am Menschen als *Freiheitswesen*, von dem dieser
Entwurf seinen Ausgang nimmt und auf den hin er ausge-
richtet ist, werde ich so eine Moral vorstellen, deren Haupt-
botschaft lautet: »Sei menschlich, nimm Abstand!«

Der Mensch als Freiheitswesen – wenn ich diese Vorlage
mit der institutionalisierten Verfasstheit der Unternehmen
abgleiche, springt sofort der *Kontrast* ins Auge. Es wurde im
Prozess des neueren Organisierens immer mehr Nähe und
Dichte geschaffen – mehr, als sich durch Verweis auf frühere
Distanzen wieder entfernen ließ. Man bemerke den Dop-
pelsinn von »entfernen«. Deshalb brauchen wir ein neues

Anstands-Denken, das die *Abst*ände wieder herstellt. Das ist die Denkrichtung: *Anstand durch Abstand.*

Für diese »Entfernung« will ich die Umrisse einer *negativen Unternehmensethik* entwerfen. Negativ ist sie in dem Sinne, dass sie nicht zeigt, was zu tun ist, sondern zu *lassen.* Sie ist insofern Teil einer *Ökonomie der Zurückhaltung,* als sie sich bewusst entscheidet, auf bestimmte Praktiken, Maßnahmen und Institutionen zu *verzichten.* Zu verzichten nicht in einem asketischen oder wachstumskritischen Sinne, sondern – ganz im Gegenteil – mit Blick auf eine ethisch und betriebswirtschaftlich definierte Wohlfahrt.

Wir erleben ja gerade großformatig eine schöpferische Zerstörung im Schumpeter'schen Sinn. Die Veränderungen durch die Digitalisierung – Stichworte: Industrie 4.0, Internet der Dinge, Online-Handel, Big Data – fordern Unternehmen in historisch vorbildloser Weise heraus. Die innere Verfasstheit der Organisationen spiegelt diese Situation allerdings nicht wider. Vielmehr herrschen dort etliche Paralysen und Pathologien – vor allem das »Mehr vom Selben«: mehr, schneller und härter arbeiten, Silodenken und Reparaturintelligenz. Es fehlen vor allem die *geistigen* Voraussetzungen, um den zukünftigen Herausforderungen auch nur angemessen begegnen zu können.

Alles, was da an Lösungsvorschlägen entwickelt wird, ist von eben jener Logik infiziert, die die Probleme gerade hervorgerufen hat: *Im Management kommt immer etwas hinzu.* Selten sagt jemand: »Das machen wir nicht mehr.« Oder: »Das nehmen wir weg.« Genau das aber muss man tun, wenn man unternehmerische Potenziale freisetzen will. Man muss etwas *nicht mehr* machen: Vieles, was die Unternehmen im Lauf der letzten Jahrzehnte hat verholzen lassen, lässt uns wieder durchatmen, wenn wir es abschaffen. Oder es besser gleich *lassen*. Letzteres gilt vor allem für klein- und mittelständische Betriebe (KMUs). Dort halten sich ja oft noch renitente Reste des gesunden Menschenverstandes. Die KMUs verspielen jedoch den Vorteil des Spätkommers, wenn sie die Methoden der Konzerne kopieren. Ich will daher vor allem diese Motoren der deutschen Wirtschaft ermutigen, nicht einer vermeintlichen Modernisierungslogik zu folgen und die zudringlich-bürokratischen Institutionen der Konzerne zu übernehmen. Auch hier gilt: Abstand halten! *Basso continuo* ist daher die »Produktion durch Negation«. Ich überprüfe den Anteil des Passiven am Unternehmenserfolg. Eines würdevollen Mangels an Aufhebens. Welche unternehmerischen Kräfte werden durch Beschränkung, Distanz und Diskretion aufgerufen? Es steht nicht weniger an als ein Paradigmenwechsel. Noch nicht annähernd wurde begriffen, dass »immer mehr« nicht funktioniert. Dass wir große Ideen brauchen, Ideen des *Nicht-Tuns* (nicht des Nichts-Tuns) und des Nicht-mehr-Tuns. Dass wir den Denkrahmen sprengen müssen – um Raum zu schaffen, aus der Enge des Gewordenen emporzusteigen. Von postmoderner Überladung wird so das Unternehmen befreit für eine neue (oder auch: erneut alte) Hinwendung zum Wesentlichen. Um vielleicht eine neue Epoche der organisatorischen Praxis einzuläuten. All das fasse ich unter der Überschrift »das anständige Unternehmen« zusammen.

In dem folgenden Teil II gehe ich näher auf die Prinzipien einer anständigen Unternehmensführung ein und führe sie an vierundzwanzig Gegenständen des Unternehmensalltags exemplarisch vor. Dabei lege ich jeweils die Wurzeln einer tiefgreifenden *Eingriffslogik* frei, die wir erst einmal verstehen müssen. Ich beschreibe ein Geflecht von Erfahrungen und Institutionen, das Anstand vermissen lässt. Ich will

Erfahrungen vergegenwärtigen, die allen vertraut sind, die in Unternehmen und Organisationen arbeiten. Und ich will den Anstand gedanklich ausprobieren. Dabei beschränke ich mich auf Menschen-Führung und treffe die Auswahl entschieden subjektiv. Das »Objektiv« gehört ohnehin nur in den Fotoladen. Anstatt Instrumente und Prozesse zu verbessern, sollten wir darüber nachdenken, ob wir sie überhaupt noch brauchen. Ob sie einen Mehrwert bieten. Oder ob sie nicht sogar *schaden*. Alle Kapitel enden daher mit der Wendung »Das anständige Unternehmen verzichtet auf ...«

Provozierend

Kommt man zu den praktischen Konsequenzen der hier vorgelegten Konzeption von unternehmerischem Anstand, dann werden sich vielleicht einige Leser getäuscht fühlen. Denn das gegenwartskritische Potenzial ist gleichsam die dunkle Seite des hell leuchtenden Begriffs »Anstand«. Manche werden den Ansatz dann nicht mehr so toll finden oder das alte sokratische Spiel spielen, einzelne Komponenten der Konzeption als nicht notwendig auszuweisen. Das kennen wir ja aus den Unternehmen: Wenn es ums Handeln geht, war es oft »nicht so gemeint«. Ich will deshalb auch die geistige Trägheit bekämpfen, das gleichgerichtete und gleichrichtende »Allemachen-das!«. Nur der Unreflektierte sieht, was alle sehen, und er sieht es so, wie alle es sehen. Das wäre zwar ein flüssiges Buch, aber auch ein überflüssiges.

Bei den Handlungsempfehlungen werde ich ebenfalls nicht überall auf Zustimmung stoßen. »Provokativ!« wird der Vorwurf lauten. Ein solcher Protest zeigt vor allem, welch korrumpierte Vorstellungen Unternehmen von sich selbst entwickelt haben und welchen Grad die kollektive Verblendung mittlerweile angenommen hat. Es gibt kaum mehr ein Feld der Unternehmensführung, auf dem nicht von vorneherein feststeht, was gesagt werden darf und getan werden muss. Es gibt kaum noch ein Außen, kaum noch Kritik. Die Unternehmen sind für die Beschränktheit ihrer Prämissen genauso blind wie für die vermeintliche Alternativlosigkeit ihres Handelns. Ich möchte hier deutlich werden: Wer das Folgende für abseitig oder vielleicht sogar für rückwärtsgewandt hält, der unterliegt einer optischen Täuschung, die sich nur durch die allgemeine Hypnose erklärt. Diese Hypnose bezieht sich vorrangig auf das Menschenbild und beruht auf bestimmten anthropologischen Grundannahmen – dann *wollen* Sie den Menschen als Freiheitswesen nicht anerkennen. Das ist Ihr gutes Recht. Manchmal ist es aber auch Gedankenlosigkeit oder Unklarheit. Unklares Denken erzeugt unklares Sprechen erzeugt unklares Handeln. In Zeiten politisch korrekter Gehirnvernebelung braucht es, um klar zu denken, oft mehr Mut als Verstand.

Anknüpfung

Bei der theoretischen Grundlegung dieses Buches stellte ich fest, dass ich über viele Jahre Einzelstudien zum Thema veröffentlicht habe, ohne dass mir das bewusst war. Ich schrieb gleichsam Nebentexte, wobei mir der Haupttext ein Geheimnis blieb.

In *Radikal führen* habe ich gezeigt, was zu *tun* ist, wenn sich Führung auf das Wesentliche konzentriert. Hier nun, unter ethischer Perspektive, will ich zeigen, was zu *lassen* ist. Ich habe bemerkt, dass in der Management-Praxis eine Lücke klafft. Dass das Nein-Sagen genauso zum Handeln gehört wie das Ja-Sagen. Dass das »Tun« als positive Tätigkeit zweifellos wichtig ist, aber durch ein »Lassen« als negative Tätigkeit dringend ergänzt werden muss. Dieses Lassen fällt in weiten Teilen zusammen mit der Führungsaufgabe »Transaktionskosten senken« – so wie ich sie in *Radikal führen* mit Blick auf eine wuchernde Bürokratie entwickelt habe. Dass sich dabei betriebswirtschaftliche Logik und ethisches Sollen nicht die übliche Zerreißprobe liefern, nehme ich gerne in Kauf. In dem vorliegenden Buch ist er also »entdeckt«, der Haupttext. Aus dem Gefundenen habe ich mein Suchen erschlossen. Das, was mir zuvor verborgen war: Anstand und Distanz. Gerade in Situationen des Umbruchs, in denen Traditionelles rasend schnell veraltet und Moral nicht mehr verbindlich sein kann, brauchen wir Konzepte, die Innen und Außen, Privat und Öffentlich, Ich und Wir *unterscheiden*. Die das Gleichgewicht finden zwischen Vertrauens- und Misstrauenssphären. Die sich wehren gegen Grenzüberschreitungen und Gesinnungskitsch, gegen die Ideologie des Echten und Aufrichtigen. Und die wieder für Grenzen und Respekt streiten, für Individualität und Differenz, Zurückhaltung und Höflichkeit. Die nicht den Sirenengesängen der erhitzten Moralisierer, Weltverbesserer und Endzeitgestimmten folgen. Kraft durch Zurückhaltung – darum soll es gehen.

Die Welt der Wirtschaft wird sich in den kommenden Jahren aller Voraussicht nach extrem schnell verändern. Insbesondere die digitale Wertschöpfung wird explodieren und die Unternehmen, die Geschäftsmodelle, ja die gesamte Konzeption von Arbeit herausfordern. Wer dabeisein will, muss anfangen. Schnell damit anfangen. Man kann aber nicht anfangen, wenn man nicht mit etwas aufhört. Man muss entrümpeln, wegschaffen, abschaffen. Aber um aufzuhören, muss man hören. Dafür habe ich dieses Buch geschrieben. Für jene, die Würde nicht nur im Konjunktiv kennen.

TEIL I

RICHTIG UND FALSCH. WAS IST ETHIK?

Ethik reflektiert die Unterscheidung zwischen richtig und falsch. Sie diskutiert, wie wir leben *sollen*, was wir tun sollen und was wir besser sein lassen. Sie erhebt dabei den Anspruch, gute Gründe anzugeben, die vernünftige Menschen überzeugen – unabhängig davon, in welcher Kultur sie aufgewachsen sind, wo sie leben und welchen Werten sie sich verpflichtet fühlen. Die Gruppe von Menschen, die in dem berühmten Modell des Amerikaners John Rawls zusammensitzt und hinter dem »Schleier des Nichtwissens« ganz allgemein über Regeln des Zusammenlebens diskutiert, die führt eine ethische Diskussion. Wenn aber der Schleier gefallen ist und entschieden wurde, welche Regeln denn nun für diese Gruppe gelten sollen, dann haben wir eine neue Qualität.

Das ist die Bruchstelle zur *Moral*. Moral fasst die konkreten Institutionen, Werthaltungen und Sittlichkeitsvorstellungen eines bestimmten Ortes oder einer bestimmten Gemeinschaft zusammen. Sie ist das, was »gilt«. Tradition, Kultur und Religion sind hier prägend. Moral definiert also einen *Ausschnitt der Ethik*, auf den sich Menschen *geeinigt* haben. Ethik diskutiert Wertkonflikte und Dilemmata und wird – wenn entschieden wurde – zur Moral.

Moral ist mithin immer Gruppenmoral – ein Mensch alleine braucht keine Moral. Moral schließt aus und ein – sie diskriminiert, würden wir heute sagen. Jede moralische

Position, und sei sie Ihnen noch so sympathisch, erhebt sich über den anderen. Moral sagt: Ich habe mehr Recht dazuzugehören als du!

Die oft gestellte Frage »Welche Ethik taugt für die Wirtschaft?« ist also falsch; die Frage gilt der Moral, nicht der Ethik. Wenn ich im weiteren Verlauf das anständige Unternehmen skizziere, dann handelt es sich um eine moralische Position – obwohl Sie sie vielleicht für unmoralisch halten.

Es gibt verschiedene Denktraditionen in der Ethik. Die *Naturrechtsethik* geht davon aus, dass jedes Handeln (und auch jede Institution) einen durch seine jeweilige Natur festgelegten Zweck erfüllt. Man müsse entsprechend herausfinden, was die »Natur einer Sache« sei. Diese auf Thomas von Aquin zurückgehende Denktradition hat in der katholischen Soziallehre ihre Heimat gefunden. Ihr Problem ist: Oft ist der Zweck einer Sache umstritten. Zum Beispiel: Ist das Unternehmen für die Kunden da? Oder für die Eigentümer? Oder gar für die »Systemrelevanz«?

Die *konsensorientierte* Ethik glaubt nicht an ein Naturrecht. Sie glaubt vielmehr an die Vernunft und die Einsicht der Menschen. Was in einer fairen Diskussion aller Beteiligten von der überwiegenden Mehrheit akzeptiert wird, das gilt ihr als ethisch legitim. Der deutsche Philosoph Jürgen Habermas und John Rawls vertreten prominent diese Position.

Die *Kantische* Ethik stellt die *Absicht* der Handelnden in den Vordergrund. Man könne nicht verantwortlich sein für eine Aktion, die vielleicht schlechte Folgen habe, aber gut gemeint sei. Dafür gebe es zu viele Unwägbarkeiten. Diese Ethik verlangt von Ihnen, etwa einen Mitarbeiter genau so zu behandeln, wie Sie selbst behandelt werden möchten. Unabhängig davon, ob das dem Mitarbeiter gefällt oder nützt – es geht nur um Ihre Absicht. Mehr noch, dass Sie wünschen können, dass grundsätzlich *alle* Menschen so behandelt werden. Also: Haben Sie die *Absicht*, den anderen anständig zu behandeln? *Wollen* Sie Ihrem Mitarbeiter respektvoll begegnen? Ob der Mitarbeiter das dann auch als anständig erlebt, so Kants Argument, haben Sie ja nicht im Griff. Wenn er böswillig ist, wird er niemals Ihre Handlung als anständig anerkennen. Und das kennen Sie ja aus der Praxis: Manchen Menschen kann man das Paradies auf den Bauch binden – wenn sie nicht bereit sind, es zu sehen, hat das Jammern kein Ende.

Als die Kantische Ethik in frühen Studienjahren erstmals an mich herangetragen wurde, war ich bereit, ihr zuzustimmen, sie zumindest für zustimmungsfähig zu halten. Man kann doch die Folgen einer Handlung nicht vollumfänglich voraussehen, wohl aber die beste Absicht haben! Doch bald kamen mir Zweifel. Reicht ein »gutes Gewissen« aus, obwohl man die Situation nicht verbessert hat? Ist die »reine Weste« das entscheidende Maß? Was, wenn jemand die alte Dame über die Straße führt, die Ampel aber Rot zeigt? Was, wenn jemand helfen und Gutes tun will, aber das gerade Gegenteil erzeugt? Was, wenn es jemandem egal ist, wie sein Verhalten wahrgenommen wird – Hauptsache »ehrlich«? Was, wenn jemand sich unklar ausdrückt, weil er sich nicht klar ausdrücken *kann*? Jeder weiß doch: Es ist unmöglich, mit einem Wirrkopf zu diskutieren, der gute Absichten verfolgt. Was, wenn einer es an Klarheit und Konsequenz vermissen lässt, weil es an Mut und Urteilskraft fehlt? Ist der dann nicht – zumindest teilweise – für die *Wirkung* verantwortlich?

Oft ist ja im Managementalltag das Ziel allgemein anerkannt, der Weg aber umstritten. Dann ist es ein klassischer Kunstgriff, Weg und Ziel zu identifizieren. So, als gäbe es nur einen einzigen Weg. Wer dann diesen Weg oder diese Methode kritisiert, scheint gleichzeitig das von allen angestrebte Ziel zurückzuweisen. Wer will sich schon vorwerfen lassen, er sei gegen Umsatzsteigerung, Profitabilität, Offenheit, Ehrlichkeit, Transparenz, Empathie,»gute« Führung und faire Beurteilungen? Dann sitzt man mit seiner guten Absicht in Tugendhaft.

Noch einmal gefragt: Bringt uns Herzensgymnastik weiter? Kann es uns egal sein, was unser Handeln *bewirkt*? Nein, kann es nicht. Nicht, wenn wir dem Kriterium des Anstands genügen wollen. Dann müssen wir wenigstens Wahrscheinlichkeiten kalkulieren. Allerdings dürfen wir – insofern ist Kant zuzustimmen – nicht die *Absicht* haben, den anderen zu verletzen oder zu entwürdigen.

Der Kantische Mensch der guten Absichten hat eine große Nähe zum *Gesinnungsethiker*, wie ihn Max Weber beschrieben hat. Der Gesinnungsethiker will seine Grundsätze durchsetzen, koste es, was es wolle (Robert Redford in *Brubaker*). Ein reines Nützlichkeitsdenken ist ihm fremd. Für ihn ist die Geltung einer Norm das Wichtigste – auch wenn sie sich nicht durchsetzen lässt. Sie hat unbedingte Priorität und darf nicht mit anderen vorteilhaften Handlungsfolgen verrechnet werden. Hier ist man ein guter Mensch, wenn man das Gute *will*.

Auf der anderen Seite des von Weber eingeführten Gegensatzpaares steht der *Verantwortungsethiker*, der eher auf die *Folgen* von Entscheidungen schaut, weniger auf die Absicht. Er wägt ab, lotet mögliche Konsequenzen aus, rechnet sie gegeneinander auf, schaut auf Angemessenheit in bestimmten Situationen (Marco Hofschneider in *Hitlerjunge Salomon*). Er bevorzugt mit den Philosophen William

James und Richard Rorty eine Haltung des »Und«: Etwas gilt – »und« etwas anderes ist ebenfalls zu berücksichtigen. Er akzeptiert mangels besserer Alternativen auch schmutzige, aber lebbare Lösungen, selbst wenn sie seinen Idealen nicht entsprechen. Aber er geht nicht so weit, dass ihm *jedes* Mittel recht ist, dass der gute Zweck die bösen Mittel heiligt. Da unterscheidet er zum Beispiel zwischen (abzulehnenden) kurzfristigen Erfolgen und (wünschbaren) langfristigen Wirkungen. Nur die *Extreme* sind unbedingt zu meiden – zum Beispiel Grausamkeit, Folter, Krieg. Man kann bekanntlich jedes Argument zu Fall bringen, wenn man es ins Extreme treibt. Doch schon bei der »Erniedrigung« von Menschen gehen auch die Meinungen der Verantwortungsethiker auseinander: Einige halten seelische Grausamkeit für lässlich, weil mental zu verkraften; nur die körperliche Grausamkeit sei direkt und nicht zu bewältigen.

Wichtig ist: Der Verantwortungsethiker (oft auch als »Utilitarist« bezeichnet) missioniert nicht, er behauptet keine absoluten Ansprüche. Er weiß um die Relativität der Werte. Der Verantwortungsethiker ist ein guter Mensch, wenn er das Gute *tut*, wenn das Gute tatsächlich eintritt. Er hält es mit Erich Kästner: »Es gibt nicht Gutes. Außer man tut es.« Hingegen handelt er in seinem Sinne falsch, wenn die beabsichtigten Folgen verfehlt werden. Für ihn reicht es nicht, sich gegen Kinderarbeit auszusprechen, wenn letztlich nichts versucht wird, an den Lebensbedingungen der Familien in Drittweltländern etwas zu ändern.

Im sozialen Kontext ist es dann das Erleben des Handlungs*empfängers*, das wirklich zählt. Dann ist entscheidend, wie eine Handlung auf diejenigen wirkt, die ihre Auswirkungen unmittelbar erleben: »Perception is reality«. Und als Konsequenzialist interessiert er sich nicht für »gut gemeint«.

Ihm ist es auch egal, wenn etwas »Teil von jener Kraft (ist), die stets das Böse will«, wenn es denn »das Gute schafft«. Adam Smiths »unsichtbare Hand« des Marktes gehört hierher, die aus dem Eigennutz der Einzelnen die Wohlfahrt aller entstehen lässt. Und auch das unternehmenskulturelle »ROWE«-Konzept ist hier zu verorten: das *Results only work environment*. Es geht um Resultate; wie und wo sie erzielt werden, ist unerheblich.

Für das anständige Unternehmen vertrete ich diese *pragmatisch-konsequenzialistische* Ethik. Institutionen will ich nicht von ihren (meist guten) Absichten aus beurteilen, sondern von den Folgen. Und die Folgen sollten die Situation verbessern – zumindest nicht verschlechtern. Deshalb frage ich nach dem Nutzen, nach den Konsequenzen. Eine Institution ist dann ethisch vertretbar, wenn sie tatsächlich erfolgreich ist, und nicht immer nur *behauptet* wird, dass sie erfolgreich ist.

Viele Institutionen im Unternehmen klingen gut, haben sympathische Ziele, schmücken sich mit den besten Absichten. Wenn man dann fragt, ob sie ihren Nutzen auch nachweisen können, sind die Antworten oft dünn. Es gilt Gottfried Benns berühmter Satz: »Das Gegenteil von gut ist nicht böse, sondern gut gemeint.« Um die Berechtigung der Führungsinstrumente zu beurteilen, müssen wir ihre Wirksamkeit anschauen, nicht ihre Absicht. Dabei meine ich nicht einmal, dass sich ihr Nutzen messen lassen muss. Er muss allerdings spürbar, plausibel sein – und er muss sich rechtfertigen lassen gegen andere Argumente (zum Beispiel hohe Bürokratiekosten). Zudem ist oft völlig unklar, welcher und wessen Nutzen eigentlich gesteigert werden soll. Die Befürworter von Institutionen haben meist selbst den größten Nutzen davon, dass diese bestehen bleiben. Moralisiert wird nur, wo es etwas zu erbeuten gibt.

Diese konsequenzialistische Sicht fordert daher auch, diese *Spät- und Nebenwirkungen* einer Institution – so sie erkennbar sind – zu erwägen und zu beurteilen. Die können bekanntlich den beabsichtigten Hauptwirkungen zuwiderlaufen oder sie gar vollständig aufheben. Ja, Absichten bewirken oft das Gegenteil, sobald sie ausgeführt sind. So gehört zum Beispiel »Gleichheit« zu jenen rekrutierstarken Ideologien, die, wenn sie direkt angestrebt wird, zu paradoxen Effekten führt: Es wird alles nur noch ungleicher. Das gilt vor allem, wie wir noch sehen werden, für die drei Hauptfeinde des Anstands: die Vorsorge, die Transparenz, das Echte.

Ich will zumindest die Kollateralschäden kennen. Wenn eine Neuerung eingeführt wird: Was wird geschwächt? Wer ist der Verlierer? Wir sind ja umstellt von einer Epinatur von Handlungsfolgen, die die angestrebten Effekte zum Teil völlig konterkarieren. Was ist der maximale Erfolg des Autos? Der Stau. Zugegeben, nicht alle Spätwirkungen sind vorhersehbar. Aber die, die wissbar sind, sollte man mitberücksichtigen. In Kenntnis der Spät- und Nebenwirkungen kann man dann eine Entscheidung treffen, die vielleicht nicht ideal ist, aber doch pragmatisch. Jedenfalls darf die Therapie nicht schlimmer sein als die Krankheit.

Das wollen die eingebildeten Guten oft nicht wahrhaben. Gute Absichten scheuen die praktische Konsequenz ja ebenso wie das Licht des logischen Zusammenhangs. Deshalb ist die Verantwortungsethik in Deutschland nicht sehr beliebt. Sie ist vielen zu nüchtern, zu kühl, zu wenig moralisch hochstehend. Deshalb werden in Wahlkämpfen vorrangig gute Absichten plakatiert; Spät- und Nebenwirkungen können dann andere ausbaden. Darauf müssen Sie sich also einstellen: Wer hierzulande auf böse Konsequenzen hinweist, wird mit guten Absichten bestraft.

In meinem Urteil über die Gegenstände, an denen ich Prinzipien des Anstands illustriere, bin ich zunächst streng subjektiv, von meinen Wertmaßstäben und praxisgestützten Überzeugungen aus gesehen. Ich halte das für einen Vorzug. Dies umso mehr, als die meisten Wirtschaftsethiker niemals ein Unternehmen von innen gesehen haben. Aber dann ziehe ich Freunde hinzu, Bekannte, bis hin zum zufällig Anwesenden oder irgendeinem beliebigen Beobachter. Kommt er zu dem gleichen Urteil, so kann dieses Urteil den Anspruch eines »unparteilichen« Beobachters erheben. Dann sind alle Handlungen geboten, die aus dieser unparteilichen Urteilsperspektive gebilligt werden können. Das heißt aber auch, dass ich das Urteil parteilicher Beobachter ignoriere: zum Beispiel von Personalern, die an ihren Spielzeugen festhalten wollen, oder von Beratern, die diese Spielzeuge verkaufen, oder von schwachen Führungskräften, die bürokratische Führungsprothesen brauchen, oder von anderen gewohnheitsmäßig Verformten, die dem »naturalistischen Fehlschluss« obliegen: Etwas ist richtig, weil man es macht, weil es alle so machen und weil es alle schon immer so gemacht haben. Denn haben wir uns einmal daran gewöhnt, das zu erhalten, was diese Institutionen liefern, glauben wir auch bald, nicht ohne auskommen zu können.

Was heißt das alles für das anständige Unternehmen? Wir haben verlernt, unserem gesunden Menschenverstand zu vertrauen. Stattdessen unterwerfen wir ihn bereitwillig irgendwelchen Expertenmeinungen. Das Expertenwissen verdrängt das Erfahrungswissen. Gegenüber dem Expertenwissen müssen wir wieder die Würde der gewöhnlichen Erfahrung in Stellung bringen. Eine ethische Betrachtung hilft uns dabei. Sie lenkt den Blick auf die Wurzeln. Und Prinzipien helfen uns dabei, das Wesentliche nicht aus den Augen zu verlieren: An welchem Menschenbild orientieren wir uns? Wie wollen wir zusammen leben und arbeiten? Das kann hier mit Blick auf die Praxis bedeuten: Blockiere niemals Weiterentwicklung! Behaupte nichts Positives ohne Beweis! Tue nichts ohne Wirkungsabschätzung – auch und vor allem nicht auf das, was im Folgenden als »Anstand« entwickelt wird.

WAS IST ANSTAND?

Anstand ist für die meisten Menschen ein leicht fassbarer Begriff. Jeder weiß sofort: »Das ist anständig!« Moralpsychologische Intuitionen hat jeder vor allem bei individuellem Verhalten: Höflichkeit, Zurückhaltung, Freundlichkeit gegenüber jedermann, unabhängig von dessen Status. Lächeln. Augenkontakt mit anderen, Entgegenkommenden, ihnen leicht zunicken, was einer Miniaturverbeugung gleichkommt, vielleicht sogar ein Gruß – das ist nicht belanglos. Es signalisiert Anerkennung der Person. Alltagsplausibler ist das Intuitive noch in der negativen Version: »Das ist *nicht* anständig!« Um das zu wissen, müssen wir nicht mit Papst Franziskus auf einer Wellenlänge funken.

Die normativen Obertöne von Anstand machen den Umgang mit ihm aber nur scheinbar leicht. Vielleicht zu leicht. Insbesondere dann, wenn wir auf die institutionelle Ebene wechseln. Dann müssen wir Kriterien anführen, mittels derer wir *anständige* Institutionen am Arbeitsplatz von *nicht-anständigen* unterscheiden.

Ich habe, um möglichst viel Alltagsnähe herzustellen, Führungskräfte und Nicht-Führungskräfte befragt, was »Anstand am Arbeitsplatz« für sie bedeutet. Hier einige Antworten:

- respektvoll behandelt werden
- dass man mir vertraut, Dinge richtig zu machen
- dass ich manchmal für meine Familie mehr Flexibilität brauche
- Höflichkeit

- Ich will keinen durchgeknallten Vorgesetzten haben
- fairer Umgang
- Zeit selbst einteilen können (weil ich die Pflege meiner Mutter übernommen habe)
- Ich brauche ein Mitspracherecht in allen Dingen, die meinen Job betreffen; ich finde es nicht okay, wenn über meinen Kopf hinweg entschieden wird
- kein Fahrstuhl nur für den Vorstand
- nicht täglich 100 Listen ausfüllen
- dass ich als Trainee besser bezahlt werde
- nicht nur Nummer sein, sondern Mensch
- nicht deshalb befördert werden, weil man dahin kriecht, wo es immer dunkel ist

In diesen Antworten fällt mehrerlei auf:

1. Es dominiert der soziale Charakter des Begriffs; Anstand ist eine Lebensform in *Beziehungen*. Anstand ist demnach etwas *zwischen* Menschen. Interessanterweise kommt in diesen Antworten nicht zum Ausdruck, dass Anstand auch *intrinsisch* zu verstehen ist, dass es also eine autonome Beziehung zu uns selbst sein kann, die unabhängig vom Verhalten anderer ist. In der lebensphilosophischen Denktradition des Stoizismus beschreibt Anstand nämlich zunächst eine individuelle Einstellung, die der Mensch *zu sich selbst* einnimmt. Etwa: »Ich will mir gegenüber anständig sein; ich will auf mich selbst mit Respekt schauen; ich will von mir selbst das Bild eines anständigen Menschen haben.« Niemand kann von außen diese »innere Burg« einnehmen, niemand kann mir diesen Anstand rauben. Anstand beinhaltet also zum Beispiel nicht nur einen Freiraum, was uns erlaubt ist zu tun, sondern auch, *dass* wir es tun. Dass wir unsere Möglichkeiten nutzen. Diesen Aspekt von Anstand habe ich ausführlich in

Die Entscheidung liegt bei dir! beschrieben; er soll hier nur der Vollständigkeit halber erwähnt werden.

2. In allen Antworten spricht sich ein »Nehmen« von Anstand aus, also eher eine passive Haltung. Anstand am Arbeitsplatz erscheint als etwas, was *andere* zu leisten haben, was ich mir wünsche, im besten Fall erwarten kann. Das ist der *passiv relationale* Begriff. Allerdings kann Anstand auch ein »Geben« bedeuten, also eine aktive Haltung sein. Das ist der *aktiv relationale* Begriff: Wie schaue ich den anderen an? Von welchem Menschenbild gehe ich aus? Was sind meine anthropologischen Grundannahmen? Ist der Mensch ihnen zufolge »von Natur aus« vertrauenswürdig? Ehrlich? Motiviert?

3. Anstand bezieht sich offenbar nicht auf den Gegenstand der Arbeit. Es geht um ein »Wie«, nicht um ein »Was«. Beurteilt wird der menschliche und institutionelle Rahmen, in den diese Arbeit eingebettet ist. Das greife ich für dieses Buch auf: Ich trenne die Frage »Welche Arbeit machen wir?« von der Frage »Unter welchen institutionellen Bedingungen verrichten wir sie?« Denn es gibt – innerhalb des gesetzlichen Rahmens – keine »unanständige« Arbeit, auch nicht Prostitution, auch nicht Toilettenreinigung, auch nicht Waffenherstellung.

4. Es fällt auf, dass von Anstand gesprochen wird, wenn er vermisst wird. Wenn wir unseren *Eigenwert* nicht anerkannt sehen. Wenn wir spüren, dass andere uns und unsere Bedürfnisse nicht respektieren. Wenn wir den Makel spüren, den *human stain*, den Philip Roth in seinen Büchern so unvergleichlich beschrieben hat. Die Erscheinungsweise des Anstands ist also seine Abwesenheit. Man übertreibt nicht, wenn man feststellt: Es ist ein untrügliches Zeichen der Krise, wenn von Anstand gesprochen wird. Anstand setzt also *Verletzbarkeit* voraus. Unsere Gefährdung. Die Möglichkeit der

Entwürdigung. Das ist dann nicht irgendein Wert, nicht irgendeine Lebensform unter anderen, das hat existenzielle Wucht.

Konzentrieren wir uns also auf Anstand als *relationale* Beziehung zu und von anderen; so wie wir andere behandeln und so wie wir von ihnen behandelt werden. In den einschlägigen Büchern zur Wirtschaftsethik dominiert – durchaus im Einklang mit obigen Antworten – der *passiv* relationale Begriff. Es geht dann darum, wie Mitarbeiter von einem »Ich« – meist einem Manager – behandelt werden (sollten). In der Regel werden entsprechende Normen formuliert und »von oben nach unten« angewendet. Dabei geht man implizit von der Unterlegenheit und Schwäche der Mitarbeiter aus. Ob diese Annahme grundsätzlich oder doch meistens berechtigt ist, darüber kann man streiten – ich halte sie tendenziell für überlebt: Die demographische Entwicklung verschiebt das Kräfteverhältnis zugunsten der Mitarbeiter (auch wenn die Nachrichten vom Arbeitsmarkt widersprüchlich sind und oft nicht zum Erleben der Einzelnen passen).

Wie dem auch sei, ich will hier diesen Ansatz ergänzen um eine Perspektive »von unten nach oben«. Denn zweifellos gilt die Maxime des Anstands auch für die Einstellung und das Verhalten der Mitarbeiter gegenüber dem Management – auch wenn das nie thematisiert wird. Anstand hat eben auch etwas mit Erwartungen zu tun, die Mitarbeiter an Führung herantragen. Und da fehlt es ebenfalls häufig an Anstand. Ja, es ist richtig, dass das Management oft nicht anständig mit den Mitarbeitern umgeht; aber genauso richtig ist, dass Mitarbeiter oft nicht anständig mit dem Management umgehen. Deshalb kann Anstand auch beschreiben, wie andere mit *Ihnen* als Chef umgehen. Welches Bild haben sie von Ihnen?

Wie schauen sie Sie an? Wofür werden Sie verantwortlich gemacht? Was erwarten sie von Ihnen? Sollen/Wollen/Können Sie dem nachkommen? Noch einmal, weil das immer unterschlagen wird: Werden Chefs von ihren Mitarbeitern so behandelt, dass sie ihre Selbstachtung behalten können? Unter den unternehmenskulturellen und arbeitsrechtlichen Bedingungen vieler deutscher Unternehmen sind das veritable Fragen.

Bringen wir das über Anstand bisher Gesagte in eine knappe Skizze:

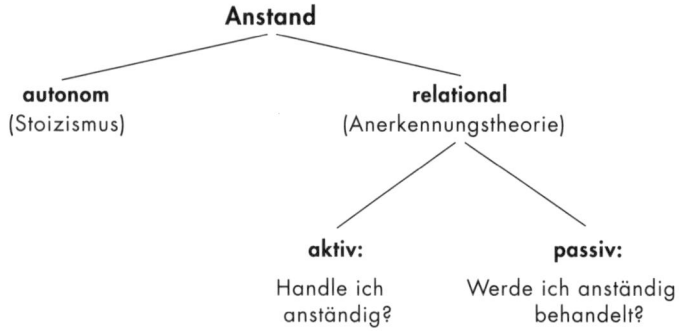

Anstand

autonom
(Stoizismus)

relational
(Anerkennungstheorie)

aktiv:
Handle ich
anständig?

passiv:
Werde ich anständig
behandelt?

Anstand ist nicht einfach gleichzusetzen mit Moral, schon gar nicht mit Moralisierung. Und keineswegs lässt sich, wie 2014 auf zeit.de ein sittenpolizeilicher Jediritter verlauten ließ, »was Political Correctness will, immer auch als Anstand beschreiben«. Das Gegenteil ist der Fall: Politische Korrektheit ist in ihrer invasiven Zudringlichkeit explizit *nicht-anständig* – weder in den Absichten noch in den Konsequenzen. Ich will hier gerade *nicht* in den Chor der Gouvernanten einstimmen. Sondern nüchtern eine normative Position bestimmen, die sich der wirtschaftlichen Logik einfügt, ohne moralisierend anzustoßen.

Das ist auch der Grund, weshalb ich, um die ethischen Anforderungen an ein Unternehmen zu beschreiben, den Begriff des Anstands gewählt habe, und nicht einen seiner normativen »Konkurrenten« wie Respekt, Würde, Selbstachtung oder Gerechtigkeit, die in der Ethik ihren Rang behaupten. Wo liegen die Unterschiede? In welcher Beziehung stehen sie zu Anstand? Allzu feinkörnig können wir hier nicht sein; es reicht, die konkurrierenden Werte kurz zu skizzieren und zu begründen, warum ich Anstand vorgezogen habe.

Gerade in der anglo-amerikanischen Wirtschaftsethik, aber auch von Gewerkschaften wird der Begriff der *Würde* gern dekliniert. Würde gilt als etwas, das wesenhaft zum Menschen gehört und zugleich ständiger Bedrohung ausgesetzt ist. In der philosophischen Tradition wird sie meist mit der Fähigkeit zur Vernunft in Verbindung gebracht und ist mit der Frage nach dem jeweils situativ angemessenen und kompetenten Verhalten verbunden.

Schon 1991 in *Mythos Motivation* habe ich geschrieben: »Das häufigste Verbrechen im Wirtschaftsleben ist die fundamentale Missachtung der Menschenwürde.« Das war laut, vielleicht sogar vorlaut, und ich würde heute kaum mehr so formulieren. Aber es war eine schlaglichthafte Eingebung, ohne dass mir die ethischen Implikationen dieser Aussage vollständig bewusst waren. Ob seitdem die Menschenwürde weniger missachtet wird, ist eine Frage des Blickwinkels. Es handelt sich dabei ja fast immer um gedankliche Kippfiguren, bei denen man – je nach Perspektive – entweder große Fortschritte in der »Humanisierung« der Arbeitswelt feiert oder aber flächendeckendes Elend beklagt.

Das liegt nicht zuletzt daran, dass »Würde« im Prinzip keine Gradualität zulässt: Ist sie verletzt, ist sie verloren.

Wenn es um Würde geht, steht immer gleich »alles« auf dem Spiel. Aus dieser Unbedingtheit bezieht der Begriff sein Pathos, das ihn übrigens auch für die politische Korrektheit so attraktiv macht: *Ein* falsches Wort reicht demnach aus, um jemandem die Würde zu nehmen. Ich halte gerade diese Denkweise für entwürdigend. Aber ich habe mich nicht nur deshalb gegen »Würde« entschieden, weil ich das Pathos des Begriffs fürchte, sondern auch, weil »Anstand« leichter und intuitiver fassbar ist.

Was ist mit *Selbstachtung*? Der israelische Philosoph Avishai Margalit, der eine politische Ethik entworfen hat, könnte auf die Wirtschaftswelt bezogen etwa so formulieren: »Anständig ist ein Unternehmen, wenn es in seinem gesamten institutionellen Verhalten den Menschen keinen Anlass bietet, sich in ihrer Selbstachtung verletzt zu fühlen.« Das klingt zunächst einmal eindrucksvoll. Aber ist dieser Wert auch praxistauglich?

Grundsätzlich gilt: Ich trete nicht nur *anderen* Menschen bewertend entgegen, sondern ebenso *mir selbst*. Ich kann mich fragen, ob ich mit meinem eigenen Handeln einverstanden bin. Achte ich mich selbst für das, was ich tue? Falls nicht, steht meine Selbstachtung auf dem Spiel, mein Eigenwert, mein »bestes Selbst« – so wie ich mich selbst gerne sähe. Sie hat also damit zu tun, ob ich den Standards entspreche, die für mich gelten sollen, ob ich »morgens noch in den Spiegel schauen kann«. Wenn ich diese *selbstgesetzten* Grenzen überschreite, verliere ich meine Selbstachtung.

Selbstachtung ist daher ein ausgesprochen *persönliches* Gebilde. Sie ist nicht universell, sondern radikal individuell. Das heißt, was mit *meiner* Selbstachtung unverträglich ist, muss für einen *anderen* nicht gelten. Was den einen aufregt, lässt den anderen kalt. Selbstachtung kann man also nur für sich selbst definieren. Nicht für einen anderen, nicht über dessen Kopf hinweg. Das wäre Bevormundung.

Es gibt nicht wenige Denker, die Selbstachtung für das höchste Gut halten, das wir als Menschen verlieren können. Aber: Sie kann uns nicht *von anderen* genommen werden; niemand hat diese Macht über uns. Ich kann sie nur mir selbst nehmen (auch wenn das viele Profiteure der Opferindustrie bestreiten). Ich kann sie verschleudern – zum Beispiel wenn ich schweige, wo zu sprechen wäre, wenn ich passiv bleibe, wo zu handeln wäre, wo ich anderen Verantwortung zuschiebe, die ich selber zu tragen habe, wenn ich inkompetent handle, ohne dass das entschuldbar wäre, wenn ich zulasse, dass ich mit roher Lust an Rücksichtslosigkeit »ausraste«, wo Selbstkontrolle und Mäßigung unverzichtbar wären. In seinem solipsistischen Charakter liegt zugleich die Schwäche des Begriffs: Selbstachtung ist nicht »übertragbar«, jeder Mensch hat eine andere Vorstellung davon, was seinen Eigenwert ausmacht. Jedenfalls haben die meisten Menschen reflexhaft ein relativ verallgemeinerbares Verständnis von Anstand, nicht jedoch von Selbstachtung.

Gerechtigkeit wiederum ist ein Begriff, der wie kein zweiter die politisch-wirtschaftliche Diskussion prägt. Was die Beifügung »sozial« soll, wissen wohl nur jene, die den Beeindruckungswert der Wortkombination kalkulieren. Jedenfalls steht bei nur wenigen Begriffen der emotionale Schwallwert in einem so drastischen Missverhältnis zu seiner inhaltlichen Dürftigkeit.

Die Gerechtigkeitsfrage resultiert aus dem *Vergleich* mit anderen. Menschen vergleichen sich, überprüfen ihre Ungleichheiten und entwickeln einen Sinn dafür, was für sie akzeptabel ist. Wer soziale Gerechtigkeit fordert, fordert im Grunde mehr *Gleichheit*. Das tut er vor dem Hintergrund erlebter Ungleichheit, die man wachsen oder schrumpfen sieht – je nach richtungspolitischer Position und Weite des Blicks.

Unbestritten ist: Eine relative Ungleichheit stimuliert die Eigeninitiative und ist Voraussetzung für wirtschaftliche Dynamik. Wo alles gleich ist, fehlt der Anreiz, sich anzustrengen und einen Unterschied zu machen. Jedoch: Eine übergroße und vor allem unüberbrückbare Ungleichheit stimuliert nicht nur Umverteilungsaktionismus, sondern reduziert auch das Wirtschaftswachstum, weil eine instabile politische Lage Investitionen entmutigt. Ein vernünftiges Verhältnis zu finden gehört zu den immergrünen Themen des sozialen Tauziehens. Tendenziell aber haben die mitteleuropäischen Gesellschaften wenig Sympathie für Ungleichheit – und übersehen dabei, dass sie die logische Voraussetzung für Vielfalt (»diversity«) ist.

Ungleichheit gibt es nicht nur auf den weiten Flächen der Gesellschaft, sondern auch im Unternehmen. Einige Mitarbeiter werden besser bezahlt, andere schlechter. Einige Arbeitsplätze sind sicherer, andere unsicherer. Einige Arbeitsbedingungen sind angenehmer, andere unangenehmer. All das ist, wenn es *gerechtfertigt* ist und sich innerhalb einer gewissen Bandbreite bewegt, noch kein Grund, den Anstand eines Unternehmens in Frage zu stellen. Erst wenn Ethnizität, Religion oder Geschlecht ins Spiel kommen, wenn wir es also mit *ungerechtfertigter* Ungleichheit zu tun haben, dann müssen wir über Anstand reden. In Deutschland ist das jedoch kaum mehr nötig – hier werden in solchen Fällen gleich Gesetze verletzt.

Es dürfte klar geworden sein, dass für den Zweck dieses Buches weder »Gerechtigkeit« noch »Gleichheit«, »Würde« oder »Selbstachtung« brauchbare Kandidaten sind. All diese Begriffe erfordern eine positive Bestimmung. Sie zielen darauf ab, einem Wert Geltung zu verschaffen, der von den jeweils gültigen Moralvorstellungen abhängt. Welche das sind oder sein sollten, lässt sich nicht allgemein sagen, zumal es sich in jedem sozialen Kontext – mal kaum merklich, mal rasant – verändert und ständig neu verhandelt wird. Die Wirtschaftsethik sollte also nicht von den Unternehmen fordern, solchen Werten Geltung zu verschaffen. Sie sollte sich nicht in idealisierten Welten kollektiven Gerechtigkeitsglücks verlieren. Sie sollte vielmehr – das ist mein Argument – die Erfahrungen von Nicht-Anständigkeit ernst nehmen.

Insofern zielt Anstand nicht darauf ab, diese oder jene Moralvorstellungen umzusetzen, sondern – philosophisch gesprochen – auf die Bedingung der Möglichkeit von Moralität: darauf, dass Menschen den Freiraum haben, ihre eigenen Entscheidungen zu treffen; darauf, dass sie als vernunftbegabte Wesen ernst genommen werden.

Wollen wir Anstand als rationale Praxis begreifen, dann ist Anstand nichts Gegebenes, sondern etwas Aufgegebenes. Man muss es stets neu beantworten. Dann aber beansprucht Anstand als Begriff Geltung und Legitimität, ist also seinem Wirken nach eine Anweisung. Seine Botschaft: *Beachte mich bei der Herstellung von Institutionen!* Der Begriff soll Praktiken orientieren. Und die Anweisung (respektive Therapie) kommt nicht ohne Drohung aus: Wenn du mich missachtest, zahlst du einen hohen Preis! Der äußert sich in mangelnder Motivation, hoher Fluktuation, hohen Fehlzeiten, explodierender Komplexität, Bürokratie, reduzierter Flexibilität und Zukunftsfähigkeit. Und bisher wurde noch jedes Unternehmen von seinen Mitarbeitern zugrunde gerichtet. Nicht immer böswillig: Sie hatten sich an schlechte Institutionen angepasst.

Konkret und praxisnah wird »Anstand« aber vor allem über einen sinnverwandten Begriff: die »Distanz«.

Ein sehr aufmerksamer Besucher meiner Seminare meinte einst, es gehe mir wohl durchgängig um Distanzen. Ja, es geht mir immer um das Verhältnis von Nähe und Ferne, von Einschließung und Ausschließung, von Hitze und Kälte, von invasiver Bedrängung und gelassener Entferntheit. Es geht mir um *Anstand durch Abstand*. Das beinhaltet auch das Recht, nicht geformt zu werden. Auch dann nicht, wenn wir als Führungskraft unter besonderer Beobachtung stehen – wie wir noch sehen werden. Die daraus resultierenden Spannungen in der Praxis kennt jede Führungskraft, die bei schwacher Mitarbeiterleistung »enger führt«, so wie man Hunde an der kurzen Leine hält. Oder Kinder am Gängelband. Was immer daran berechtigt sein mag: Leistungs*partnerschaft* sieht jedenfalls anders aus.

Der Eigensinn der Distanz, den gilt es wieder zu erwecken. Ich möchte mithin sensibilisieren für ein Risiko – nicht im *Gebrauch* vieler Institutionen und Instrumente, sondern in den Instrumenten als *Brauch*. Als Lebensform, die uns prägt, auf uns zurückwirkt und die sich uns anverwandelt. Dadurch verlernen wir die Begegnung, das nicht vorgeformte Gespräch, das Spontane. Und wir verlernen, die Instrumente als »Option« zu begreifen. Wir können nach wie vor wählen, ob wir sie nutzen oder nicht, ob wir uns ihren Stempel aufdrücken lassen wollen oder nicht. Zählen wir dieses Wählen zur *condition humaine,* dann folgt daraus, dass Menschsein etwas ist, das man vergessen kann. Aber auch wieder lernen.

Für diese Orientierung helfen uns Prinzipien – bezogen auf eine anständige Unternehmensführung.

PRINZIPIEN
ANSTÄNDIGER UNTERNEHMENSFÜHRUNG

Management ist Handwerk, Führung ist Haltung. Auch wenn diese Unterscheidung nicht immer trennscharf ist, bezieht sich Management tendenziell auf Organisation und Prozesse, Führung hingegen auf Menschen. Gerade aber das *Menschenbild*, das dieser Haltung zugrunde liegt, wird kaum reflektiert. Jedenfalls nicht jenseits der meinungsbegeisterten Floskeln üblicher Corporate-Identity-Korrektheit.

Menschenbildannahmen wirken sich jedoch auf alle Operationen im Unternehmen aus, ja, dadurch (erst) werden sie gleichsam »real«. Und manchmal wird der Menschenbildsubtext von Entscheidungen intensiver wahrgenommen als die Entscheidung selbst. Das ist der symbolische Überhang jeder Aktion. Er sagt etwas über anthropologische Grundannahmen aus; er sagt etwas darüber, was ich vom anderen denke; er sagt etwas über die Form der gewünschten Zusammenarbeit. So war Frederick Taylors Respekt vor den Fähigkeiten der »Belegschaft« nicht sehr ausgeprägt. Deutlicher gesprochen: Sein *one best way* war institutionalisierte Respektlosigkeit.

Ein angemessenes Verständnis von Zusammenarbeit erfordert daher nicht nur Kenntnis der Praxis, sondern auch Kenntnis der *Prinzipien*, die dieser Praxis eingewoben sind (in Form von Entscheidungen, Gewohnheiten, eingeübten Ritualen, unhinterfragten Abläufen).

Platon bezeichnete Prinzipien als den »Quellgrund« aller Existenz, und Aristoteles nannte sie die »erste Ursache«.

Prinzipien funktionieren wie Axiome, man kann sie nicht beweisen. Oder sie sind so klar, einleuchtend und selbstverständlich, dass man sie nicht beweisen muss. Außerdem müssen Prinzipien abstrakt sein, um für viele Fälle zu gelten. Insofern sind sie grundlegende Allgemeinheiten, die unser Verständnis zu bestimmten Bereichen regeln.

Prinzipien sind damit gleichsam auch die Wurzeln, aus denen Zusammenarbeit im Unternehmen wächst. Sich auf sie zu besinnen, gibt Orientierung. Sonst verirrt man sich im Dickicht der Managementmoden. Und alles, was aus der Wurzel wächst, hat Kraft – alles, was lediglich vom Ziel gezogen wird, bleibt kraftlos. Vor diesem Hintergrund sind Prinzipien für eine unternehmerische Arbeitsgemeinschaft Richtlinien, die verschiedene Praktiken als angemessen oder unangemessen qualifizieren.

Prinzipien sind mithin keine Tatsachenaussagen, sondern Verfahrensregeln. Ihre Wirksamkeit entscheidet sich letztlich im Alltag – in der Überlebensfähigkeit des Unternehmens im Wettbewerb. Wie jede Zivilisation, so stirbt auch jedes Unternehmen an Trägheit gegenüber den Prinzipien, die sie begründen. Kennt man aber diese Prinzipien und bleibt man ihnen treu, dann ergeben sich konkrete Ausgestaltungen quasiautomatisch. Sie machen ausformulierte Regelwerke weitgehend überflüssig. Und erzeugen – umgekehrt – wieder Glaubwürdigkeit und Vertrauen. Die Beachtung dieser Prinzipien führt aber nicht zwingend zu einer anständigen Unternehmensführung, sondern hilft lediglich, nicht-anständige Unternehmensführung zu vermeiden.

Meine Skepsis gegenüber wertethischen Konzeptionen will ich nicht verhehlen. Aber ich kann natürlich nicht so tun, als hätte ich keine Werte, die meine Sichtweise grundieren. All unser Denken und Handeln ist normativ durchtränkt – es gibt kein Erkennen ohne Bewerten. Und Wertfreiheit ist eine Illusion, mal nett gemeint, mal hochaggressiv. Also werde ich im Folgenden einige Prinzipien entfalten, die meine Auswahl der Praxisgegenstände begründen.

Ob es einen Standpunkt außerhalb der Moral gibt, von dem aus man über Moral »moralfrei« sprechen kann, ist eine offene Frage. Ich denke, dass wir uns immer schon innerhalb moralischer Wertungen bewegen. Und dass diese Wertungen ihrerseits durch andere Bewertungen gestützt werden. Es ist mir nur wichtig, dass wir uns Rechenschaft ablegen, *von welchem* moralischen Standpunkt wir argumentieren. Uns selbst gegenüber und auch anderen gegenüber.

Aus dem Gebot des Anstands will ich fünf Prinzipien als Handlungsempfehlungen ableiten. Sie lauten:

1. Betrachte Mitarbeiter nicht als bloße Mittel
2. Behandle Mitarbeiter nicht wie Kinder
3. Versuche nicht, Menschen zu verbessern
4. Verletze nicht die Autonomie der Mitarbeiter
5. Bezeichne nichts als alternativlos

Diese Prinzipien sind aus guten Gründen alle negativ formuliert, wie ich am Ende des Buchs erläutere. Im Folgenden werde ich jedes Prinzip kurz theoretisch entfalten und danach durch Gegenstände aus der Praxis illustrieren. Die Zuordnung der Gegenstände zu den einzelnen Prinzipien gelingt dabei nicht in jedem Fall überhanglos – manche Gegenstände kann man unter mehreren Prinzipien diskutieren. Ich habe mich jeweils für den argumentativen Schwerpunkt entschieden. Die gemeinsame Klammer bildet der Anstand – genauer: dessen Fehlen.

TEIL II

Betrachte Mitarbeiter nicht als bloße Mittel

Die Grußkarte eines Unternehmens zu Weihnachten: Man verzichte auf Geschenke und spende stattdessen für einen »guten Zweck«. Hm. Verfolgt man den Rest des Jahres »schlechte Zwecke«? Was weitere Fragen aufwirft: Welchem Zweck dient unser Handeln? Wie verhält er sich zu den Mitteln, die wir dafür einsetzen? Und was hat das mit Anstand zu tun?

Direkt mit der Tür ins Haus: Anstand entscheidet sich zuallererst an der Zweck-Mittel-Relation: Was ist der Zweck des Unternehmens? Was ist Mittel? Ist das eine für das andere da? Oder das andere für das eine? Was ist übergeordnet, was untergeordnet? Oder bezogen auf das Verhältnis zwischen Unternehmen und Mitarbeiter: Ist der Mitarbeiter Mittel zu Ihrem Zweck – oder ist er Selbstzweck? Ist er auf der Welt, um hinter Ihren Zielen her zu rennen – oder hat er eigene Ziele, die mit Ihren zu vermitteln sind?

Wenn Sie einen anderen Menschen als *Mittel* behandeln, bedeutet das, dass Sie ihn zum Werkzeug Ihrer Zwecke machen. Dann ist seine Energie »auf Sie hin« gerichtet. Er arbeitet dann »für Sie«. Dabei ist es egal, ob er Ihre Zwecke anerkennt und Ihre Gründe dafür teilt. Verpflichtet sind Sie ihm nur insofern, als er Ihren Zwecken nutzt. Er selbst ist reines Instrument.

Viele Führungsmodelle gehen davon aus, dass der Führende das Ziel vorgibt und das »Personal« ihm bei der Zielerreichung »hilft«. Mitarbeiter sind dann Mittel für die Zwecke der Führung. Obwohl diese Einseitigkeit offiziell geleugnet wird, ist das auch heute noch weitgehend das Standardmodell.

Der Triumph des Mittels über den Zweck ist den Gegenständen nicht immer gleich anzusehen. Oft nimmt er auch tückische Wendungen. Nehmen wir als Beispiel die sogenannte Stellenbeschreibung. Wenn sie eingeführt wird, wehren Menschen sich häufig dagegen. Sie sehen sich auf Funktionserfüllung reduziert und fühlen sich in der Komplexität ihrer Persönlichkeit nicht respektiert. Sie wollen vielmehr als Individuum gesehen werden, nicht als Platzhalter. Und je detaillierter die Stellenbeschreibung ist, desto weniger lässt sie sich mit der Forderung nach Anstand verbinden. Das ist die eine Seite. Wenn Mitarbeiter jedoch lange unter der Prägekraft der Institution »Stellenbeschreibung« gelebt haben, drehen sich die Verhältnisse: Dann bestehen sie plötzlich darauf, dann haben sie ihre Mittel-Existenz verinnerlicht, dann wollen sie nicht mehr Verantwortung für das Ganze übernehmen. Und machen eben Dienst nach Stellenbeschreibung.

Gehen wir, wenigstens theoretisch, auf die andere Seite der Zweck-Mittel-Polarität. Wenn wir den Mitarbeiter als *Zweck* betrachten, dann läuft die Energie »auf ihn zu«. Arbeit ist dann Mittel seiner Persönlichkeitsentwicklung. Als Chef fühlen Sie sich dann verpflichtet, ihn zu fördern und zu unterstützen. Übertreibt man es, dann gehorcht das Unternehmen der individuellen Selbstverwirklichung der Mitarbeiter. Genau so sieht das die sogenannte »dienende Führung«: Die Mitarbeiter geben die Ziele vor, und die Führungskraft erfüllt den Zweck, die Persönlichkeitsentwicklung der Mitarbeiter zu unterstützen. Manche halten das für ein Wunschbild anarchistischer Träumer, andere für eine praktikable, zumindest erstrebenswerte Möglichkeit.

Wenn wir uns in der Forschungstradition nach Ideen umschauen, die diese beiden Extreme versöhnen, dann stoßen wir unvermeidlich auf Immanuel Kant, den Weltbürger aus Königsberg, der zu fast allen Bereichen menschlichen Lebens Philosophisches beizutragen wusste. Sein Diktum: Handle so, dass der Mensch *nicht nur* Mittel, sondern *zugleich* auch Zweck ist. Dem wird man intuitiv zustimmen können: Niemand möchte »nur« Mittel zum Zweck anderer sein. Übersetzt heißt das, wir behandeln Menschen dann anständig und insofern moralisch richtig, wenn wir sie zumindest teilweise als *Zweck an sich* behandeln. Dann arbeitet das Unternehmen »auch« für sie. Dann trauen wir ihnen zum Beispiel zu, ihre Handlungen gemäß ihres Urteilvermögens selbst zu bestimmen. Anstand leitet sich dann aus ihrer Fähigkeit ab, sich selbst Zwecke zu setzen und sich selbst *als* Zweck zu setzen. Wir können ihnen dann lediglich *empfehlen*, auf eine bestimmte Weise zu handeln, weil wir dafür gute Gründe haben. Aber wir überlassen es ihnen, diese Gründe zu bewerten und gegebenenfalls abzulehnen. Wir werden dann nicht versuchen, andere zu beeinflussen – außer durch Gründe, die sie selbst gutheißen. Und auf keinen Fall werden wir sie zwingen.

Wir können aber einsehen, dass die Kantische Maxime zwar pragmatisch klingt, grundsätzlich auch zustimmungsfähig ist, für wirtschaftliche Zusammenhänge aber nur begrenzt brauchbar ist. Unternehmen sind *keine Familien*, selbst wenn das einige Patriarchen gerne so sähen. Unternehmen sind auch keine Selbsthilfegruppen. Arbeitnehmer werden *per definitionem* als Mittel für die Zwecke des Arbeitgebers eingestellt. Nicht aus Nächstenliebe, nicht aus Güte oder Fürsorge. Und unter der Bedingung der Arbeitsteilung sind die Mitarbeiter wiederum Mittel für die Zwecke des jeweils anderen – sei es ein Einzelner oder eine Abteilung. Zudem muss die moderne Arbeitsorganisation so gestaltet sein, dass nicht der ganze Laden zusammenbricht, wenn ein Mitarbeiter ausfällt oder das Unternehmen verlässt. Dass heißt, in ihren Rollen (nicht in ihrer Persönlichkeit!) müssen Mitarbeiter *ersetzbar* sein. In der Wirtschaft dominieren also *instrumentelle* Beziehungen, in denen Menschen andere Menschen *primär* als Mittel für ihre Zwecke behandeln. Was zunächst einmal kühl und berechnend klingt.

Ist es nicht zumindest möglich, auch *innerhalb* einer instrumentellen ökonomischen Beziehung auf Handlungsweisen zu verzichten, die den Anstand verletzen? Nun würde der Philosoph Theodor W. Adorno aufspringen und uns diese Illusion rauben: »Nein, das funktioniert nicht! Es gibt kein wahres Leben im falschen!« Dort, wo Macht eine Rolle spiele, Menschen sich für Zweck instrumentalisieren ließen und entfremdete Arbeit die Regel sei, da stehe auch die hochherzigste Geste im Verdacht, manipulieren zu wollen. Kein Entrinnen! Und wir müssen zugeben: Sich gegenüber Mitarbeitern respektvoll zu verhalten *kann* ein besonders effektiver Weg sein, sie zu manipulieren. Also dazu zu bringen, etwas zu tun oder zu lassen, was uns nützt.

Nun mag es ja sein, dass Manager Respekt und Wertschätzung heucheln, um bestimmte Effekte zu erzielen. Aber man sollte die Menschen nicht für naiv halten oder für dumm verkaufen. Wenn sie spüren, dass nicht gemeint ist, was gesagt wird, dann wird auch nur so getan, als würde verstanden. Wenn nur so getan wird, als würde den Mitarbeitern Achtung entgegengebracht, dann werden sie sich innerlich abwenden, und die angestrebten Effekte bleiben unerreicht.

Kurz, ich bin überzeugt, dass Menschen auch dort ein gutes Leben führen können, wo sie durchaus als Mittel gesehen werden, das heißt, wo sie sich bewusst für Zwecke anderer einsetzen lassen – solange bestimmte Bedingungen erfüllt sind; dazu später mehr.

Die Herausforderung des Kantischen Diktums liegt in dem Wort »auch«. Weil es ein Entweder/Oder versagt. Weil es interpretativ offen ist. Und daher verantwortlich macht. Ein Sowohl-als-auch balanciert und nimmt in der Praxis oft die Form eines Mehr-oder-weniger an. Diese Verhältnismäßigkeit gerät in der operativen Alltagshektik häufig aus dem Blick. Das Unternehmen entwickelt dann ein Eigenleben, verliert den Kunden aus den Augen, *hat* dann keinen Zweck, sondern *ist* Zweck, wird zum *Selbst-Zweck*. Und das ist das eigentliche Problem – Unternehmensautismus. Ein Unternehmen, das sich zum Selbstzweck erhebt, ist ein Fetisch.

In einem anständigen Unternehmen sind Menschen niemals nur Werkzeug, niemals nur Mittel. Sondern immer auch Zweck. Der Mitarbeiter darf nicht vollständig im Unternehmen »aufgehen«. Er ist ein *Gegenüber de*s Unternehmens. Zwischen Unternehmen und Mitarbeiter gibt es eine Konfliktgrenze, die respektiert werden muss, die nicht zu tilgen ist. Der Mitarbeiter hat eigene Interessen, die zu wahren sind und die keineswegs immer identisch sind mit den Interessen der Eigentümer beziehungsweise ihrer Repräsentanten. Die Zusammenarbeit ist dann von *Verhandlung* geprägt.

Es gibt viele mittelständische Unternehmer, die dem Ideal eines anständigen Unternehmens nahekommen. Die zwar auch Geld verdienen wollen, aber nicht um jeden Preis. Die ihre Mitarbeiter nicht nur als Mittel zum Zweck sehen, sondern vorrangig als Menschen. Die nicht nur kurzfristig erfolgreich sein wollen, sondern vor allem auch langfristig.

Die wissen: Menschen »funktionieren« am besten, wenn sie nicht nur funktionieren sollen.

Die Aufgabe der Führung besteht darin, die Spannung zwischen dem Unternehmensinteresse und dem Individualinteresse der Einzelnen kreativ zu gestalten. Überwiegt das Unternehmensinteresse, ist die Demotivation des Einzelnen die Folge; dominiert das Individualinteresse, wird die Gemeinschaftsaufgabe nicht erfüllt. Das Verhältnis zwischen individuellem Beitrag und kollektiver Anstrengung ist letztlich nicht aufzulösen, sondern immer nur zu *balancieren*.

Wenn wir eine Unternehmenspolitik gestalten wollen, die Anstand ins Zentrum stellt, dann dürfen wir nicht zulassen, dass der Mensch zum bloßen Mittel wird, dass er »mittelbar« erniedrigt wird und sich selbst erniedrigt. Dieses Individuum muss mit seinem Besonderen vorkommen dürfen, mit seinen Eigenheiten und persönlichen Lebensumständen, mit seinen Schwächen und mit seiner Trostbedürftigkeit und mit seiner Würde auch in der Niederlage. Das alles nicht bedingungslos, aber doch spürbar bis zu einem gewissen Grad. Und dieses Vertrauensklima ist unverzichtbar für langfristige Leistungserbringung.

Eine Begegnung, die den Anstand nicht verletzt, ist gekennzeichnet durch den Ausgleich von Geben und Nehmen. Augenhöhe ist ein schönes Wort dafür. Wir begegnen einander als Subjekte, die einen Zweck in sich tragen und sich wechselseitig nicht als bloße Mittel betrachten. In einem Wort: Das anständige Unternehmen ist eine Arbeitsgemeinschaft, eine Leistungspartnerschaft.

SINN
Vom Zweck des Unternehmens

Eine Zahlenwüste. Ein Chart voller Ziffern und Säulendiagramme. Von der meterhohen Leinwand blakt es auf die Zuhörer herunter. Der Vorstandsvorsitzende spricht erklärende Worte, deutet mit dem Laserpointer auf Kolumnen, stellt Beziehungen her ... zum nächsten Chart. Wieder Zahlen. Die Erklärungen sind überraschungsfrei, der pontifikalen Linie gegenwärtigen Managementdenkens verpflichtet. Wieder drückt der Vorstandsvorsitzende auf den Knopf: abermals ein Chart mit Zahlen, Säulendiagrammen, Messrelationen. Weiter Power-Point-Karaoke. Irgendwann dämmert es mir, was das Unternehmen verkauft. Zahlen! Der Sinn des Unternehmens ist es, Zahlen zu verkaufen!

Das wirft ein Schlaglicht auf die aktuelle Situation vieler Unternehmen. Die Selbstinszenierung ist *autistisch* geworden. Der Sinn der Veranstaltung verweist nicht mehr nach außen, über das Unternehmen hinaus, auf den Kunden, auf die Gesellschaft – sondern nach *innen*. Er ist auf sich selbst zurückgebogen. Das Unternehmen ist Mittel zur Wertsteigerung – des Unternehmens. Es ist zum Selbstzweck geworden, das die Investitionsrendite möglichst schnell und direkt abliefert – am besten ohne den Umweg über den Kunden.

The business of business

»Wer nach dem Sinn fragt, ist krank.« Freud hat das gesagt. Er verwies damit auf etwas, was durch die Beschreibung dessen, was ist und geschieht, unausgeschöpft bleibt. Die Sinnfrage stellt sich so lange nicht, wie die Zweckmäßigkeit der Veranstaltung gesichert ist.

Denn was Mittel und was Zweck ist, das war einst unstrittig: Man war sich einig, dass ein Unternehmen Waren und Dienstleistungen produzierte, um Kundenbedürfnisse zu befriedigen. Es war also Mittel – zum Zweck der Befriedigung von Kundenbedürfnissen. Und das war für jeden im Unternehmen erlebbar, auch wenn Unternehmer und Mitarbeiter *dadurch* ihren Lebensunterhalt finanzieren wollten.

Heute hat sich die Relation umgedreht. Das Unternehmen hat sich selbst zum Zweck gesetzt; Kunden, aber auch Mitarbeiter und Lieferanten – das sind die *Mittel*. Niemand widerspricht mehr, wenn die Steigerung des Unternehmenswertes als Zweck des Unternehmens ausgewiesen wird. Im Jargon: »The business of business is business.«

Besonders ausgeprägt ist dieser Autismus in der Finanzindustrie, vor allem bei den Großbanken. Das Image eines Bankangestellten: ein skrupelloser Finanzjongleur, der das Geld anderer Leute aufs Spiel setzt, auch nach Misserfolgen Boni einstreicht, genau das verkauft, was der Bank nützt – nicht, was dem Kunden nützt –, und zu allem Übel sein Unwesen unter faktischem Staatsschutz treibt. Unter diesem Klischee leiden insbesondere die kleineren und mittleren Angestellten, rechtschaffene Leute meist, nicht selten tief moralisch verwurzelt. Bei ihnen werden immer häufiger Depressionen diagnostiziert, zum Teil ist der Anstieg dramatisch, wie Ärzte und Psychologen berichten. Krank aber ist das Unternehmen, in diesem Fall sogar das Finanzsystem; der Mitarbeiter ist nur Symptomträger. Der Sinn meines Jobs? Mein Bonus!

Es geht also darum, die Auseinandersetzung um den Sinn der Organisation (wieder) in die Organisation einzuführen: Beschäftigen wir uns mit den richtigen Dingen? Sind wir auf dem richtigen Weg? Was tun wir für die Menschen, für die Gesellschaft? In welche Entwicklung wollen wir nicht investieren? Zusammengefasst: Was ist der Sinn des Unternehmens?

Leben, um zu atmen?

Die Frage, die sich der Führung stellt, ist zunächst eine motivationale: Wie sollen sich Menschen mit Leidenschaft einsetzen, wenn der Sinn der Veranstaltung darin besteht, Zahlen zu produzieren? Wie soll eine Mannschaft ein Spiel gewinnen, wenn sie nur noch auf die Anzeigetafel starrt? Sie mögen diese Frage ignorieren; Sie mögen darauf verweisen, dass es ja bekanntlich darum gehe, »was hinten rauskommt«. Aber das ist nicht nur simplifizierend, es ist schlicht falsch. Wir atmen, um zu leben; wir leben nicht, um zu atmen. Wer die Renditeerwartungen der Investoren zum Zweck der Veranstaltung macht, verwechselt *notwendige* und *hinreichende* Bedingung.

Um es deutlich zu sagen: Der Zweck eines Unternehmens ist es nicht, Profit zu machen. Profit ist bloß ein Indikator für erfolgreiches Arbeiten und eine notwendige Bedingung – er soll eine »Not wenden«, das Überleben sichern. Das heißt, das Spiel soll weitergehen. Wofür? Um etwas entstehen zu lassen, was *außerhalb* seiner selbst liegt, das über es hinausweist.

Investoren halten das für Wortspielerei, besser: hielten – bis die wirtschaftsgeschichtlich vorbildlose Wertvernichtung im Jahre 2001 sie eines Schlechteren belehrte. Eigentümer aber wussten das schon vorher; sie kennen die motivationalen Konsequenzen, wenn die Dinge verdreht sind. Profitabilität und Gewinnaussichten sind ungeeignet, Menschen zu dauerhaft hoher Leistung zu beflügeln. Die Erfüllung strategischer Ziele, die Erhöhung des Umsatzes auf X Prozent können das nicht leisten. Sie geben keine Antwort auf das Warum. Aber genau darauf ist der Mensch angewiesen. Know-why schlägt Know-how. Der Daseinszweck des Unternehmens muss für die Menschen vorstellbar und plausibel sein. Umsatz und Profit sind dann die *Folge*, aber niemals das Ziel unternehmerischen Handelns.

Arbeit für andere

Das gehört zu den scheinbaren Selbstverständlichkeiten, die leicht vergessen werden: *Arbeit ist immer Arbeit für andere.* Es braucht einen Adressaten, einen Empfänger, in dessen Leben mein Produkt oder meine Dienstleistung einen Unterschied macht. Motivation und Leistungsdrang sind jedenfalls mit dem Zwang zum Geldverdienen nicht hinreichend erklärbar. Dieser mag indirekt wirksam sein und als notwendiges Übel akzeptiert werden, aber er

- ist nicht anthropologisch notwendig (»Funktionslust« und »Neugieraktivität« müssen, unabhängig von der Entlohnung, befriedigt werden);
- wird den lebenspraktischen Zusammenhängen, in die wir eingebunden sind, nicht gerecht (niemand lebt allein, wir brauchen die Anerkennung unserer Tauschpartner);

- ist nicht langfristig tragfähig (kaum dass die schiere Daseinsfürsorge gesichert ist, wächst der Bedarf an anderen Qualitäten, etwa Arbeitszufriedenheit).

Dass Arbeit immer Arbeit für andere ist, gilt auch für die Unternehmensführung. Mangelnde Kundenorientierung – das ist nichts anderes als mangelndes Sinn-Erleben. Wenn die Energie innen gebunden ist, nicht nach außen weist, auf einen Beitrag zur Lebensqualität anderer, wird Arbeit als »sinnlos« erlebt.

Das ist unbedingt anzuerkennen: Das anständige Unternehmen ist kein Selbstzweck. Es ist dafür da, das Leben der Kunden leichter, besser, schöner zu machen. In einem anständigen Unternehmen führt der *Kunde* das Unternehmen, nicht der Vorstand. Damit ist das Unternehmen kein Wert an sich, der, wie etwa die Menschenwürde, bedingungslos zu verteidigen wäre. Weder strebt es einen Endzustand an, den es planerisch und steuernd zu erreichen gilt, noch gibt es einen Punkt, von dem aus zu rechtfertigen wäre, dass es »sei« – dass es also nicht sterben dürfe. Im Gegenteil: Unternehmen müssen scheitern können, damit das Neue eine Chance hat. Ein Unternehmen, das eine implizite oder gar explizite Staatsgarantie hat, kann nicht anständig sein; es lebt zu Lasten unbeteiligter Dritter.

Sieht man also einmal von der Überlebenssicherung ab: Das anständige Unternehmen verzichtet darauf, sich selbst zum Zweck zu setzen. Der Sinn des Unternehmens ist die Befriedigung von Kundenbedürfnissen – alles andere folgt. Die Steigerung des Unternehmenswertes *direkt* anzusteuern, gleichsam unter Umgehung des Kunden, erzeugt Sinnlosigkeit. Zynismus. Demotivation. Burnout.

Individuelle Sinngebung

Damit wäre das Grundsätzliche gesagt. Aber was heißt das
für den Einzelnen? Die Unternehmen scheuen sich ja nicht,
den Mitarbeitern Sinn gleichsam zu »verordnen«, mindestens aber vorzugeben. Man hat dann Visionen, folgt Missio-
nen, will der Größte werden, den Unternehmenswert mehren – oder schlicht nur ein Ebitda von XY erreichen. Die
reine Versorgungsleistung wird als zu profan empfunden. Es
reicht dann nicht mehr, zur Volkswirtschaft beizutragen, das
Leben der Menschen mit Produkten und Dienstleistungen
besser zu machen. Die Unternehmen warten mit einem all-
umfassenden Sinnangebot auf. Sie stehen für »Werte«, gar für
»Philosophien«, für »Tradition« oder wahlweise für »Fortschritt«, für die Großwort-Ruine »Nachhaltigkeit« sowieso.
Ja, die Rettung der Welt ist ihre eigentliche Aufgabe, hinter
der das Brauen von Bier sich schamvoll versteckt. Überall
wimmelt es von grotesk überdehnten Bekenntnissen zum
Gemeinwohl, zur Ökologie, zur Menschlichkeit, zur gesellschaftlichen Verantwortung. Konkretisierung ist dabei nicht
zu befürchten. Schön auch die Morgenappelle nach ameri-
kanischem Vorbild. Oder Firmenhymnen: »Oh Happy Day,
when Ernst & Young showed me a better way!« (Auf die Idee,
»Jesus« in diesem Gospel-Song durch den Firmennamen zu
ersetzen, muss man erst einmal kommen.)

Wir leiden also eigentlich nicht an Sinnlosigkeit, nicht am
Mangel an »höherem« Sinn, sondern an einer Sinn*verschiebung* und einer damit verbundenen *Engführung* der Möglichkeiten individueller Sinngebung. Dieses »Sinnbieten« steht
im Zusammenhang mit den vielfältigen Bemühungen, die
Motivation der Mitarbeiter zu steigern. Das Management
startet dann Lächeloffensiven, erinnert die Mitarbeiter zum

Beispiel daran, dass der Kunde König sei, dass ja »eigentlich« der Kunde das Gehalt bezahle.

Deutlich ist die Tendenz zur Überzuständigkeit, die wiederum einer Logik der Entgrenzung folgt: Sinn wird nicht mehr vom Einzelnen gegeben, sondern explizit vom Unternehmen *vor*-gegeben. Man versucht zu motivieren für etwas, das sich offensichtlich nicht von selbst versteht. Vergebliche Liebesmüh. Man kann zum Beispiel Kundenorientierung nicht predigen oder durch Regeln erzwingen. Man muss vielmehr Arbeit so anlegen, dass der einzelne Mitarbeiter die Zuwendung zum Kunden als sinnvoll erlebt, es selber als Erfordernis erlebt, weiß, welchen Unterschied er in der Lebensqualität des anderen machen kann. Dann ist es für ihn »sinnvoll«, sich dem Kunden zuzuwenden. Wer leibhaftig wahrnimmt, dass der Kunde ihn braucht, lernt auch, was dafür zu tun ist. Der Leistungswille resultiert dann aus dem Erleben des eigenen Beitrags. Er muss nicht vom Ziel gezogen werden; er kann aus dieser Wurzel wachsen.

»Liebe deine Arbeit, nicht dich selbst«?

Beispiel Burnout: Lassen wir die alte antikapitalistische Leier weg, es sei eine zunehmende Arbeitsbelastung, die die Leute krank mache. Aber auch von reflektierteren Menschen wird immer wieder beklagt, es sei der Mangel an Sinn, der die Menschen in den Burnout treibe. Die Menschen wüssten nicht mehr, wozu sie sich eigentlich abrackerten. Und dann wird alles vermengt: Es fehle nicht nur an Sinn, sondern auch an Werten, an Seele, an Tiefe, an Identifikation, an Vision, an Idee, an Klima, an Kultur. Versucht man dieses Geschwurbel aufzulösen, zeigt sich ein Missverständnis. Es ist nicht der Mangel an Sinn, sondern ein verordneter *Eindeutigkeitssinn,* der die Menschen aber in ihrem Inneren nicht erreicht. Man lässt keine unterschiedlichen Sinngebungen zu, will nicht, dass da jemand vielleicht nur seine Familie ernähren will oder einfach eine finanzielle Grundlage für seine Hobbys braucht.

Sollten Sie Ihre Arbeit »lieben«? Die älteren Semester erinnern sich noch an die Antwort des ehemaligen Bundespräsidenten Gustav Heinemann auf die Frage, ob er sein Vaterland liebe: »Ich liebe meine Frau.«

Das anständige Unternehmen ist eine Zweckgemeinschaft, um Kundenbedürfnisse zu befriedigen und dadurch Geld zu verdienen. Das ist ihm Sinn genug. Es maßt sich nicht an, den Menschen einen kollektiven Eindeutigkeitssinn vorzugeben, offeriert keine Visionen und verspricht kein Heil. Es unterlässt jede Sinnbewirtschaftungsmaßnahme. Es bemüht sich vielmehr, *die Möglichkeiten individueller Sinngebung nicht zu sehr zu verengen* – zum Beispiel in Richtung Profitabilität. Es lässt dem Einzelnen Raum für seine persönliche Sinngebung. Unternehmen sind keine Kirchen (auch dann nicht, wenn man morgens dort Gospel singt).

Das dadurch entstehende Sinn-Vakuum ist keine Schwäche, sondern paradoxerweise die Stärke eines Unternehmens, da es Sinn-Freiräume eröffnet. Es werden dann keine Glaubwürdigkeitsdebatten geführt, es gibt dem Zynismus keine Chance. Denn es bietet jedem Einzelnen Raum, seiner Arbeit *individuellen Sinn* zu geben. Die überlebensnotwendige Kooperation wird nicht auf der Basis richtiger Weltanschauung ermöglicht, sondern auf der Basis von Vereinbarung und Organisation. Es ist Aufgabe von Führungskräften, in diesem Sinne sowohl für immer neue Vereinbarungsprozesse zu sorgen als auch für eine kluge Organisation.

»Sensemaking«?

Vielfach wird beschrieben, dass die Unternehmen heute unter ganz unterschiedlichen Aspekten beobachtet werden. Es gehe nicht nur darum, Produkte und Dienstleistungen bereitzustellen. Die Gesellschaft diskutiert ihr Handeln bezogen auf soziale oder ökologische Effekte. Auch Bewerber erwarten nicht nur einen guten Job und faire Bezahlung, sondern obendrein noch »Sinn«. Man wolle etwas zum Gemeinwohl beitragen. Deshalb komme auf die Unternehmen die Aufgabe des »sensemaking«, also der Sinnstiftung zu. Was ja schon als Wortschöpfung absurd ist. Wenn man Sinn erst stiften muss, hat er sich offenbar von selbst nicht ergeben.

Die Befürworter dieser Perspektive übersehen die totalitäre Spitze ihrer Forderung. Man muss die *Konditionierbarkeit* des Menschen unterstellen, will man Sinn vorgeben. Wollen Sie wirklich einen universalen Eindeutigkeitssinn erzeugen und aufnötigen? Das liegt in gefährlicher Nähe jener Motivierungstechniken, die den Mitarbeitern nicht sagen, dass sie ein Boot bauen sollen, sondern ihnen etwas von der »Sehnsucht nach dem weiten Meer« vorgaukeln. Dieser Sinn ist Blödsinn. Es gibt *keine administrative Erzeugung von Sinn*. Sinn ist nicht etwas, das im Regal liegt und man bei Bedarf herausholen kann. Der Einzelne *gibt* den Dingen Sinn. Sinngebung, nicht Sinnnehmung. Und dieser Sinn ist so unterschiedlich, wie die Menschen im Unternehmen es sind. Das mag für den einen sein, seine Familie zu ernähren. Für den anderen der soziale Aufstieg. Für den dritten Unterhaltung. Und dieser Sinn ist auch belastbar. Was ist daran falsch? Dass ihm das Glamouröse fehlt? Das Pathos?

Sinn ist nicht etwas, was wir vorfinden, sondern erfinden. Deshalb kann man ihn auch nicht *suchen*. Und Unternehmen sollten sich nicht anmaßen, diesen Sinn als Eindeutigkeitssinn zu definieren. Anstand bedeutet auch hier wieder Abstand. Die Menschen selbst bestimmen zu lassen, was für sie wichtig ist und aus welchen Gründen heraus sie etwas tun. Diese Fragen kann sich Führung allenfalls stellen: Wie kann ich einem anderen helfen, sich über die Sinnhaftigkeit seines Handelns bewusst zu werden? Wie kann ich ihn unterstützen, sich Sinn zu erschließen? Zumindest so: Indem ich vermeide, ihm diesen Sinn zu oktroyieren. Oder zu stiften.

Wir sollten also die Führung der Unternehmen entlasten von der Aufgabe einer universalen Sinnproduktion. Sie ist weder möglich noch wünschenswert. Es ist alles viel einfacher: Wenn man unterschiedliche Leute mit unterschiedlichen Interessen zulässt und sie vor allem nicht mit unsinnigen Vorschriften ärgert, dann muss man sich um den Sinn nicht kümmern.

Ein anständiges Unternehmen vermeidet eine universale Sinnvorgabe.

ZIELE
Die systematische Zerstörung von Sinn

Alle Management-Ideen habe ihre Zeit. Und ihre Zeit gehabt.
Was nicht heißt, dass sie nicht noch einige Jahre nachzittern.
So wie ja gewisse Ideen nicht deshalb antiquiert wirken, weil
sie sich als falsch herausgestellt haben, sondern weil ihre
Anhänger aussterben.

Das gilt auch für das Führen mit Zielen. Noch wird es
als zeitgemäßes, legitimes und lang erprobtes Management-
instrument gehandelt. Im Wortsinne »ziel-führend«. Besonders beliebt sind Ziele an der Unternehmensspitze; in der
Breite des Unternehmens interessiert man sich eher wenig
dafür. Da wird die Qualität des *Weges* geschätzt, die Güte der
Zusammenarbeit. Vereinfachend kann man sagen: Je höher in
der Hierarchie, desto mehr Ziel; je niedriger, desto mehr Weg.

Aber auch immer mehr Manager merken, dass sich die
Zeiten geändert haben. Wir haben keine ruhigen Abschöp-
fungsmärkte mehr. Wir tun uns in der Kunst der Zukunfts-
prognose von Tag zu Tag schwerer. Und zunehmend drän-
gender stellt sich die Frage nach dem »Warum?« und dem
»Warum immer mehr?«.

Aus ökonomischer Sicht habe ich mich mehrfach kritisch zum Thema »Ziele« geäußert. Trotz allem, was Ziele
an Ordnungs- und Kontrollbedürfnissen befriedigen – sie
haben erhebliche Mängel, insbesondere auf volatilen Märkten. Die sicher größten Nachteile des Führens mit Zielen sind
der hohe Aufwand an Bürokratie, die Rückwärtsgewandtheit

(Ziele fokussieren auf existierende Märkte; man investiert nicht dort, wo Möglichkeiten sind, sondern wo sie waren) sowie die Langsamkeit. Vor allem aber die strukturelle Kundenfeindlichkeit: Die Praxis, Mitarbeitern Umsatzziele vorzugeben, dementiert geradezu die Kundenorientierung.

Hier möchte ich dem eine ethische Reflexion hinzufügen. Wobei Ziele nicht isoliert zu denken sind, sondern in ihrer Verzahnung mit Beurteilungs- und Entgeltsystemen.

Vom Mittel zum Zweck

Nennen wir zunächst das Selbstverständliche: Kaum jemand wird zur Arbeit gehen, wenn er dafür kein Einkommen erzielt. Und er sollte es aus ethischen Gründen auch nicht tun. Es wäre sonst ein Vertrag zu Lasten unbeteiligter Dritter, die dann für seinen Lebensunterhalt sorgen müssten. Denn die Zeit, die er braucht, um etwas »kostenlos« zu tun, muss schließlich finanziert werden. Gehen wir zudem davon aus, dass er seine Arbeit *nicht nur* als »Job« versteht, sie also nicht ohne innere Beteiligung verrichtet. Und dass er Arbeit auch als sozial einbindend erlebt, vielleicht sogar erfüllend, möglicherweise herausfordernd, ja, man wird noch träumen dürfen: sogar als persönlichkeitsentwickelnd. Dann hat er *Freude* an der Aufgabe. Sicher nicht jeden Tag und nicht immer im gleichen Maße. Aber doch meistens; Freude ist jedenfalls nicht ausgeschlossen. Arbeit ist dann nicht nur Mittel zum Zweck des Gelderwerbs. Sie ist *auch* Selbstzweck.

Wird nun ein Zielsystem eingeführt, dreht sich die Mittel-Zweck-Relation. Schon bald geht es nicht mehr darum, eine Aufgabe zu erfüllen, sondern darum, ein Ziel zu erreichen. Das »um zu« dominiert. Die Aufgabe wird zu einer »Hürde«, die zu überspringen ist und über die hinweg es zur

Zielerreichung geht. Die Aufgabe *als Aufgabe* wird mehr und mehr »sinnlos«, weil sie keinen Eigensinn mehr hat. Ein Rollentausch: Die Arbeit wird zum Mittel, das Ziel zum Zweck. Auf die Frage »Warum tue ich meine Arbeit?« lautet dann die Antwort: »Um ein Ziel zu erreichen!« Der Sinn ist im Zielstreben erblindet.

Hängt man nun Geldsäcke an die Zielerreichung, dreht sich die Mittel-Zweck-Relation abermals. Es geht dann nicht einmal mehr darum, ein Ziel zu erreichen, sondern sein *Einkommen* zu steigern. Ein Bonussystem macht so unter der Hand das Ziel zum Mittel, die Erhöhung des Einkommens zum Zweck. Auf die Frage »Warum tue ich meine Arbeit?« lautet dann die Antwort: »Um mein Einkommen zu steigern!«

Die *Abwertung der Aufgabe* ist der erste Kollateralschaden des Führens mit Zielen. Der zweite Schaden ist die *Abwertung der Gegenwart.* Und das kam so:

Der Austro-Amerikaner Peter Drucker gilt als der Erfinder der Zielvereinbarungen. Seine Absicht war in den 50er Jahren ebenso ehrenwert wie zeitgemäß. Die Unternehmen wuchsen, differenzierten sich, waren kaum noch zu überblicken. Und es war die Zeit ruhiger, planbarer Verteilungsmärkte. Da lag es nahe, *Energien zu bündeln,* im Sinne von: »Wenn wir losrennen, dann sollten wir alle in die gleiche Richtung rennen.« Die Ziele waren eher unscharf formuliert, bezogen sich auf Projekte, auf Aufgabenerledigung, strategische Entscheidungen. Sie hatten den Charakter von Leitlinien und Wegweisungen. Und sie waren nicht terminiert.

Als man sich später auf *Zeitpunkte* festlegte, zu denen man zwischen »erreicht/nicht erreicht« unterscheiden konnte, erhielten Ziele eine Zukunftsdimension (heute heißt das SMART: spezifisch, messbar, ausführbar, relevant, terminierbar). Und als man dann zusätzlich Geld mit der

Zielerreichung verknüpfte, wurde aus einem Richtungsziel vollständig ein Erreichungsziel – ein Punkt, an dem gemessen und Geld verteilt wurde. Man arbeitete nun darauf hin, »morgen« etwas zu erreichen. Das Jetzt war entsprechend defizitär; die Gegenwart wurde zum »noch nicht«, zu einem unvollständigen Zustand. Damit verlor auch die Qualität des gemeinsamen Weges an Bedeutung.

Das ist auf den Chefetagen und in den Personalabteilungen noch nicht annähernd begriffen worden: Mit der Einführung der Ziele als zukünftig zu Erreichendes kommt es in den Unternehmen zu einer Gegenwartsvermiesung (»noch nicht am Ziel«), zu einer Jetztweltabschaffung, die die Eigenwürde des Hier und Jetzt negativiert. Wir sind gleichsam immer kurz davor zu leben. So verpassen wir vor lauter Zielbezogenheit unser eigentliches Leben. Wie tragisch dieser sich-nach-vorne-werfende Aktionismus sein kann, wissen alle Väter und Mütter, die die frühen Jahre ihrer Kinder ohne Achtsamkeit haben vorbeiziehen lassen.

Die Einführung eines Zielsystems kombiniert also das »um zu« und das »noch nicht«. Die Freude an der Aufgabe verschwindet in der Mittelbarkeit des »um zu«; die Freude am Da-Sein und am Jetzt verschwindet in der Unvollständigkeit des »noch nicht«. Weder die *Aufgabe* selbst noch die *Gegenwart* werden geachtet. Im Ergebnis sind Ziele also *Sinnprothesen*. Erst zerstören sie Sinn, dann sollen sie Sinnlosigkeit verdecken. Das Unternehmen wird zu einem autistischen, um sich selbst kreisenden Gebilde. Und das ist auch die tiefere Quelle aller Burnout-assoziierten Krankheiten: erlebte Sinnlosigkeit.

Hinzu kommt ein weiterer Nachteil von Zielen: Sie sind erschöpfend, oder sie erschöpfen sich. Wenn sich die Ziele nicht erreichen lassen, weicht der Sog, den sie vielleicht zunächst entfaltet haben, bald einer tiefen Lethargie. Wenn sie doch erreicht werden, folgt auf die Zielerreichung die große Leere; das weiß jeder Praktiker. Weil der eigentliche Sinn der Aufgabe von der Zielerreichung verdrängt worden ist. Was tun? Sich an den Sinn der Aufgabe erinnern? Zurück zum Eigentlichen? Nein, im Regelfall wird die Lücke durch ein neues Ziel gestopft. Man kommt nie wirklich an, stürzt sich sofort wieder nach vorne. Kein Wunder, dass viele sich im Hamsterrad wähnen. Und dabei werden die Opportunitätskosten vergessen: Wie viele Menschen haben zwar ihre Ziele erreicht – aber auch ihre Familie geopfert, ihre Freunde, ihre Hobbys. Wie viele Menschen rannten erst mit ihrer Gesundheit dem Geld hinterher, dann mit ihrem Geld der Gesundheit.

Aus der Perspektive des anständigen Unternehmens kommen noch andere fragwürdige Aspekte hinzu. Denn das Führen mit Zielen

- lädt zu kurzfristigem Aktionismus ein – es macht gleichgültig gegenüber den langfristigen Konsequenzen des Handelns;
- läuft meist auf semantisch weichgespülte Zieldiktate hinaus, nicht auf echte Vereinbarungen im dialogischen Gegenstromverfahren; darin kommt auf der psychologischen Ebene eine Geringschätzung, ein Nicht-Ernstnehmen zum Ausdruck, das den Mitarbeiter zum ausführenden Lakaien degradiert;
- verengt die Verantwortung auf das individuelle Ziel – der Unternehmenszweck gerät aus dem Blick;
- definiert einen fremdgesetzten Qualitätsanspruch, der langfristig jeden *selbstdefinierten* Qualitätsanspruch an Arbeit zerstört – man gewöhnt sich daran, die Wahl des Ziels und die damit verbundenen Qualitätsansprüche zu

delegieren, und opfert damit geradezu ein Stück persönlicher Autonomie;

- macht Kollegen zu Wettbewerbern – das Vertrauensverhältnis ist strukturell gestört; individuelle Ziele unterlaufen die Zusammenarbeit.

Legitimitätsdefizit

Ziele sind die Illusion, der Plan könnte über den Markt siegen. Insofern spiegeln sie die Vertrauensdiskrepanz zwischen Planern und Machern. Häufig sind die Zahlen schlecht, weil das Management nur an diese glaubt, aber nicht an die Mitarbeiter. Und wenn man meint, ein Unternehmen auf Zahlen reduzieren zu können, entfällt der Grund, weshalb man einst zu zählen begann.

Die Vertrauensdiskrepanz stimuliert auch eine Praxis, in der die Ziele jedes Jahr höher geschraubt werden. Immer heißt die Richtung: »Mehr!«. Das stößt vielfach auf Unverständnis, ja Widerstand: »Warum soll ich im nächsten Jahr mehr erreichen? Habe ich denn im vergangenen Jahr geschlafen?« Wenn alle Marktparameter gleichgeblieben sind, wie ist dann das »Mehr« zu begründen?

Alle Ziele – wenn sie nicht überlebensrelevant sind – haben ein Zustimmungsproblem, das sich in mangelnder Motivation äußert. Nur wenn das Ziel gleichzeitig dazu dient, ein allseits anerkanntes *Problem* zu lösen, bekommt man die Mitarbeiter hinter ein Ziel. Dieses Problem muss zwei Eigenschaften aufweisen: 1. Es darf kein Luxusproblem sein. 2. Es muss auch ohne BWL-Studium verstehbar sein. Idealerweise sollte es noch eine dritte Eigenschaft aufweisen: Es sollte ein *kundendefiniertes* Problem sein, kein vertikalhierarchiedefiniertes.

Genau ein so definiertes Ziel dürfen (und müssen) Sie auch einklagen. Dieses Ziel ist verbindlich, seine Erreichung ist zwingend. Diese Verbindlichkeit dürfen Sie nicht dadurch schwächen, dass Sie die Zielerreichung mit einem System der Motivierung (Bonussystem) wieder beliebig machen. Es darf nicht möglich sein, zu sagen: »Sie haben zwar Ihr Ziel nicht erreicht, dafür bekommen Sie auch weniger Geld.« Das ist inkonsequent. Damit schwächen Sie das Ziel. Und für diese Bestrafungsmechanik braucht ein Unternehmen keine Führungskräfte. Das kann ein Computer machen.

Das Problem verschärft sich in der Praxis, wenn »ambitionierte« Ziele gesetzt werden, ohne die man wohl zu wenig Ehrgeiz erkennen lässt. Die Befürworter stützen sich auf das unter Managern populäre Buch *Built to Last* von Jim Collins und Jerry Porras. Die Autoren sprechen dort begeistert und begeisternd von »großen, schwierigen und kühnen Zielen«, die die Menschen mobilisierten. Sie behaupten, viele der heute weltumspannenden Konzerne seien *deshalb* erfolgreich geworden. Sie veranschaulichen das an Unternehmen, die zwischen 1812 (Citibank) und 1945 (Wal-Mart) gegründet wurden. Schaut man genauer hin, dann stellt man fest, dass der Erfolg eher kühlen Überlegungen als kühnen Visionen zu verdanken war, eher Strategien und technischen Innovationen als der schweißtreibenden Anstrengung, stur in eine einmal festgelegte Richtung zu marschieren. Zudem kannten all diese Unternehmen weder den immensen globalen Wettbewerb noch die Revolution der Informationstechnologie.

Sind aber »ambitionierte« Ziele anständig? In einem Interview mit dem Fußballtrainer Jürgen Klopp habe ich einen Satz gefunden, der das Anliegen des anständigen Unternehmens fast buchstäblich zum Ausdruck bringt: »Wer sagt, wenn man keine großen Ziele formuliert, sei man auch nicht richtig ambitioniert, der kann keine Ahnung haben, wie man Ziele erreicht. Ich kann mir nicht Ziele stecken, die kaum erreichbar sind. Das frustriert nur.«

Das gegenwärtige Leben immer mit einem auf die Zukunft gerichteten ehrgeizigen Ideal abzugleichen, erzeugt den *Terror des Sollens*. Wer sehr hohe Ziele setzt, nimmt eine extreme Verengung der Perspektive auf die Zielerreichung in Kauf. Er untergräbt nicht nur den Kooperationsvorrang, sondern wird auch blind für die Chancen, die rechts und links am Wegesrand liegen: Zu starke Konzentration auf Ziele kann dazu führen, dass Potenziale übersehen werden und ungenutzt bleiben. Und dabei erlebt er nicht einmal die auflodernde Freude der Ziel(über)erfüllung. Er taucht im Regelfall unten durch. Und es gibt ja auch noch das Sich-Zufriedengeben mit etwas, was »gut genug« heißt: die bewusste Mäßigung, die bewusste Entscheidung gegen das Mehr-Tun, gegen die überschießenden Kosten bei geringer werdendem Ertrag. Wer maximiert, muss auch damit aufhören können, und sei es nur, um die Lebensvorteile des Erreichten wenigstens eine Zeit lang zu genießen.

Die Überlebensfähigkeit des Unternehmens zu sichern, steht nicht zur Diskussion. Das ist keine Frage des Anstands. Anständig ist ein Unternehmen, das genau diesbezüglich Verfahren sichert – darüber hinaus aber keine Ergebnisse erreichen will. Das überlässt es den Mitarbeitern. Meine Erfahrung sagt mir: Kümmern Sie sich um die Menschen, um die Arbeitsbedingungen, um die Hingabe an die Tat – dann kümmern sich die Ziele um sich selbst. Erfolg ist dann das, was folgt.

Grundsätzlich gilt: Das anständige Unternehmen verzichtet auf Zielvorgaben.

IDENTIFIKATION
Zwischen Aufgabe und Selbstaufgabe

Auf der Manager-Wunschliste ganz oben: dass sich die Mitarbeiter identifizieren – mit ihrer Aufgabe, mit dem Unternehmen, mit der Vision. »Leidenschaft« steht da im Raum, gerne auch genommen für Branding-Botschaften: »Leistung aus Leidenschaft« oder »Der leidenschaftliche Frisör« (von dem wir hoffen, dass er nicht zu leidenschaftlich ist). Auch Selbstaufopferung ist gemeint, meist retrospektiv: »Ich habe mich jahrzehntelang für das Unternehmen aufgeopfert!« Oder das »Commitment«, der volle Einsatz, die Hingabe. Mythische Sprachbilder werden heraufbeschworen: Saint-Exupérys »Wenn du ein Schiff bauen willst ... lehre die Männer die Sehnsucht nach dem weiten Meer«. Das Bild vom Steinbruch, in der ein Arbeiter auf die Frage, was er da tue, antwortet: »Ich behaue Steine.« Ein zweiter antwortet: »Ich ernähre meine Familie.« Und ein dritter antwortet leuchtenden Auges: »Ich baue eine Kathedrale!« Tosender Beifall.

Wir bewegen uns also in einem Bereich hoher Affektivität, einem Monotheismus der Treue, wie er für Liebesbeziehungen typisch ist.

Mit Haut und Haaren

Wörtlich genommen ist »Identifikation« das emotionale Sichgleichsetzen mit anderen und die Übernahme ihrer Motive. Aber so genau will das niemand wissen. Umgangssprachlich

bezieht sich die Forderung nach Identifikation meist unspe-
zifisch auf die Leistungsbereitschaft des Einzelnen und heißt:
»Gib dein Bestes!«

Viele Unternehmen, keineswegs nur die Internetkon-
zerne, beschränken sich dabei nicht auf Appelle, sondern
unterstützen die Identifikation ihrer Mitarbeiter zunehmend
auch institutionell mit Wohlfühlangeboten. Sie zielen darauf
ab, dass Arbeit das ganze Leben werden kann. Im Job soll
man sich wohlfühlen, alles ist schon da: lichtdurchflutete
Büros, Rundumgratisverpflegung, Ruheräume. Dort führen jetzt die »Fun Officers« und »Happiness Engineers« die
Aufsicht. Jeans und Sneakers erobern am »legeren Freitag«
das Büro, Konferenzteilnahme ist möglich vom heimischen
Schlafzimmer aus, Kinder und Hunde toben um die »soften«
Arbeitsplatzdesigns der Büros.

Zudem wird alles Mögliche gesponsort, was wir früher
privat nannten: kostenlose Botendienste, Kinderbetreuung,
Sport, Wasch-, Bügel- und Reinigungsservice. 24/7 ist kein
Problem mehr, die »Caring Company« kümmert sich um
alles. Man muss gar nicht mehr nach Hause. Da sind keine
Distanzen mehr zu überwinden, sie *sind* überwunden. Man
wirft sich dauerverfügbar nach vorne; wer pünktlich nicht
nur kommt, sondern auch geht, der hat das Konzept nicht
verstanden, dem fehlt es an Grundjubel. Und wer nicht
an After-Work-Partys teilnimmt, ist irgendwie unsozial.
Das kommt nicht gut an in einem Klima, in dem man den
Affekt idealisiert. Wo man keine Grenzen kennt. »Unsere
Arbeit endet nie« prangt als gerahmtes Poster an der Wand
der neuen Facebook-Zentrale, einem Einraumbüro von 500
Metern Länge und 100 Metern Breite. Klarer geht's nicht.

Dienst ist Dienst, und Schnaps ist Schnaps – das war
einmal. Die Trennung zwischen beruflich und privat ist auf-

gehoben. Die Soziologie nennt das *Totalinklusion*. Womit wir eine bürgerliche Errungenschaft hinter uns lassen und wieder bei vormodernen Verhältnissen angekommen wären: Im Adel, im Klerus, in Sekten oder in der Armee wurde zwischen Arbeit und Freizeit nicht getrennt – und zum Teil ist das bis heute so.

Identifikation mit dem Unternehmen

Wenn wir fragen, ob die Forderung nach Identifikation mit dem anständigen Unternehmen vereinbar ist, dann müssen wir zunächst unterscheiden, *mit was genau* sich die Mitarbeiter identifizieren sollen. Das kann ganz traditionell das Unternehmen in seiner *Gesamtheit* sein. Gefordert sind dann Loyalität, Treue, Verteidigung gegen Kritik, Tragen von Anstecknadeln und CI-Accessoires – bis hin zur Tätowierung des Firmenlogos in den Oberarm (wie das bei Harley-Davidson üblich ist). Ein bekannter Berater lässt sich zitieren: »Wenn Mitarbeiter nicht für das Unternehmen brennen, hat das Unternehmen etwas falsch gemacht.« Ja? Ist das so?

Unternehmen sind zweckgebundene soziale Gebilde, in denen sich im Idealfall individuelle Egoismen zu einem Gruppen-Egoismus verbinden. Das ist eine komplizierte Mischung von Individualität und Kollektivität, von Freiheit und Bindung. Und sie ist instabil. Die wirtschaftshistorischen Friedhöfe sind voll von Unternehmen, die sich für unsterblich hielten. Der Ruf nach Identifikation setzt jedoch stabile Institutionen voraus, die auch nach vielen Jahrzehnten noch implizite Verträge einlösen. Davon kann in unserer Gegenwart keine Rede sein. Arbeitsplatzsicherheit wird nicht nur von den Wechselfällen der Märkte bedroht, sondern auch von einem forcierten Effizienzdenken der Unternehmen. Stammplatzgarantien gibt es nicht, vergangene Erfolge berechtigen nicht mehr zur zukünftigen Verwendung.

Instabilität aber auch auf Seiten der Mitarbeiter: Dort kann man heute allenfalls von mittelfristigen Kooperationsinteressen ausgehen. Da, wo man ist, ist man nur vorübergehend.

Wer unter diesen Bedingungen ernsthaft und im Wortsinne Identifikation mit dem Unternehmen fordert, dem kann man nur attestieren, dass er die Zeichen der Zeit nicht sieht. Und dass er die *Kehrseite* verkennt: In einer Identifikationskultur avanciert Kritik zur Nestbeschmutzung. Immerzu siegt die gute Laune, das Positive über das Negative, die Begeisterung über den Zweifel. Optimismus ist Pflicht. Überall sieht man nichts als »spannende Herausforderungen« und eine glorreiche Zukunft. Wer auch noch Interessen neben dem Job hat, dem fehlt es an der »richtigen Einstellung«. Wer das Unternehmen gar verlässt, wird zum Verräter. Das Identifikations-Geraune fördert daher Anpassertum und Gesichtslosigkeit.

Die Firma, die nach dem *ganzen* Menschen greift, kann nicht anständig sein. Es kann daher auch nicht anständig sein, das eigene Wertsystem mit dem der Firma deckungsgleich zu machen. Nicht mal die katholische Kirche verlangt das von ihren Geistlichen. Vielmehr erzeugt die Abgrenzung der Person von der Rolle in der Firma kreative Spannung. Evolutionsgeschichtlich betrachtet ist der Mensch nicht das hingegebene Tier, sondern ein Künstler des Sonderwegs, ein Genie der Abweichung, das sich in der Nicht-Anpassung stabilisiert hat. In der Natur erzeugt Komplexität eine verschwenderische Vielfalt kreativer Lösungen. Sie ist deshalb so kreativ, weil sie dem Besonderen eine wichtige Funktion einräumt: Sie soll das Überleben sichern. Dabei ist die *Ausnahme* ein grundsätzliches Lebensprinzip. Ein lebendiges System, das keine Ausnahme mehr zulässt, ist eigentlich schon gestorben. Weil es sich nicht mehr an veränderte Rahmenbedingungen anpassen kann. Und die Forderung nach Identifikation mit dem Unternehmen zielt darauf ab, Abweichung und Ausnahmen auszuschließen.

Identifikation mit der Aufgabe

Ich höre den Einwand, das sei doch semantische Spielerei, mit Identifikation sei eigentlich nur ein tatkräftiger Einsatz für die Sache gemeint, für die *Aufgabe*. Und es gibt sie ja, diejenigen, die sich reinhängen, und jene, die sich hängen lassen.

Nun sind Engagement und Begeisterung noch lange keine Erfolgsgaranten. Blut, Schweiß und Tränen allein bringen niemanden weiter. Nicht, wenn man in der Defensive so stümperhaft steht wie Brasilien bei der Fußball-WM 2014 gegen Deutschland. Und eine übersteigerte Dauerleidenschaft ist nicht von dieser Welt. Nicht einmal wünschenswert. Da müssen auch noch Leistungsfähigkeit und Leistungsmöglichkeit hinzukommen. Ohne diese nützt auch Begeistertsein nichts. Zumal Begeisterung keine *Voraussetzung* für Erfolgserfahrungen ist, sondern ihre *Folge*.

Aber selbst wenn wir anerkennen, dass Identifikation mit der Aufgabe sicher jener mit dem Unternehmen vorzuziehen ist, dann gilt auch dies nur bis zu einem gewissen Maß. Auch hier gibt es ein Zuviel. Um dabei nicht in die Falle der Wittgenstein'schen Sprachverwirrung zu tappen, sollten wir »Engagement« von »Identifikation« unterscheiden. Engagierte Mitarbeiter sind begehrt: einsatzbereit, wenn Not am Mann ist, motiviert, kreativ, kundenorientiert, wenig gestresst. Ein »identifizierter« Mitarbeiter hingegen verschmilzt mit seiner Arbeit; sie wird sein *einziger* Lebensinhalt. Hobbys pflegt er nicht, Freunde sieht er nur noch selten, »Samstags gehört Vati mir!« ist eine Drohung, Sonntage sind depressionsfördernd – wenn es nach ihm geht, könnte man das Wochenende ganz abschaffen. Wenn man sich verbeißt, wenn man sich überwältigen lässt, Sklave seines Berufs wird und daneben kein anderer Identitätsanker mehr existiert, nichts anderes mehr etwas gilt, wenn man blind ist für die Opportunitätskosten – dann fällt die Aufgabe in eins mit dem Leben. Eine berufliche Niederlage zerstört dann gleichsam den Lebenssinn. Das ist ein *Zuviel* an Identifikation. Ein *Mangel* an Distanz. Die Kontraste verschwinden, das Ein und Aus wird nivelliert, der Rhythmus zerstört. Wie ein Gummiband, das immer auf Spannung steht, leiert man aus.

Die Wissenschaft kennt einen Punkt, an dem Identifikation sich negativ auswirkt. Dieser Punkt äußert sich durch Schlaflosigkeit und Depressivität, wird mit »Arbeitssucht« beziehungsweise »Burnout« beschrieben. Häufig werden dafür äußere Lebens- oder Arbeitsumstände geltend gemacht. Oft auch in Kombination: private Schwierigkeiten plus hoher Arbeitsdruck. Das sind ernst zu nehmende Stressoren. Aber sie allein können das Phänomen nicht erklären. Sonst würden *alle* Menschen unter diesen Umständen ausbrennen. Letztlich ist die innere Einstellung entscheidend: Wer unfähig ist, Nein zu sagen, verliert den Spiel-Raum, den man für effektives Handeln braucht, die Fähigkeit, Alternativen wahrzunehmen. Die Forderung nach Identifikation läuft dieser Fähigkeit zuwider. Sie fördert eine Ja-Sager-Kultur, die die Grenze zwischen Individuum und Organisation verschwimmen lässt. Wer ganz und gar in etwas eintaucht, läuft Gefahr, darin unterzugehen.

Wir sollten den Interessengegensatz zwischen Arbeit und Kapital nicht ideologisch zementieren, aber wir sollten ihn auch nicht ignorieren. Wir sollten akzeptieren, dass es eine Konfliktlinie gibt, die man aushandeln kann.

Wenn heute von Identifikation und Commitment gesprochen wird, dann zielt das auf Totalinklusion. Aber viele Menschen wollen einfach nur einen Job haben und ihre Arbeit tun. Sie wollen Geld verdienen und ihre Familie ernähren. Ich kann darin nichts Ehrenrühriges erkennen. Natürlich, sie wollen auch eine spannende Aufgabe, sie wollen Zugehörigkeit und soziale Reputation. Und sicher ist jeder Einzelne gut beraten, seinen Job mit Hingabe zu machen, schon aus klugem *Eigeninteresse*. Aber ohne Bezahlung würden wohl die Wenigsten arbeiten. Die Firma ist lediglich das gemeinsame Spielfeld; das Spiel selbst ist gegenüber dem einzelnen Menschen ignorant, Menschen werden eingewechselt und wieder ausgewechselt, das sollte man nicht sentimental überhöhen.

Unternehmen haben keinen Selbstzweck; die Menschen arbeiten daher auch nicht »für« die Firma als Selbstzweck. Und für die Renditeziele interessiert sich in der Breite der Firma niemand. Lediglich die Unternehmensspitze. Und auch die nur so lange, wie ihr Anstellungsvertrag läuft. Nicht nur in einem existenziellen Sinne sind wir alle Zeitarbeiter. Wie Heidegger es mit Blick auf Aristoteles formulierte: »Aristoteles wurde geboren, arbeitete und starb.« Deshalb ist es schön, etwas gemeinsam zu machen; und es ist schön, nichts gemeinsam zu machen. Kurz, ich habe nichts gegen »Söldner« – auch wenn sie noch so oft verschrien werden, auch wenn sie leider oft genug als negatives Gegenmodell zur guten alten Firmen-»Familie« gezeichnet werden. Söldner verweisen vielmehr auf Grenzen – die Grenzen der Einschließung.

Das anständige Unternehmen respektiert also Grenzen und bietet dem Übergriff Einhalt. Wir können nicht jeden Tag mit der olympischen Flamme zur Arbeit rennen. Das wäre auch gar nicht zu wünschen. Gerade für Führungskräfte nicht. Sie brauchen Übersicht, Distanz, Entfernungen – sonst versinken sie in operativer Alltagshektik und können Wichtiges von nur Dringlichem nicht mehr unterscheiden.

Nähe und Distanz

Der Job mit seinen Aufgaben, Karriere- und Verdienstmöglichkeiten, der uns ein Gefühl der Zugehörigkeit, Unterhaltungswert, Prestige bietet – er gehört zu den Spielsachen des Lebens. Wir sollten es ernst meinen mit dem Spiel, aber nicht zu ernst.

Ein Hinweis auf den Verlust von Proportionen ist die Tatsache, dass man eine der komplexesten Intelligenzen im Topmanagement selten findet: Selbstironie. Über sich lachen können. Sich auf die Schippe nehmen. Relativieren, ohne direkt alles zu negieren. Das nähme das Absolute, auch das Fehlerfreie, das Bitterernste. Aber Selbstironie und Identifikation vertragen sich nicht.

Außerdem entfalten nur Mitarbeiter unternehmerische Kraft, die als *individuelles Gegenüber* wahrgenommen werden. Wie jede Beziehung, setzt Kooperation ein Geben und Nehmen voraus – Zusammenarbeit ist gefordert, nicht die bedingungslose Übernahme fremdgesetzter Ziele. Das impliziert Respekt für die jeweils unterschiedlichen Interessen. Weder ein Aufgehen im großen Ganzen noch das Verharren auf einer Beobachterposition sind da gefragt, sondern Teilnahme, das Übernehmen von Verantwortung, bei gleichzeitiger Wahrung klarer Grenzen, die »Teilnahme« im schönen deutschen Wortsinne: Jeder nimmt sich seinen Teil. »*Wo stehen Sie? Wo stehe ich? Wo treffen wir uns?*«

Wenn durch die Forderung nach Identifikation die Distanz zum Unternehmen zerstört wird, dann bedarf es der Entschiedenheit, wieder ein echtes Gefühl für Unterscheidungen aufzurichten. Das erst schafft Klarheit und Übersicht.

Gefahr droht jedoch auch auf der anderen Seite der Polarität: Wenn wir uns aus allem raushalten, wenn wir zu allem und jedem maximale Distanz wahren, fehlt es dem Leben an Intensität. Diese ist ohne ein gewisses Maß an Identifikation nicht zu haben. Entscheidend ist dabei jedoch die Identifikation mit dem eigenen Handeln, nicht mit einem Unternehmen oder einer Aufgabe als solcher. Die *eigenen* Gründe sind dabei verlässlicher als alle von außen oder gar von oben nahegelegten. Hier gilt es also zu *unterscheiden*. Noch einmal, wir dürfen die Sprache nicht verwirren: Wenn Sie mit »Identifikation« lediglich Einsatz und Engagement meinen, so ist dagegen nichts einzuwenden. Wenn Sie aber den tieferen Wortsinn meinen, dann ist das als nicht-anständig abzulehnen.

Das alles ist leicht misszuverstehen. Es geht mir nicht darum, leidenschaftliches Arbeiten zu diskreditieren – ich bin selbst ein *happy workaholic*. Und ich kann mir kaum vorstellen, meinen Job halbherzig zu machen. Man tut schlicht *für sich* das Beste, wenn man sein Bestes gibt. Jeden Tag aufs Neue. Aber mir ist es wichtig, dass die Unterscheidung zwischen Mensch und Unternehmen nicht aus dem Blick gerät. Das Unternehmen ist eine juristische Person – kein Individuum, zu dem man zu mehr verpflichtet wäre als zu einem fairen Leistungstausch.

Gefordert ist mithin eine mittlere Tugend, zwischen Hitzepol und Kältepol, zwischen Außersichsein und Egalsein. Dann werden die Extreme im Sinne einer lebensmöglichen Praxis vermittelt. Der Ausgleich der Leidenschaften führt aber nicht zu einem faden Kompromiss, sondern zur Leidenschaft des Ausgleichs. Zu einer Leidenschaft für Maß und Mitte im Dienst des Unternehmens. Otto Rehagel würde von »kontrollierter Offensive« sprechen.

Das anständige Unternehmen unterlässt jede Gesinnungsnötigung; es fordert keine Identifikation.

MOTIVIERUNG
Der Mitarbeiter als Mängelwesen

In Wolfenschiessen, einer Gemeinde nahe Luzern, entschied eine Volksabstimmung über die Lagerung von Atommüll. Etwas mehr als die Hälfte der Bürger willigte ein. Als man der Gemeinde eine finanzielle Entschädigung anbot, war es nur noch knapp ein Viertel. – Die Wissenschaft nennt das den »Korrumpierungseffekt«: Werden sinnvolle Dinge mit einem Preis versehen, verlieren sie ihren Eigenwert. Belohnt man Kinder für das Erledigen der Hausaufgaben, lehrt man sie, dass Hausaufgaben etwas sehr Sinnloses sind.

1991 veröffentlichte ich *Mythos Motivation*. Ich argumentierte darin vorrangig konsequenzialistisch: Finanzielle Anreize verführen uns, etwas zu tun, was wir auch ohne Anreize tun oder mindestens tun sollten. Dadurch tun wir das Richtige aus den falschen Gründen. Irgendwann verdrängen die falschen Gründe das Richtige, sie ersetzen gleichsam das Gefühl für Richtigkeit. Oder aber die Anreize sollen uns dazu bringen, gegen unsere bessere Einsicht zu handeln. So gewöhnen wir uns daran, nicht mehr zu fragen, ob es außer dem Anreiz *gute Gründe* für unser Tun gibt und ob wir es für richtig halten.

Das ist das Prinzip: Jede Form der äußeren Motivierung verdrängt die innere Motivation. »Tu dies, dann bekommst du das« untergräbt die Möglichkeit, unserem Tun Sinn zu verleihen, und ersetzt eine solche Sinnhaftigkeit durch die

Bindung an Anreize. So entstehen Belohnungssucht und immer höhere Anreizniveaus.

Und es gibt noch mehr Kollateralschäden: Der Kooperationsvorrang im Unternehmen wird geschwächt; man tauscht vertrauensbasierte Zusammenarbeit gegen innerbetriebliche Konkurrenz; der Zweck des Unternehmens gerät zugunsten willkürlich gesetzter, meist kurzfristiger Ziele aus dem Blick. Langfristige, qualitative und schwer erreichbare Ziele werden gemieden. In dieser Analyse konnte ich mich auf eigene Praxiserfahrung im Außendienst der 3M stützen sowie auf die Wissenschaft: Es gab (und gibt bis heute) keine einzige Studie weltweit, die eine dauerhafte Leistungssteigerung durch extrinsische Anreize nachgewiesen hätte. Die Wissenschaft spricht vom *moral hazard,* frei übersetzt: »Nach mir die Sintflut!« Denn Anreize sind schnell ausgereizt. Sie werden entweder *ausgebeutet* oder *umgangen.* Man schaut nicht auf die Konsequenzen seiner Handlung, sondern nur noch auf den jeweils nächsten Anreiz; sobald der abflacht, braucht man einen neuen. Die wenigen Befunde, die einen leistungssteigernden Effekt von Anreizen belegen, bestätigen allenfalls eine Strohfeuer-Wirkung bei körperlich schwerer Arbeit ohne geistig-kreative Beteiligung.

Möhren machen uns zu Eseln

Aus konsequenzialistischer Perspektive gilt also: Motivierung funktioniert nicht. Und zwar unabhängig davon, ob man an »das Gute im Menschen« glaubt oder nicht. Die Spät- und Nebenwirkungen heben die angestrebten Resultate auf. Es zeugt von einem tiefen Missverstehen der psychologischen und sozialen Prozesse, wenn Führungskräfte meinen, sie könnten ihre Mitarbeiter durch materielle oder immaterielle

Belohnungen zu einem bestimmten Verhalten »dressieren«, ohne dass dadurch massive Kolateralschäden entstünden. Die Sozialpsychologie weiß das. Aber in der Wirtschaft tut man noch immer so, als seien Menschen auf diese Weise programmierbar. Man reitet das tote Pferd einfach weiter. Wie fast nirgendwo sonst klafft hier eine Differenz zwischen dem, was Wissenschaft weiß und was Wirtschaft tut.

Anfang der Neunziger Jahre mögen sich mir auch schon ethische Fragen gestellt haben, aber die wenigen Bemerkungen dazu sind über das ganze Buch verstreut. Hier nun soll die Motivierung als Element des anständigen Unternehmens geprüft werden. Ich frage: Welches Motiv steht hinter der Motivierung? Damit rückt das *Menschenbild* der Motivierung in den Fokus, nicht (vorrangig) die ökonomische Konsequenz. Wie wird der Mitarbeiter angeschaut? Betrachten wir einige Beispiele:

- Im August 2014 wird das Bodenpersonal des Zürcher Flughafens dazu angehalten, beim Check-in die Einnahmen für das Übergepäck zu erhöhen. Man solle den Passagieren nicht die Möglichkeit anbieten, den Kofferinhalt auf zusätzliche Gepäckstücke zu verteilen bzw. das Handgepäck zu nutzen. Belohnt wird diese unterlassene Hilfeleistung am Kunden mit wertvollen Geschenken.
- Ich will mein neues Auto abholen. Schlüssel und Papiere liegen bereit. Die Verkaufsberaterin legt mir noch einen Fragebogen vor. Mit leicht verlegenem Lächeln bittet sie mich, Fragen zur Kundenzufriedenheit zu beantworten. Ich möge dabei die Kreuzchen bitte nur »ganz rechts« machen, weil sie sonst nicht ihren vollen Bonus bekomme und auch die Niederlassung »sich rechtfertigen« müsse. Man zwingt also die Mitarbeiter zu beschämender Nötigung der Kunden, zur öffentlichen Unterwerfung unter

deren Urteil und zur peinlichen Umgehung des Firmen-
interesses im Beisein des Kunden.

- Anruf eines Unternehmens der Medienindustrie. Man
brauche einen Motivationstrainer. Die Anzeigenbuchun-
gen seien gefallen, die Arbeitsmoral lasse zu wünschen
übrig. Das nächste Verkaufstreffen sei eine gute Gelegenheit für einen »aufrüttelnden« Vortrag. Bevor ich
mich entscheide, bitte ich um ein paar Tage Zeit, um
die Situation des Unternehmens zu analysieren. Schnell
wird klar: alter Ruhm, kein klarer Fokus, keine Differen-
zierung am Markt. Genau darüber zu sprechen, so mein
Vorschlag, sei ich gern bereit. Antwort: Nein, nein, das
alles sei zwar wichtig, aber man suche wirklich nur einen
Motivationstrainer, jemand, der die Batterien der Leute
auflädt und sie am nächsten Tag begeistert zurück in den
Markt schickt.

- Um den hohen Krankenstand zu drücken, zahlt ein großer
Online-Händler einen Bonus. Einen »Bronze-Zuschlag«
von zwei Prozent des Gehalts gibt es, wenn der Krankenstand unter zehn Prozent bleibt, einen »Platin-Bonus«
von sechs Prozent des Gehalts, wenn die Quote unter vier
Prozent bleibt. Dass es Gründe für einen hohen Krankenstand geben könnte – kommt jemand auf diese Idee?
Sicher, aber um die will sich keiner kümmern.

- Kopfgeld für einen neuen Kollegen: In Zeiten der Personalknappheit verfallen viele Unternehmer auf die Idee,
Prämien auszuloben, wenn Mitarbeiter neue Mitarbeiter
werben. Bis zu 2000 Euro, teilweise deutlich darüber. Was
bei Kreditkarten, Zeitschriften oder bei Telefonverträgen
funktioniert, sollte doch auch hier funktionieren. Und
offenbar ist die Kollegenwerbung etwas ähnlich Sinnloses
oder gar Verwerfliches, sonst müsste man ja nicht mit

einer Prämie nachhelfen. Sie wird durch die Prämie noch sinnloser: Der Kollege wird nicht empfohlen, weil man ihm und dem Unternehmen etwas Gutes tun will, sondern weil man die eigene Brieftasche aufbessern möchte. Damit ist eine möglicherweise belastete Beziehung gleich abgegolten: »Wie konntest du mir nur so einen Saftladen empfehlen?«.

- In vielen Unternehmen wurde das altehrwürdige »betriebliche Vorschlagswesen« zum »Ideen-Management« geadelt – eine Superstruktur mit komplexen Prozessen, IT und Formalismen, welche die Trennung von Denken und Handeln scheinbar aufhebt, die für die tayloristische Arbeitsorganisation charakteristisch ist. Man wolle die Mitarbeiter anregen, über Verbesserungen im Unternehmen nachzudenken. Ohne Prämien würden sie sich nur um die normalen Aufgabenstellungen kümmern, so aber würden sie »ernst genommen« und »einbezogen«.

- Es gibt Krankenhausgesellschaften, die lassen sich von ihren angestellten Ärzten vertraglich zusichern, eine bestimmte Mindestzahl von Operationen (Galle, Niere etc.) pro Jahr durchzuführen. Erst wenn sie diese Mindestzahl erreicht haben, verdienen sie zusätzliches Geld. Man muss sich das vor Augen führen: Ein Notfall-Patient kommt ins Krankenhaus und wird operiert, weil der zufällig diensthabende Arzt seine Quote erfüllen will. Das kann man strukturierte Vertrauenserosion nennen. Das kann man aber auch so nennen, dass kein Verlag es drucken würde …

Welches Menschenbild artikuliert sich in diesen Beispielen? Bleiben wir nüchtern und dem Denken der Betriebswirtschaftslehre verhaftet, dann sprechen wir vom *Prinzipal-*

Agenten-Problem. Das beschreibt die schlichte Tatsache, dass Unternehmer und Mitarbeiter nicht unbedingt dieselben Interessen verfolgen. Man muss deshalb etwas tun, um sie in Übereinstimmung zu bringen. So ist es weltweit zum Trend geworden, die Mitarbeiter sogar dann mit Boni zu überschütten, wenn das Unternehmen Verluste fährt (und die Aktionäre leer ausgehen). Zwar seien die Unternehmensziele nicht erreicht worden, wohl aber die individuellen Ziele, und man wolle weiter in die Motivation »der Mannschaft« investieren. In der Praxis klingt das oft hitziger: Der Mitarbeiter sei per se faul! Man könne ihm nicht trauen, müsse ihn erziehen, formen, lenken. Er sei weder fähig noch bereit, sich aus eigener Einsicht für die Ziele des Unternehmens einzusetzen, sondern reagiere nur auf monetäre Reize. Mit einem Wort: Es handelt sich um einen Leistungsverweigerer. Auch wenn das explizit so selten jemand sagt, die impliziten Botschaften vieler Entscheidungen sind genau darauf gestimmt.

Aber selbst wenn man freundlicher formuliert, sich also um »Verbesserung« bemüht oder um ein »Mehr« sorgt, es bleibt dabei: So, wie er ist, ist der Mitarbeiter nicht in Ordnung. Er könnte härter arbeiten, mehr verkaufen, schneller rennen, besser entscheiden, kreativer handeln, die »Extrameile« gehen – aber er *will* nicht. Und so zielt denn auch die Denkfigur der Motivierung darauf ab, das Wollen zu verändern. Sie basiert nicht auf dem Menschen, wie er *ist*, sondern wie er sein *soll*. Dieses Sollen heißt in der negativen Version »Defizit«, und man stellt sich ein – wenngleich erwachsenes – Mängelwesen vor. In der positiven Version heißt es »Wachstum«, und man denkt an ein Kind, das noch nicht gelernt hat, was es zu tun oder zu lassen hat, und noch nicht in der Lage ist, sich klarzumachen, was es will.

Das ist das Wichtige: Es wird erst gar nicht versucht, die Mitarbeiter sachlich zu informieren und von einem bestimmten Handeln zu überzeugen. Es wird erst gar nicht versucht, Menschen mit Vernunftgründen zu gewinnen. Sondern man will sie mit Belohnung zu einem Handeln *verleiten,* das sie aus sich heraus und aus Einsicht in diese Gründe offenbar nicht zeigen würden. Anstatt auf Argumentation oder klare Absprachen setzt man auf Verführung. Für die Freiheit autonom handelnder Erwachsener ist kein Platz in diesem Denken. Die Motivierung behandelt Mitarbeiter daher nicht als mündige Menschen, deren Vernunft und Freiheitsfähigkeit es zu achten gilt, sondern als Objekte administrativer Manipulation. Im Grunde als Material.

Das Menschenbild, das dem Führen mit Anreizen zugrunde liegt, ist daher im Kern von *Verachtung* geprägt. Es unterstellt, dass ein Mitarbeiter nicht zu einem vernunftgeleiteten Verhalten fähig ist, dass man ihm grundsätzlich nicht trauen kann. Dieses Denken macht also aus jedem Mitarbeiter einen Betrüger. Diesem Betrugsverdacht entspringt eine manipulative Grundhaltung, die an das Eigeninteresse – die vermeintlich einzig verlässliche Größe des Mitarbeiters – appelliert: »Ich glaube dir nicht, dass du dich an Vereinbarungen hältst / dein Bestes gibst / im Unternehmensinteresse handelst – deshalb muss ich dich verführen. *Wenn* du dich verführen lässt, *dann* wirst du belohnt.«

Belohnungen sind Möhren jeder Art: Incentives, Boni, Aktien(optionen), Lob, Orden und Ehrenzeichen. Wer sie für bestimmte Handlungen verspricht, sagt unterschwellig: »Ich will dich anstiften, das zu tun, was *ich* will und *mir* nützt.« Wer so mit uns redet, blickt auf uns herab. Und wer sich als Heraufblickender belohnen lässt, bestätigt diese Fremdbestimmung: »Ich tue nicht, was ich für richtig halte, sondern was *du* willst.« Der Mensch erlebt sich dadurch als Marionette, als Erfüllungsgehilfe fremder Absichten, als *Reiz-Reaktions-Automat.*

Dieses Denken ist entwürdigend. Es setzt den Mitarbeiter als antriebsloses Wesen voraus, das ohne die Managermotivierung sinnlos vor sich hin stoffwechselt. Zudem reduziert dieses Denken den komplexen Prozess der Leistungsentstehung auf den kurzen Hebel der Leistungsbereitschaft. Leistungsfähigkeit und -möglichkeit bleiben davon unberührt. Trivialisierend heißt die Botschaft: »Wenn ich dir einen Vorteil verschaffe, wirst du tun, was ich für richtig halte.« Ich habe keine Mühe, es zuzuspitzen: Wer belohnt, ist böse.

Glaubt jemand ernsthaft, die vielen kleinen Demütigungen des Sichbeugens unter fremden Steuerungswillen blieben folgenlos? Glaubt wirklich jemand, der konditionierende Effekt, der bei jeder Handlung nur noch die Konsequenzen in der eigenen Brieftasche kalkuliert, habe keine Konsequenzen für den »Anstand« der Mitarbeiter?

Korrumpierung von Menschen, das ist die logische Folge. Als Beispiel mag die systematische Falschberatung von Kunden durch provisionsgetriebene Mitarbeiter dienen. Diese können gar nicht anders, als die Kosten ihrer Dienstleistung in den Produkten zu verstecken, die sie dem Kunden empfehlen. Und es ist mehr als naheliegend, dass sie dabei vor allem an ihre Provision denken (dadurch mittelbar an die finanziellen Ziele des Unternehmens). Der eigentliche Zweck des Unternehmens, die Befriedigung des Kundeninteresses, wird zur Nebensache. So hat die Reputation vieler Unternehmen der Pharmabranche weltweit durch Rechtsfälle gelitten, in denen aufgedeckt wurde, dass Vertriebsmitarbeiter, durch Verkaufsziele angestachelt, ihre Kunden bestachen. Kann man es ihnen verübeln? »Mein Bonus hat immer Recht!« – mit negativen Folgen für die Kundenbeziehungen: Variable Entlohnungsformen über Provisionen und Prämien korrelieren negativ mit Kundenzufriedenheit. Insbesondere belasten kurzfristige Abschlusserfolge (Quartalsziele) langfristige Kundenbeziehungen.

Freiheit

Das Motivieren hat Folgen für uns als Freiheitswesen. Es gibt ja immer noch Geschäftsleitungen, die davon ausgehen, dass Mitarbeiter *nur* für Belohnungen gut arbeiten. Diese Sichtweise überschätzt die Wirkung der extrinsischen Motivierung und unterschätzt die Fähigkeit zu intrinsischem Handeln. Das ist nicht nur erniedrigend, sondern hat als »sich selbst erfüllenden Prophezeiung« auch Konsequenzen: Misstrauen reduziert die Bereitschaft von Mitarbeitern, rechtschaffen zu sein und sich für die Sache selbst einzusetzen. Die Mechanik läuft so: Erscheint uns eine Handlung vernünftig, so werden wir sie ausführen; erscheint sie uns unvernünftig, so unterlassen wir sie. Finanzielle Anreize unterlaufen nun das an der Sache orientierte Nutzenkalkül und ersetzen es durch die Orientierung an einem Vorteil, der von anderen gesetzt wird. Sie »verbiegen« mithin das Handeln und drängen zu einem »unnatürlichen« Verhalten, das von der Motivierungslogik als »natürlich« unterstellt wird.

»Tu dies, dann bekommst du das« – wenn das Verhalten derart von der Prämie abhängt, werden auch die Mitarbeiter zu Abhängigen gemacht. Langfristig konzentrieren sie sich nicht mehr auf »dies«, sondern nur noch auf »das«. Ohne Prämien läuft bald nichts mehr. Die Prämie wird zu einem immer wieder erwarteten Einkommensbestandteil.

Die psychologischen Folgen sind fatal: Einmal angefixt, verlieren wir unsere Unabhängigkeit. Wir werden gleichsam süchtig, entwickeln ein Bedürfnis nach *extra cash* und sehen den Sinn unserer Arbeit nur noch darin, dieses Bedürfnis zu befriedigen. Wir tun nicht mehr das, was wir für *sinnvoll* halten, sondern was belohnt wird – auch wenn es der größte Unfug ist. Man denke nur an die ebenso schwachsinnigen wie würdelosen Verrenkungen bei *legaler* Steuervermeidung. Schaut man sich an, wie die so geprägten Menschen unsere Zivilgesellschaft mitgestalten, dann verwandelt diese Mechanik eine *Verpflichtungsgesellschaft* in eine *Verführungsgesellschaft*. Aus dem Glück des Tüchtigen wird das Glück der Süchtigen.

Damit ist klar: Es gibt keine »richtigen« Anreize – auch wenn alle Welt danach sucht. *Jeder* Anreiz unterläuft die Rationalität des Handelnden und erzeugt entsprechende Umgehungs- bzw. Ausbeutungsenergie. Das ist nicht zuletzt nach direkten staatlichen Eingriffen in die Vergütungspraxis der Unternehmen zu beobachten.

Nun, was ist von der Idee der Motivierung zu retten? Was motiviert? Das hier: Wahrgenommen werden, als Person, nicht nur als Personal, als Mensch, nicht als Verwertungsressource, als Zweck, nicht nur als Mittel. Und das hier: das Gefühl, dass es auf uns ankommt – ein größeres Geschenk kann man uns nicht machen.

Übergriffig wird es immer dann, wenn das *Wollen* verändert werden soll, wenn die Motivierung Mentalitäten imperativ erzeugen will. Das ist altes, eingerastetes Denken, das Erfolg als Summe der heroischen Willensanstrengungen einzelner Menschen erklärt und nicht als Resultat komplexer und spontaner Interaktionen. Leistungsbereitschaft ist eher eine *Folge*, eine Konsequenz von Kompetenzerfahrung – keine

Voraussetzung. Sie resultiert, wenn sich Leistungsfähigkeit mit Leistungsmöglichkeit verbindet, das *Können* mit dem *Dürfen*. Denn das Bewusstsein des *Könnens* ist die einzige Freiheit, die sich ungefährdet gegen die Zwänge der Welt behauptet. Das Erleben der Selbstwirksamkeit: »Ich kann es!« Das ist die wahre Kraftquelle. Wer etwas kann und sich in seinem Können als erfolgreich erlebt, will es auch tun. Und in einem unternehmerischen Rahmen, in dem er seine Aufgabe als sinnvoll erlebt, braucht sich niemand um seine Motivation zu sorgen. Sie kommt von alleine.

Und der Chef als »Motivator«? Vielleicht kann man die Motivation seiner Mitarbeiter punktuell und kurzfristig steigern. Eine Strohfeuermotivation. Interessant aber ist, dass die *de*-motivierende Wirkung mancher Vorgesetzter viel weiter reicht und viel länger wirkt. Führungskräfte sind also gut beraten, sich weniger um die Motivation ihrer Mitarbeiter zu kümmern, als Demotivation zu vermeiden – und sich selbst dabei nicht ausnehmen.

Fassen wir zusammen: Das anständige Unternehmen verzichtet auf Motivierung durch extrinsische Anreize. Es ist entwürdigend, Menschen zu unterstellen, sie seien keine vereinbarungsfähigen Leistungspartner.

Wer da sagt, dann breite sich »Beamtenmentalität« aus, dem kann ich nur erwidern, dass es in Beamtenorganisationen mindestens ebenso viele »Wenn-dann-Zulagen« gibt wie in der Privatwirtschaft – mit schlimmen Folgen für den historisch-legitimen Kern des Beamtentums. Beamtenmentalität wird eher von Unkündbarkeit befördert, die ein weitgehend leistungsfreies Überwintern bis zur Pension ermöglicht.

Umgekehrt ist es würdelos, wenn ein Mitarbeiter vom Unternehmen oder vom Chef verlangt, motiviert zu *werden*.

Wenn er erwartet, geschoben oder gezogen oder bei Laune gehalten zu werden. Es ist würdelos, Gehalt dafür zu erwarten, dass man morgens pünktlich am Arbeitsplatz erscheint, es aber für bonusrelevant hält, sich dann auch noch zu bewegen.

Der Anstand gebietet es also auch, dass jeder Mitarbeiter selbst die Verantwortung für seine Motivation übernimmt. Es gibt eine interessante Studie von Martin Gilens mit dem Titel *Why Americans hate Welfare*. Danach lehnen amerikanische Steuerzahler wohlfahrtsstaatliche Beihilfen nicht deshalb ab, weil sie etwas von ihrem Einkommen abgeben müssen. Sondern weil es ihrem historisch gewachsenen Bild von *decency* nicht entspricht. Sozialhilfeempfängern gebricht es ihrer Ansicht nach an Selbstachtung, die, wenn sie sie hätten, ihnen auch den Ausweg aus der Misere weisen würde. Dem mag man zustimmen oder nicht. Richtig daran ist: Anstand beinhaltet, Verantwortung für sich selbst zu übernehmen. Diese Verantwortung nicht anderen zuzuschieben. Nicht zu erwarten: »Motivier mich mal!« Eine solche Einstellung verbietet sich in einem anständigen Unternehmen.

MANAGEMENTVERGÜTUNG
Ethische Aspekte des Verdiensts

Die Ikone des deutschen Feminismus in einer Talkshow: »Man hört da ja die unglaublichsten Summen. Was machen die Manager eigentlich damit?« Brausender Applaus im Publikum. Dass Frau Schwarzer in ihrer Holzschnittwelt das so aufgipfelt, mag man verstehen. Aber dieser springflutartige Beifall – wie ist der zu erklären? Fragen wir uns, wie es dazu kommt: »Man hört da ja die unglaublichsten Summen …«

Externe Kosten

Wenn Aktionäre oder Eigentümer ihren Chefangestellten hohe Gehälter zahlen, müsste und dürfte es eigentlich niemanden kümmern. Und es könnte sogar klug sein: »Ich zahle nicht gute Löhne, weil ich viel Geld habe«, so einst Robert Bosch, »sondern ich habe viel Geld, weil ich gute Löhne zahle.« Und die skandalisierten Boni und Millionen-Abfindungen werden auch von Aktionärsversammlungen regelmäßig mit hohen Zustimmungsraten durchgewunken. In den USA, wo die Aktionäre schon lange über die Managementgehälter abstimmen können, zu fast 100 Prozent.

Extremgehälter würden wohl auch niemanden kümmern, wenn es wie früher hieße: »Über Geld spricht man nicht.« Seit aber das Fahnenwort »Transparenz« zeitgeistert, stehen diese Gehälter im Licht der Öffentlichkeit. Die Paradoxie, dass das Transparentmachen die Gehaltsspirale keinesfalls bremst, sondern sogar anfeuert, haben nur wenige auf der Rechnung. (Pharisäerhaft ist, dass genau jene, die sich für Transparenz einsetzen, auch hohe Managergehälter kritisieren.)

Wie auch immer dieser Prozess begonnen hat, die Vergütung der Manager ist in weiten Teilen illegitim geworden. Das liegt nicht allein an der schieren Höhe der Beträge. Wichtiger noch ist, dass die Bezüge unabhängig von den Risiken sind, denen das von den Managern geführte Unternehmen ausgesetzt ist. Und wer sich in einer demokratischen Öffentlichkeit risikolos Vorteile verschafft, hat ein Legitimitätsproblem.

Die Kritik gilt zudem »goldenen Fallschirmen« – absurde Summen, die Manager oft nach wenigen Arbeitsmonaten als Abgangsentschädigungen (zum Beispiel bei Firmenübernahmen) erhalten. Und Kritik zielt auch auf die Einkommenszuwächse von Konzernlenkern, die zur Konjunktur in einem geradezu antizyklischen Verhältnis stehen, vollständig von der Wertentwicklung des Unternehmens abgekoppelt sind und dessen Solidaridee hohnsprechen.

Eine so gestaltete Managementvergütung gehört jedenfalls prominent zu den Bereichen, in denen regelmäßig das Managerverhalten auf allgemeine Sittlichkeitsvorstellungen prallt. Sie treibt einen Keil zwischen Management und Mitarbeiterschaft, zwischen Unternehmen und Kommunen, zwischen Wirtschaft und Gesellschaft. So hatte der Mindestlohn sicher nicht zuletzt Realisierungschancen wegen der Managerlöhne.

Diese Manager sagen nie Maßlosigkeit, wenn sie Maßlosigkeit treibt. Das gilt insbesondere für Gehaltsexzesse im Finanzsektor, die uns lehrten, vor allem (aber nicht nur) die Banken zu hassen – den Wirtschaftssektor, der am augenfälligsten demonstriert, wie weit sich der Bereich der realen

Produktion von jenem entfernt hat, in dem Geld verdient wird. So war Anshu Jain, der ehemalige Co-Vorstandsvorsitzende der Deutschen Bank, der bestbezahlte Chef einer europäischen Bank. Die zusammen 15 Millionen Euro Gehalt für Jain und Fitschen in 2013 sind viel Geld. Für eine der schlechtesten Eigenkapitalrenditen in Europa sind sie ein Skandal. Jeder dürfte das einsehen, dessen geistiger Horizont nicht durch Kontostände begrenzt wird. Da stellen sich ordnungspolitische Fragen, denen auch der freiheitlichste Beobachter nicht ausweichen kann. Wobei in Deutschland unklar ist, wo die gesellschaftliche Verträglichkeitsgrenze liegt. Manche rümpfen bei allen Millionenbeträgen die Nase, manche ab 3 Millionen, manche erst ab 10 Millionen. Es bleibt die offene Frage nach der Legitimität derartiger Unterschiede.

Aber auch *innerhalb* der (Groß-)Unternehmen hat sich zwischen Managern und den übrigen Angestellten eine Einkommenskluft aufgetan, die kaum mehr nachzuvollziehen ist. In Deutschland ist heute das Verhältnis zwischen den Gehältern der obersten Geschäftsleitung und dem durchschnittlichen Gehalt eines Angestellten auf bis zu 1:300 gestiegen (in den USA höher). Das heißt, ein gewöhnlicher Angestellter müsste etwa dreihundert Jahre arbeiten, um auf das Jahresgehalt seines Topmanagers zu kommen.

Dagegen formiert sich Protest, der in Deutschland gern mit dem Neidargument abgetan wird. Ja, Deutschland ist eine Neidgesellschaft (die Schweiz weniger, Österreich liegt etwa dazwischen), kaum ein Thema bringt die Menschen derart auf die Palme wie das Einkommen von »denen da oben«. Aber man darf nicht jede Diskussion mit dem Knüppel-aus-dem-Sack des Neidverdachts erschlagen. Dennoch muss man einige kontraintuitive Denkfiguren bemühen (wie etwa Hebeleffekte, s. u.), um behaupten zu können, dass ein einzelner Manager mehr Wert schöpft als 100, 200 oder 300 seiner Mitarbeiter. In der Schweiz wurde zwar eine Initiative abgelehnt, die die Spanne zwischen dem niedrigsten und dem höchsten Einkommen innerhalb eines Unternehmens auf das Verhältnis 1:12 begrenzen wollte. Einer maßvolleren Vorlage (etwa 1:25) hätte man aber große Chancen eingeräumt.

Wenn sich Aktionäre und Aufsichtsräte nicht um die externen Kosten kümmern (weil die vorrangig von anderen getragen werden), sind direkte staatliche Eingriffe wahrscheinlich: Deckelung oder (noch) höhere Steuerprogression. Den Preis dafür zahlen wir alle.

Angemessenheit

Grundsätzlich kann man sagen: Die Gehälter deutscher Vorstandsmitglieder sind der Höhe nach anständig, der Moral nach nicht. Zumindest stehen sie mehrheitlich in deutlicher Spannung zum § 87, Abs. 1 des deutschen Aktiengesetzes, demzufolge »die Gesamtbezüge in einem angemessenen Verhältnis zu den Aufgaben des Vorstandsmitglieds und zur Lage der Gesellschaft stehen« sollen. Aus folgenden Gründen:

1. Manager sind keine Unternehmer. Sie riskieren nicht ihr eigenes Geld, sondern verwalten das Geld anderer Leute. Insofern sind Risiko und Haftung entkoppelt. Boni im Falle eines guten Geschäftsverlaufes zu beziehen, aber keine Reverse-Boni für negative Entwicklungen auszahlen zu müssen – diese Asymmetrie ist ein moralischer Skandal. Er untergräbt die Legitimität der Marktwirtschaft, deren Grundprinzip ja die Balance von Chance und Risiko ist. Wer kein »Skin in the Game« (Warren Buffett) hat, sollte im

Erfolgsfall auch keinen Nutzen haben. Angestellte, die das Geld anderer Leute verwalten, keine Haftungsrisiken tragen und das Zigfache des Gehalts anderer Angestellter verdienen, sind die wahren Feinde des Kapitalismus (die man schon längst nicht mehr in den mentalen Bruchbuden linker Systemveränderer findet).

Wer als Unternehmer sein eigenes Geld riskiert, sollte jeden Ertrag dieser Wette behalten dürfen; er läuft ja auch Gefahr, es zu verlieren. Wer als Manager fremdes Geld verwaltet, sollte als Verwalter bezahlt werden. Das gilt umso mehr, wenn er das Geld von Steuerzahlern verwaltet – wie in einigen Banken. Manager sind Kuratoren der ihnen anvertrauten Güter, nicht ihre Eigentümer. Wenn sie diese mehren, dann tun sie ihre Pflicht. Nicht mehr, nicht weniger.

2. Es wird argumentiert, ein extrem hohes Einkommen sei angemessen, weil es dem Vorstand zu verdanken sei, wenn sich das Unternehmen positiv entwickelt. Das klingt plausibel. Aber abgesehen davon, dass dabei eine sehr enge Kausalbeziehung zwischen der Tätigkeit des Vorstands und dem Geschäftserfolg unterstellt wird, gibt es weltweit keine einzige Studie, die eine positive Korrelation zwischen Managementgehältern und der Entwicklung des Unternehmenswertes nachgewiesen hätte. Vielfältig belegen lässt sich hingegen – nicht erst seit der jüngsten Finanzkrisen – die umgekehrte Korrelation. So erhöhte die Deutsche Telekom in einem Jahr, in dem ihr Ergebnis pro Aktie um 95 Prozent schrumpfte, ihre Vorstandsbezüge um 50 Prozent; Daimler-Chrysler, dessen Nettoergebnis 2002 um 39 Prozent zurückging, sattelte bei den Vorstandgehältern gleich um 131 Prozent drauf. Schaut man in die jüngste Vergangenheit, sieht man, dass angestellte Unternehmenslenker nicht nur schadlos Betriebe an die Wand fahren können, nein, die Höhe

der Abfindungen wirkt geradezu wie eine Belohnung dafür. Wer das für »leistungsbezogen« hält, hat sie nicht mehr alle beisammen.

Grundsätzlich zu den sogenannten leistungsorientierten Lohnsystemen: Sie sollen Sachlichkeit, Messbarkeit und Gerechtigkeit suggerieren. Aber überall auf der Welt werden Inländer besser bezahlt als Ausländer, Hellhäutige besser als Dunkelhäutige, Männer besser als Frauen. Und der Leistungsbegriff ist mehrdeutig, vieldimensional und erwartungsabhängig. Insofern unbrauchbar, weil nicht zu operationalisieren und nicht objektivierbar.

Deshalb in aller Deutlichkeit: Niemand wird für Leistung bezahlt! Ein Manager wird im Regelfall für *Erfolg* bezahlt und dem daraus resultierenden *Hebeleffekt für das Einkommen anderer*. Die Idee dahinter: Wer Vielen dient, wird reich; wer Wenigen dient, bleibt arm. Im Erfolg kann sich durchaus auch Leistung verbergen, aber jeder Realist weiß, dass wir um Glück (und Pech) letztlich nicht herumkommen.

Der Erfolg eines Unternehmens hängt jedenfalls von einer Faktorenreihe ab, die kaum – und auf keinen Fall vollständig – vom Management zu kontrollieren ist. Das ist nicht unwichtig, wird doch in naiven Kausalitätsschlüssen die direkte persönliche Zurechenbarkeit von *diesem* Erfolg zu *dieser* Leistung unterstellt. Das ist unsere *Prägnanzneigung* – wir unterstellen unserer Erfahrungswelt stets mehr Ordnung und Schlüssigkeit, als tatsächlich vorhanden ist.

Managementleistung lässt sich weder empirisch messen noch sonstwie objektiv ermitteln. Vielmehr führen die Bündelung operativer Indizes, die Suche nach Vergleichsmaßstäben und Referenzrahmen oft zu bizarren Konstruktionen, die nur einer Logik folgen: Sie sollen von Verantwortung entlasten. Genau genommen beschreiben sie die Flucht aus einer zu verantwortenden Bewertungssubjektivität in die systembewehrte Scheinobjektivität.

Es bleibt dabei: Die Angemessenheit eines Gehalts lässt sich nicht schlüssig belegen. Deshalb wird die Debatte um Managerlöhne auch so lange nicht zur Ruhe kommen, wie ein Zusammenhang zwischen Lohn und Leistung unterstellt wird. Dieser Zusammenhang ist fiktional: Er lässt sich nicht auf irgendwelche vorgegebenen Messgrößen zurückführen, sondern wird erzeugt, indem man Indikatoren auswählt, die den Schein von Objektivität erzeugen.

Das verführt zu systemischer Korruption: Solange es individuell variable Einkommensanteile gibt, werden die Manager weiter die Informationsvorteile ausbeuten, die sie gegenüber dem Aufsichtsrat haben. Niemand ist besser informiert über das Unternehmen und die Märkte – entsprechend werden die Bonussysteme verhandelt und die relevanten Leistungsindikatoren beeinflusst. Selbst Moralathleten unter den Managern werden kaum der Versuchung dieser *self-serving bias* widerstehen. Das Unternehmen als Beute. Und das weiß auch die Bevölkerung. Deshalb schaut sie kritisch auf die Bezahlung der Manager, nicht aber auf die Bezahlung eines Lionel Messi oder Roger Federer. Diese beuten nicht Informationsasymmetrien aus, sondern verdienen ihr Geld im offenen Wettkampf.

Und dass Kursentwicklung »gestaltbar« ist, weiß jedes Kind. So nahm zum Beispiel die Vergütung in Form von Aktien in den letzten Jahren zu. Auf diese Weise glaubt man, die Interessen von Management und Aktionären zur Deckung zur bringen. Was tun die Unternehmensleitungen? Sie kaufen Aktien in großem Ausmaß über den Markt zurück. Zum Teil werden sogar Schulden aufgenommen, um Aktienrückkäufe zu finanzieren. Die Manager führen dafür wohlklingende

Erklärungen an, etwa Vertrauen in die Zukunftsfähigkeit des Unternehmens oder unattraktive Investitionsalternativen. Plausibler aber ist die schlichte Tatsache, dass Rückkäufe die Kurse und damit das Managereinkommen steigen lassen. Die Einhaltung der »Safe-Harbour-Regel« (Rückkäufe pro Tag dürfen nicht höher sein als 25 Prozent des durchschnittlichen täglichen Handelsvolumens der letzten vier Wochen) ist kaum zu überprüfen.

Zudem können Rückkäufe dazu dienen, die Wirkung generöser Aktienoptionsprogramme zu verdecken oder den Gewinn pro Aktie zu steigern, obwohl der Umsatz stagniert. Das schadet den Unternehmen: Die Gewinne werden nicht thesauriert und fließen nicht in Investitionen und Innovationen. Investoren, die auf eine langfristige Entwicklung setzen, werden benachteiligt. Die Zukunft wird zugunsten der Gegenwart verspielt. Wert*ab*schöpfung statt Wertschöpfung.

In diesem Zusammenhang brandet immer wieder die Diskussion um den Shareholder-Value-Ansatz auf. Er führe zu kurzfristigen Entscheidungen und absurden Resultaten. Die Debatte wird falsch geführt. Man muss zwischen Shareholder-Value-Ansatz und *Kurzfristigkeit* unterscheiden. Nicht der Shareholder-Value-Ansatz (der viele Kriterien umfasst), sondern die Kurzfristigkeit der Entscheidungen führt zu absurden Resultaten. Und die wiederum sind vorrangig gesteuert von den Einkommensinteressen des Managements. Die dominante und zu diskutierende Doktrin ist also der *Management-Value-Ansatz.*

Es ist nicht von der Hand zu weisen: Etliche Manager, von denen wir erwarten, dass sie den Unternehmenswohlstand und indirekt den gesellschaftlichen Wohlstand mehren, mehren lediglich ihren eigenen. Darf man sich wundern, dass sich das Verhältnis zwischen Management und der übrigen

Mitarbeiterschaft respektive Gesellschaft verschlechtert? Dass hier Kapitalismuskritik hochschnellt? Wie lächerlich wirkt da das zahnlose »Say on pay«! Völlig grotesk wird es, wenn die Unternehmen, die große Summen in Aktienrückkäufe stecken, beim Staat Subventionen für Forschung und Entwicklung einklagen.

3. Das dritte Argumente gegen überhöhte Individualgehälter: Unternehmen sind Kooperations-Arenen. Das heißt, ein Unternehmen ist um die Idee der *Zusammenarbeit* herum gebaut. Damit ist ausdrücklich nicht die Addition von Einzelleistungen gemeint. Sondern ein Ergebnis, das nur arbeitsteilig und gemeinsam erzielt werden kann. Als ideales Bezugsbild mag die Pit-Stopp-Crew in der Formel-1 dienen oder ein Operationsteam im Krankenhaus. Individuelle Leistung ist daher im Unternehmen schwer zu isolieren, Resultate sind kaum persönlich zurechenbar. Und je höher jemand hierarchisch steht, desto indirekter ist seine Wirkung.

Individuelle Spitzengehälter (um mich angreifbar zu machen: höher als drei Millionen Euro jährlich) dementieren mithin den Kooperationsvorrang im Unternehmen. Extreme Einkommensunterschiede innerhalb eines Unternehmens unterstreichen das hierarchische Prinzip, den Vorrang des Einzelnen vor dem Ensemble. Aber auch ein noch so leistungsfähiger Chef an der Unternehmensspitze kann ohne die Mitarbeit hervorragender Fach- und Führungskräfte nicht erfolgreich sein. Und wer als Angestellter (!) ein Vielfaches seines direkten Mitarbeiters verdient, sollte nicht über Teamgeist reden.

4. Wenn es um Maß und Angemessenheit geht, dann kann man durchaus rationale Konsequenz erwägen – Konsequenzen für die Teamleistung zum Beispiel. Nehmen wir

111

das Thema Motivation ernst, so ist die Wirkung der zunehmenden Einkommensspreizung auf die Leistungsbereitschaft der gesamten Mitarbeiterschaft zu berücksichtigen. Wir wissen aus jüngeren Forschungen, dass das Erleben von Unfairness demotiviert. Verschiebt man die Gleichgewichte unverhältnismäßig, so hat das erhebliche Auswirkungen auf Einstellung und Verhalten der Mitarbeiter. Die Teamleistung nimmt ab, wenn die Einkommensunterschiede innerhalb eines Teams stark wachsen: Je größer die Einkommensunterschiede im Team, desto geringer die durchschnittliche Leistung Einzelner. Und das gilt nicht nur für die, die sich zurückgesetzt fühlen; auch die Leistung der Top-Talente sinkt bei großem Einkommensgefälle: Ihnen macht der Neid der anderen zu schaffen. Daran sollten jene Manager denken, die vollmundig erklären (und womöglich selbst überzeugt sind), dass sie mit ihren Mitarbeitern »an einem Strang ziehen« wollen, »gemeinsame« Anstrengung und »Identifikation« fordern.

Manche ökonomischen Theorien halten die immer stärkere Einkommensspreizung für sinnvoll, weil sie Führungskräfte zu Spitzenleistung motiviere (»Turnier-Gewinner«). Die Sozialpsychologie kommt zum gegenteiligen Schluss. Sie bezieht auch die Reaktionen der Turnier-Verlierer mit ein: Demotivation, verminderte Kooperationsbereitschaft, höhere Fluktuation. Selbst wenn die Verlierer ihren Unmut nicht offen zeigen, drücken sie ihn aus durch die verringerte Qualität ihrer Arbeit.

Arbeitsgemeinschaft an Orten

Eine allgemeingültige Antwort auf die Frage nach der angemessenen Höhe von Management-Einkommen gibt es nicht. Wie viel »zuviel« ist, hängt zunächst von den Wertvorstellungen einer Kultur ab. Ein Gehalt kann in einem Land akzeptabel sein und in einem anderen nicht. Unternehmen sind, auch wenn sie global agieren, Unternehmen *an Orten*. Und damit in Tradition und vor allem Konventionen eingelassen. Alles andere ist irrlichternde Ortlosigkeit. Man muss sich also auf die Gerechtigkeitsvorstellungen der jeweiligen Kultur einstellen. Oder gibt es einen weltweiten Manteltarifvertrag?

Mögen die Maximalprofiteure noch so sehr formal das positive Recht auf ihrer Seite haben, die Unternehmen verwechseln immer noch legal und legitim. Zu viele Unternehmen bewegen sich selbstreferenziell im eigenen »System«. Spezialisiert, kompetent, aber ohne Überblick. Sie bauen egogetriebene Managementstrukturen, die weder auf das Wohl der Aktionäre noch auf das der Kunden gerichtet sind. Irgendwann werden die Leute eine Wirtschaft hassen, die sich ihnen so mitteilt.

Die Umrisse eines vernünftigen Vergütungssystems habe ich in *Mythos Motivation* beschrieben. Hier, unter moralphilosophischer Perspektive, nur soviel: Das anständige Unternehmen hat keine aktienbasierte Vergütung. Es sorgt dafür, dass die Einkommensspreizung nicht das Unternehmen als Arbeits-»Gemeinschaft« dementiert. Es verzichtet auf jede Form anreizorientierter Bezahlung und koppelt eine allgemeine variable Vergütung an die Unternehmensentwicklung. Dort als Partnerschaft im Plus und Minus. Eine Partnerschaft ohne Minus ist würdelos.

Behandle Mitarbeiter nicht wie Kinder

Im Management haben wir es mit dem Verlust von Unterscheidungen zu tun. Rolle und Person, Norm und Wert, Lernen und Anpassen, Zusammenarbeit und Team, Lob und Anerkennung, alles geht durcheinander. Vor allem aber wird Beziehung mit Erziehung verwechselt.

Als ich nach dem Studium bei der 3M einstieg, gab mir mein Chef einige Bücher zur Mitarbeiterführung, die ich zur Vorbereitung auf meinen Job lesen sollte. Bei der Lektüre wurde mir klar: Die Autoren hatten Bücher zur Kindererziehung als Vorlage genommen, das Wort »Kind« durch »Mitarbeiter« ersetzt und dann eins zu eins veröffentlicht. Retrospektiv war das mein berufliches Erweckungserlebnis – wie Luthers Blitz bei Stotternheim.

Die Menschen sind ja unendlich bunt und interessant, wenn man nichts von ihnen will. Will man sie aber für eigene Zwecke nutzen, wird ihr Anderssein zum Problem. Daher die Leitfragen: Ist der Mitarbeiter ein zu erziehendes Kind – oder ist er ein *Erwachsener*, dem wir auch Erwachsensein zumuten können? Ist der Mitarbeiter ein defizitäres Mängelwesen – oder ist er kompetent und in der Lage, sachangemessene Entscheidungen zu fällen? Ist der Mitarbeiter ein unterkomplexes Subjekt – oder ist er hochstehend, vielschichtig und vollständig?

Für den Christen verleiht die Gottebenbildlichkeit dem Menschen eine besondere Würde. Man muss aber keiner

Religion anhängen und nicht an einen Gott glauben, um anzuerkennen, dass der Mensch sich gegenüber anderen Lebewesen durch Freiheit und Selbstbestimmung auszeichnet. Dass er frei wählt und entscheidet – egal, was die Hirnforschung meint hervorzaubern zu können an Tröstungen für Willensschwäche. Und dass er insofern verantwortlich ist. Es mag sein, dass der Einzelne sich nicht als frei *erlebt*, aber er ist freiheits*fähig*. Und er kann lernen, diese Freiheitsfähigkeit zu bejahen. Insofern bedeutet Freiheit immer frei *werden*.

Jeder kann mithin motivationale und normative Einstellungen entwickeln, die er als »eigene« empfindet. Und sie müssen einigermaßen belastbar sein: Um als Erwachsener zu gelten, muss diese Person in der Lage sein, diese Einstellungen hinreichend stabil aufrechtzuerhalten. Das heißt, sie muss sie in kohärenter Weise selbst bei Gegenwind verteidigen – zum Beispiel gegen öffentlichen Meinungsdruck, auch gegen eigene Launen oder Neigungen, die uns manchmal überfallen.

Ich gehe davon aus, dass jeder Mensch gute Arbeit leisten will. Ich gehe davon aus, dass jeder Mensch bereit und fähig ist, aus eigener Erkenntnis heraus zu handeln und gemeinsam mit anderen einen Beitrag für das Ganze zu leisten. Falls Sie das in Ihrer beruflichen Umgebung nicht bestätigt sehen, sollten Sie sich fragen, ob Sie nicht dazu beigetragen haben, dass es für Sie so ist, wie es ist. Zum Beispiel, wenn Sie ein festgestelltes Leistungsdefizit des Mitarbeiters als dessen Persönlichkeitseigenschaft deuten – und nicht als eine *wechselseitig* zu verantwortende Situation, zu der Sie mit Ihren Erwartungen, Beobachtungen, Verhaltensweisen und Rahmensetzungen beitragen.

Das Menschenbild, das ich diesem Buch zugrunde lege, habe ich nur teilweise aus meiner Erfahrung destilliert. Dies Menschenbild ist vor allem eine *Entscheidung.* Ich entscheide mich, die Menschen so zu sehen. Ich *will* sie so sehen. Und sicher ist damit auch der Großteil der Menschen empirisch korrekt beschrieben. Aber natürlich bin ich nicht blind dafür, dass es viele nur kalendarisch Erwachsene gibt. Über Ursache und Wirkung ist da noch nichts gesagt. Es ist jedenfalls immer wieder faszinierend, den Unterschied zwischen privatem und öffentlichem Verhalten zu beobachten. Dieselben Menschen, die für sich und ihre Familien täglich zahllose zukunftsbezogene Entscheidungen fällen, die Häuser bauen, Politiker wählen und abwählen, Kinder erziehen, Freundschaften pflegen, ihren Hobbys nachgehen und in ihrer Freizeit zum Teil umfangreiche und organisatorisch anspruchsvolle Aufgaben etwa in Vereinen übernehmen – dieselben Menschen infantilisieren sich, wenn sie durch die Pforten des Unternehmens treten, dass man manchmal fassungslos ist. Oder sollte ich sagen: *lassen* sich infantilisieren?

Grundsätzlich ist Infantilisierung Teil der politischen Korrektheit geworden. Man glaubt offenbar nicht mehr, dass man Menschen Erwachsensein zutrauen kann, ja, dies wird geradezu als Zumutung empfunden. Hier ist zu fragen: Welche Strukturen laden ein zu dieser Selbstverkindlichung? Welche Institutionen rufen den Mitarbeitern zu: »Höre auf, selbstverantwortlich zu denken und zu handeln! Verzichte auf den aufrechten Gang!«

Es ist eine Entscheidung, Mitarbeiter als Erwachsene zu betrachten, die in der Lage sind, ihre Interessen zu artikulieren und ihr Leben selbständig zu regeln. Dann sind Mitarbeiter keine Mängelwesen. Dann ist das Modell *managing as parenting* abzulehnen, bei dem der Vorgesetzte als Vater oder als Mutter agiert und der Mitarbeiter die Rolle des Kindes übernimmt. Dann verbietet es sich, auf ihn herabzublicken. Unter Erziehung verstehen wir ja in der Regel ein Verhältnis zwischen Mündigen und Unmündigen. Unmündige können sich noch nicht selbst bestimmen, sodass es angeraten ist, sie in ihrer Freiheit einzuschränken. Das lehne ich für Unternehmen vollumfänglich ab. Das gerade Gegenteil ist betriebswirtschaftlich wichtig: Wir sollten den Menschen nicht an seiner Lenkbarkeit messen, sondern an seiner *Initiative*.

Daraus ziehe ich die Konsequenz: Wir haben im Unternehmen *keinen Erziehungsauftrag*. Wir haben auch *keinen Therapievertrag*. Sondern einen Kooperationsvertrag, der auf Ausgleich zielt: Geben und Nehmen müssen in der Waage sein. Aufgabe der Führung ist es, dieses Gleichgewicht immer wieder herzustellen.

Vor dem Hintergrund dieses Menschenbildes geht es vor allem darum, sich selbst und den anderen zu respektieren in ihrem selbstbestimmten Willen und ihrem selbständigen Handeln.

Wenn ich hier formuliere, dass man Mitarbeiter »nicht wie Kinder« behandeln soll, dann meine ich damit nicht, dass man Kinder infantilisieren soll und darf. Aber wir haben doch gegenüber Kindern einen Erziehungsauftrag, wir gestalten Prozesse der Pädagogik aus überlegener, weitsichtiger Perspektive, die wir von Kindern nicht erwarten dürfen. Von Erwachsenen können wir Mündigkeit erwarten, ja wir müssen es tun, wenn wir mit ihnen Arbeitsgemeinschaften auf Augenhöhe bilden wollen.

Menschen als Erwachsene – alles, was dieses Menschenbild bestätigt, nenne ich anständig; alles, was dieses Menschenbild dementiert, verletzt den Anstand. Einen Menschen anständig zu behandeln, das bedeutet auch: ihm Haftung und Verantwortung abfordern. Ihn zu ehren als jemanden, der sich selbst schädigen kann. Und dem es nicht erlaubt ist, die Konsequenzen seines Handelns einfach anderen Menschen aufzubürden.

Klar ist: Ich arbeite in einem logischen Zwischenreich, indem ich einen Zustand voraussetze, den ich selbst erst schaffen will – eben jenen des Erwachsenseins. Ich stehe also in dem Dilemma, so handeln zu müssen, als gäbe es diesen Zustand schon, den zu befördern meine Absicht ist. Dabei vertraue ich der *autoplastischen Kraft* von Botschaften. Der Mensch ist ja nicht nur, wie er ist. Er kann sich ändern, sich selbst erzeugen, auf andere reagieren. Wenn man Menschen als Erwachsene anspricht, dann verhalten sie sich entsprechend. Nicht alle, sicher, aber doch die meisten. Wenn man sie allerdings als defizitäre Mängelwesen anspricht, dann verkindlichen sie sich. Wiederum nicht alle, aber doch die Mehrzahl. Nach Aristoteles, dem Verfasser der *Nikomachischen Ethik*, kann man keine Aussage über einen Menschen machen, ohne ihn so herauszufordern, wie man ihn angesprochen hat. Entsprechend werde er »kleingesinnt« oder »großgesinnt«.

Anthropologische Grundannahmen werden dadurch real. Die Umgangssprache kennt das: »Wie man in den Wald hineinruft, so schallt es heraus.« Es geht dabei nicht nur um Wahrnehmungslenkung – etwa: Wenn du glaubst, Menschen seien niederträchtig, dann siehst du ringsum Niedertracht. Nein, es geht tatsächlich um Materialisierung von Ideen. Um aktive Selbstformung relational zu den Ansprüchen anderer. Die Wissenschaft nennt das den »Pygmalion-Effekt«.

Kein Erziehungsauftrag: Unbenommen davon bleibt, dass Veränderung auf Seiten des Mitarbeiters möglich ist, dass er sowohl Einstellung wie auch Verhalten verändern kann. Aber – nach dieser Maxime – nur als *Selbstentwicklung*, nicht als Fremdanpassung. Und Beziehungen funktionieren zwischen Menschen, so wie sie *sind* – nicht wie sie sein sollen.

VORBILDLICHKEIT
Infantilisierung als Strukturprinzip

In einer Gesellschaft, in der das schlechte Gewissen der Normalzustand ist, moralisiert sich auch das Management. Ein guter Manager muss heute nicht nur betriebswirtschaften, nein, »nachhaltig« soll er das tun, »sozial verantwortlich« und »ethisch einwandfrei«. Nicht Qualität hat mehr ihren Preis, sondern der Grad moralischer Unbedenklichkeit. Und als Person soll er ein Modell sein an Tugend und Werten, »authentisch« möglichst, mit seinem Führungsstil der Unternehmenskultur entsprechen. Firmen bemühen sich daher, das Verhalten der Führungskräfte zu normen und zu normieren. Dazu formulieren sie Führungsleitlinien, erstellen Wertekanons und andere säkularisierte Bibeln. In Seminaren erinnern sie die Führungskräfte daran, dass Mitarbeiter für die herausgehobene Stellung der Führungskraft einen Preis fordern: eben »werteorientiertes« Handeln.

Kein Topos ist dabei so stabil wie der Appell an die Vorbild-Funktion der Führungskräfte. Auch in Befragungen wird immer wieder das »Vorbildsein« auf die Nummer eins der Kriterien gesetzt, die eine gute Führungskraft ausmachen. Beispielhaft für viele das Institut der deutschen Wirtschaft in Köln: Gefordert sei eine »Führung, die ethischen Werten folgt, transparent und kooperativ ist, und bei der die Führungskraft Vorbild ist und die Ideale des Unternehmens lebt.« Alle nicken versonnen, obwohl jeder weiß, dass das Unsinn ist, dass das mit der Realität nichts zu tun hat. Ja, obwohl das – und hier gehe ich einen Schritt weiter – nicht einmal wünschenswert wäre.

Vorbild: passive Kategorie

Man muss zunächst klären, was mit »Vorbild« gemeint ist. Etwa dieses: Ein vorbildlicher Manager erwartet nicht von anderen, was er nicht selbst tut; er ist glaubwürdig, fachlich hervorragend und persönlich integer. Das mag als ideale Beschreibung passen. Klar ist auch: Manager werden beobachtet; sicher auch in besonders sensibler Weise. Aber kann ein Manager sich durch entsprechende Handlungen zu einem solchen Vorbild *machen*, sich selbst als Vorbild herstellen? Nein, das kann er nicht. Ein Manager kann *nicht aktiv*, von sich aus bestimmen, wie sein Handeln von der Umwelt wahrgenommen wird. Er ist abhängig vom Beobachter. Und wenn der das Etikett »Vorbild« verweigert, muss er das akzeptieren.

Vorbildlichkeit ist allenfalls eine *passive* Kategorie, eine Zuschreibung. Man wird zum Vorbild gemacht – oder eben nicht. Und das kann ein Handelnder kaum beeinflussen. Wer glaubt, seine Mitarbeiter dadurch beeindrucken zu können, dass er jeden Abend bis 21 Uhr arbeitet, muss sicher auch mit einer solchen Reaktion rechnen: »Seine Ehe ist kaputt, die Freunde sind alle weg und Hobbys hat er auch keine mehr – das muss ich so nicht haben.« Man kann Manager daher auch nicht dazu *auffordern*, sich vorbildlich zu verhalten. Paradox gesprochen: Das wahre Vorbild weiß, dass es keines ist. Vorbild wird man nur absichtslos. »Nur die unbewusste Handlung trägt Früchte«, heißt es bei Tolstoi.

Wenn Vorbilder versagen, versagen vor allem unsere unrealistischen Erwartungen. Kein Mensch ist in der Lage,

überhöhte und letztlich inhumane Erwartungen zu erfüllen.
Schon gar nicht rund um die Uhr und sowohl fachlich wie
persönlich. Wir sind aber offenbar nicht bereit, Führungskräfte als das zu akzeptieren, was sie sind: Menschen. Das war
mal anders. Man erinnere sich an Oswald Grübel, den frü-
heren Chef der Credit-Suisse und UBS. Oder im Fußball an
Stefan Effenberg. Keine angenehmen Typen. Aber viele ihrer
Mitstreiter waren sich einig, dass ein guter Chef nicht unbedingt ein guter Mensch sein muss. Er muss das Überleben der
Mannschaft, der Organisation gewährleisten. Man braucht
gerade auch die unangenehmen Typen, um in zielkonfliktä-
ren Momenten die Entscheidungsfähigkeit zu sichern. Diese
Bodennähe ist der hypertrophen Moralisierung gewichen.

Aber ist die Vorbild-Idee überhaupt noch zeitgemäß?
Ist sie wünschenswert für die Lebendigkeit und Langlebig-
keit des Unternehmens? Die Denkfigur »Chef als Vorbild«
unterstellt ja, dass Vorbilder für das Erreichen der Unternehmensziele nützlich sind.

Nachbilder

Eine von Vorbildern (gleich welcher Art) gestützte Kultur
differenziert das Unternehmen in zwei Teile: einen kleineren,
der aus den anerkannten Vorbildern besteht (oder denen,
die diese Funktion für sich reklamieren), sowie einen größeren, zu dem die meisten Mitarbeiter gehören, die nicht so
vorbildlich handeln und die daher offenbar ein Vorbild zum
Nacheifern brauchen. Die Rede vom Vorbild disqualifiziert
mithin den größten Teil der Mitarbeiterschaft als eines Vor-
bildes bedürftig.

Das Vorbild-Denken setzt also einen infantilen Mitarbeiter voraus. Es setzt einen Menschen voraus, der nicht weiß,

was gut und richtig ist, den man lenken muss. In einem Ratgeber für Führungskräfte, der mehrere Auflagen erlebte, steht zu lesen: »Ein guter Chef brüllt nicht bei jeder Gelegenheit seine Mitarbeiter an, sondern erzieht durch Vorbild.« Also: Infantilisierung als Strukturprinzip, unmündige Kinder sollen »erzogen« werden. Sie sollen lernen, ihr Handeln nach Werten auszurichten, die andere für sie festgesetzt haben, nach Maßstäben, die andere für sie aufstellten. Das Modell-Lernen im Eltern-Kind-Verhältnis wird gleichsam in die Arbeitswelt hinein »verlängert«.

Eine auf Vorbilder gebaute Unternehmenskultur schafft mithin Abhängigkeit und unterzuständige Mitarbeiter, die man durch die Aufforderung zum »Nachmachen!« entmündigt und im schlechtesten Fall entfähigt, selbstverantwortlich sinnvolle Entscheidungen zu treffen. Wenn man aber davon ausgeht, dass auf hochvolatilen Märkten vor allem Selbstverantwortung, Innovation und Unternehmertum das wirtschaftliche Überleben sichern und dass, wer im Hyperwettbewerb bestehen will, das kreative Potenzial der Mitarbeiter nutzen muss, der sollte sich fragen: Sind das die Mitarbeiter, die wir brauchen? Jene, die die Nachbilder von Vorbildern sind? Mitarbeiter, die gelernt haben, wie man nachahmt? Die nicht vorauslaufen, sondern hinterher? Schweigen wir an dieser Stelle von den ethischen Dimensionen: Will man so den globalen und sich zum Teil bruchhaft dynamisierenden Wettbewerb gewinnen?

Die Sehnsucht nach der perfekten Organisation

Sagen wir es offen: Etliche Menschen sind nicht undankbar, wenn jemand etwas vorgibt, was man kopieren kann. Mit einem Vorbild an der Hand besteht ja auch keine Notwendigkeit, mühevoll herauszufinden, was man selbst eigentlich denkt. Kein Abwägen von Vor- und Nachteilen, keine Rechtfertigung des Inhalts, der Ziele oder der Überzeugung ist hier am Platze. Nur die Empfehlung zur Imitation: »Sollten Sie in diesem Unternehmen aufsteigen wollen, Herr Schmidtchen, dann machen Sie es wie Herr Schmidt!« Oder »Geh' mal auf dieses Seminar, da lernst du alles, was du brauchst, um im Job erfolgreich zu sein.« Man darf sich fragen, wo die für die Weiterentwicklung von Unternehmen notwendigen Innovationen herkommen sollen.

Die Konsequenzen des Imitierens will ich auf der institutionellen Ebene verdeutlichen: Dort nennt sich diese Denkfigur »Benchmarking«. Man vergleicht die eigene Organisation mit den vermeintlich erfolgreichen Prozessen anderer Unternehmen, sucht Halt im Bewährten. Es artikuliert sich die Gier nach Rezepten, die alle *eines* gemeinsam haben: Sie wurden von anderen erdacht, erfahren und erlitten. Im Kern handelt es sich beim Benchmarking also um die Ausbeutung von Vergangenheiten bestimmter Firmen zur Gestaltung der Zukünfte anderer Firmen. Und um die Betonung der eigenen Wertlosigkeit.

Auch hier spielt man mit der Sehnsucht. Benchmarking alimentiert die große Versuchung der *perfekten Organisation*. Es macht Manager glauben, es gäbe den *one best way*, etwas zu tun. Daher drückt man sich die Nasen an den Fenstern der Best-Practice-Wettbewerber platt, sucht den einen richtigen, für alle vorbildlichen Weg, will das Rad nicht noch einmal neu erfinden, sondern nachahmen, übernehmen, das Gute integrieren, das Schlechte möglichst außen vor halten. Das ist in Situationen der Unsicherheit mindestens beruhigend: »Gleichziehen« kann so falsch nicht sein.

In vielen Unternehmen scheint sich die gesamte betriebswirtschaftliche Rationalität zu einem Satz zu verdichten: »Die anderen machen es auch so!« Wenn Wettbewerber etwas machen, wähnt man sich schon mal auf der sicheren Seite, wenn man zumindest diesen Zug nicht verpasst. Ob das die Wettbewerbsposition stärkt, ist eine ganz andere Frage. Zumindest schwächt es nicht, da der Wettbewerber »es« ja auch macht. Eben doch: Die goldene Regel jeder wirklichen Spitzenleistung lautet: »Unterscheide dich oder stirb!«.

Stets zweiter Sieger

Heikle Folgen hat dieses Denken auch auf der individuellen Ebene: Wer tut, was andere auch tun, hat das Gefühl, mindestens nicht falsch zu liegen. Es verleiht Sicherheit, das zu machen, was andere vormachen. Es ist aber wieder die Sicherheit des Kindes. Wer einen vorgegebenen Kanon des Vorbildlichen anerkennt, lässt zu, dass man ihn infantilisiert. Und wer selbst jemanden zum Vorbild kürt, infantilisiert sich selbst, begibt sich zurück auf die Stufe eines Halbwüchsigen. Das Vorbild bezieht seine Existenzberechtigung daher wesentlich aus der Schwäche seiner Hinterherläufer (sehr schön dargestellt von Tom Hanks in *Forrest Gump*). Denn die Größe des einen besteht darin, dass der andere ihm seine Kleinheit als Geschenk darbringt. Das Vorbildliche des einen reicht nicht; der andere muss ihm erst seine Mangelhaftigkeit zu Füßen legen, damit das Vorbild sichtbar wird. Ein Erwachsener lässt sich weder Werte vorschreiben noch vorleben.

Das normative Durcheinander des Vorbild-Denkens zeigt sich schon im Erziehungskontext. »Nimm dir mal ein Beispiel an ...« – wer hat das nicht in seiner Kindheit gehört, wenn andere meinten, mit uns sei etwas nicht in Ordnung?

Andererseits: Als kleiner Junge begründete ich meine Wünsche oft mit den Worten: »Die anderen machen das auch!« Darauf antwortete mein Vater regelmäßig: »Wenn die anderen von der Brücke springen, springst du dann auch?« Um der Wahrheit die Ehre zu geben, muss ich anfügen, dass die Orientierung an anderen nur für jene Fälle abgelehnt wurde, die aus der Sicht meines Vaters negativ zu beurteilen waren. Das positive Vorbild ist aber nicht ohne das negative zu haben. Wenn »die anderen« zur Leitidee werden, liefert man sich ihnen aus: im Guten und im Schlechten. Denn wer von positiven Vorbildern abhängt, hängt auch von negativen ab.

Menschen wie Unternehmen, die sich an Vorbildern orientieren, bleiben mithin beständig zweite Sieger. Sie verharren letztlich in einem pubertären Zustand, der ihre Möglichkeiten ungenutzt lässt. Sie gehen nicht ihren eigenen Weg, sondern den schon gegangenen. Sie leben nicht ihr eigenes Leben, sondern ein abgeleitetes. Ihre Individualität (lateinisch *individuus* = unteilbar) ist nur Schein. Denn das Vorbildliche ist nicht das Individuelle, sondern das Verallgemeinerbare. Die vereinfachende Personifizierung eines Prinzips. Damit bleiben sie immer hinter ihren eigenen Möglichkeiten zurück. Wirklich wertvoll sind nur Originale – niemals Kopien.

Nicht-verantwortlich-sein-Wollen

Im Grunde aber ist dies des Pudels Kern: Die Forderung nach dem Vorbild ist das »Nicht-verantwortlich-sein-Wollen«: »Hannemann, geh du voran.« Der Nachahmer geht nie in die Verantwortung! Er bleibt abhängig von der Vorgabe des anderen. Wer selbst erlebt hat, in welches mentale Vakuum ein vorbildhöriges Unternehmen stürzt, wenn die Vorbilder straucheln oder altersbedingt ausgeschieden sind, weiß, wovon ich rede.

Nun ist kein Chef so schlecht, dass er nicht als abschreckendes Beispiel dienen könnte. Gleichwohl – müssen wir die Vorbild-Erwartung auch noch fördern? Nein, es geht nicht darum, vorbildlich zu sein. Führungskräfte verfügen nicht über höhere Weihen oder besondere Gnadengaben. Sie dienen als Beauftragte der Eigentümer dem Überleben des Unternehmens. Dazu brauchen sie kein quasi-theologisch begründetes Amts-Charisma. Führungskräfte, die sich ihrer Verantwortung bewusst sind, verwechseln nicht Rolle und Person, sondern bekämpfen entschieden jede Moralisierung des Amtes.

Wenn wir wollen, dass auch Mitarbeiter in die Verantwortung gehen, dann müssen wir das Missverständnis bekämpfen, dass die Führungskraft doch ein irgendwie besserer Mensch sei. Gute Führungskräfte unterstützen vielmehr die Besonderheit *jedes Einzelnen*. Jeder Mitarbeiter stellt eine einzigartige Persönlichkeit dar. Aus Sicht des Unternehmens gilt es, dieses Individuelle zu kapitalisieren. Der amerikanische Philosoph und Schriftsteller Ralph Waldo Emerson sagte, man müsse von den »großen Menschen« den »richtigen Gebrauch« machen, der ihre Größe schließlich abschafft. Das muss die Botschaft sein: Um jemanden zu ehren, muss man ihn hinter sich lassen.

Bringen wir es auf den Punkt: Wer als Vorbild wirken will, macht den Anderen zum Objekt, zum Material, das zu bearbeiten ist. Für das anständige Unternehmen gilt also: Führungskräfte dürfen nicht als Vorbild wirken *wollen*. Wir haben im Unternehmen *keinen Erziehungsauftrag*. Wer Mitarbeiter zur Selbstverantwortung unterstützt, der stellt sich vor seine Mitarbeiter und sagt ihnen: »Ich habe keine

Lust, für Sie das Vorbild zu mimen. Wir sind hier nicht im Kindergarten.« Weil er weiß: Man kann den Menschen zu Höherem provozieren – indem man ihn von Erniedrigendem verschont. Zum Beispiel von Vorbildern. Einverstanden, es gibt Führungskräfte, die von vielen als Vorbild anerkannt werden; sie schaffen es, dass die Menschen ihnen vertrauen. Das anständige Unternehmen aber braucht Führungskräfte, die es schaffen, dass die Menschen *sich selbst* vertrauen.

FÜRSORGEPFLICHT
Das Ende der Selbstverantwortung

Wenn er morgens wach wird, was tut der Manager als erstes? Er küsst nicht etwa zärtlich die neben ihm liegende Lebensgefährtin. Nein – er schaut auf sein Smartphone.

Lust und Last mobiler Jobs. Die schöne neue Arbeitswelt, auch sie hat ihre berühmten zwei Seiten. Für Arbeitnehmer wie -geber ist erfreulich, dass Tablets, Smartphones und E-Mails die Arbeitsprozesse örtlich wie zeitlich entzerren. So lassen sich flexiblere Arbeitszeiten organisieren, dank derer Familie und Beruf besser unter einen Hut zu bringen sind. Nicht zuletzt die Umwelt freut sich.

So viel Freiheit ist natürlich den Gewerkschaften unheimlich; sie »sehen die Politik in der Pflicht«, wie eine IG-Metall-Sprecherin anmahnt – wie ohnehin Gewerkschaften oft die richtigen Fragen stellen, die sie dann falsch beantworten. Denn in der Tat lauern in dieser Flexibilität Gefahren. Wenn die Kollegen nicht mehr physisch präsent sind, schwächt das die Zusammenarbeit. Wenn Gespräche von Angesicht zu Angesicht selten werden, wird ein tieferes Verstehen unwahrscheinlich; das synergetisch Gemeinsame verdünnt sich zur Addition von Einzelleistungen. Der Grundkonflikt aber betrifft die Arbeitszeit: Ständige Erreichbarkeit, schleichend selbstverständlich geworden, löscht den Feierabend aus; die Grenze zwischen Arbeit und Nicht-Arbeit verwischt. Arbeit am Wochenende und nichtgenutzte Urlaubstage sind in vielen Firmen die Regel. Ein Zuviel an Überstunden wird verantwortlich gemacht für die zunehmende Zahl psychischer Erkrankungen (Burnout-assoziiert) – wobei unklar ist, ob die Zahl der Erkrankungen zugenommen hat oder die Zahl der Psychologen. Auch der sogenannten Vertrauensarbeitszeit wird misstraut: Sie führe zur Selbstausbeutung der Mitarbeiter. Was ursprünglich einen *qualitativen* Arbeitsbegriff einbürgern sollte, habe eine *quantitative* Mehrbelastung zur Folge.

Regeln und regeln lassen

Mittlerweile weiß nicht nur das Top-Management, was 24/7 bedeutet. Selbst in produktionsnahen Jobs lassen sich viele Aufgaben unabhängig von der Uhrzeit erledigen. Und das Home office stürmt die letzten Reservate unproduktiven Vor-sich-hin-Lebens. Vor allem aber hat der E-Mail-Druck monumentale Formen angenommen. Neueren Forschungen zufolge wenden kommunikationsrelevante Angestellte bis zu 30 Prozent ihrer Arbeitszeit auf, um ihr E-Mail-Postfach zu bearbeiten. Zudem leidet die Fähigkeit, konzentriert arbeiten zu können; online sein bedeutet *durchlöcherte Aufmerksamkeit*. Kurzum, den Menschen wird keine Zeit mehr gelassen, welche zu haben.

Die Unternehmen reagieren unterschiedlich auf diese Ambivalenzen. Etliche schreiten zur Tat. Sie schaffen die gerade erst eingeführte Vertrauensarbeitszeit wieder ab. Überstunden werden limitiert (obwohl die Deutschen im internationalen Vergleich eher kurz arbeiten). Andere reduzieren das Home office auf einen Ausnahmestatus. Investmentbanker sollen/dürfen bei Goldman Sachs, Bank of America, Merrill Lynch und JP Morgan keine »Allnighter« mehr sein. Die Deutsche Telekom schärft ihren Führungskräften scheinbar Selbstverständliches ein: Man solle bei jeder nach

Feierabend verschickten E-Mail überlegen, ob sie nicht bis zum nächsten Morgen warten kann. Bei BMW regelt eine Betriebsvereinbarung, dass Mitarbeiter ihre abendliche E-Mail-Arbeit auf ihrem Arbeitszeitkonto verbuchen dürfen. Allerdings nur jene, die nach Tarif bezahlt werden; wer außertariflich bezahlt wird, kann den Luxus der Unerreichbarkeit nicht so leicht einfordern. Fast archaisch mutet die Regelung des VW-Konzerns an. Dort *dürfen* zwischen 18.15 Uhr abends und 7 Uhr morgens keine Mails auf die Diensthandys versandt oder weitergeleitet werden.

Bleibt noch die Rückzugszone Urlaub: Daimler möchte, dass Mitarbeiter nach ihrer urlaubsbedingten Abwesenheit einen »sauberen Schreibtisch« vorfinden. Klingt irgendwie putzig, nach alten Zeiten und kaum mit der digitalen Wirklichkeit der Moderne kompatibel. Daimler hat daher »Mail on Holiday« eingeführt, einen Abwesenheitsassistenten, der alle eingehenden E-Mails löscht. Wenn man es ihm erlaubt. Darüber entscheidet jeder Mitarbeiter selbst. In anderen Firmen werden die Mitarbeiter zu Urlaubsbeginn genötigt, ihr Geschäftshandy abzugeben. Und immer mehr Unternehmen *er*lauben ihren *ur*laubenden Mitarbeitern, ihrem Laptop und Smartphone fernzubleiben. Die sprachliche Nähe macht das Anachronistische des Vorgangs deutlich: Der »Urlaub« hat denselben Wortstamm wie der »Erlaub«, kommt also »von oben« (weshalb man beharrlich von »Ferien« sprechen sollte). Daher muss man den Mitarbeitern wohl auch erlauben, unerreichbar zu sein.

Wie reagieren die Mitarbeiter auf diese Regelungen? Häufig mit *Umgehung*. Diejenigen, die weiterarbeiten wollen, stempeln abends aus, um nicht angepfiffen zu werden, und gehen dann zurück an ihren Schreibtisch. Die Jüngeren werden sich ohnehin nicht nehmen lassen, ihre Mails auch nach Feierabend zu lesen. Wer nach 18.15 Uhr keine Mails mehr bearbeiten »darf«, nun ja, der nimmt halt seine private E-Mail-Adresse.

Ob solche Vorschriften und Regelungen den modernen Arbeitsorganisationen noch entsprechen, ob das den Arbeitgebern nur als Feigenblatt dient, ob das von den Mitarbeitern auch so gewollt ist – das alles sei dahingestellt. Auch dass viele dieser Lösungen am Grundproblem vorbeigehen, nämlich dem Umgang mit immer globaleren, schnelleren und verdichteten Kooperationsverhältnissen, sei hier nicht diskutiert. Die ethisch relevante Frage ist: Haben wir es wirklich mit Überlastung der Mitarbeiter zu tun, mit Selbstausbeutung, mit Nicht-Anständigkeit? Und wenn ja, darf und muss man *schützend* einschreiten? Wäre das dann anständig?

Bevormundungskultur

Hierzulande denkt politisch korrekt, wer die Verantwortung bei anderen sieht. Gibt es Probleme mit Migranten, fehlt es an einer Willkommenskultur; randalieren Jugendliche, hatten sie eine schwere Kindheit; verspielt jemand an der Börse ein Vermögen, wurde er schlecht beraten; studieren zu wenig Frauen MINT-Fächer, hat die Gesellschaft versagt. Und wer unter Handyterror oder Dauererreichbarkeit stöhnt, hatte nie die Chance, Nein sagen zu lernen. Den verantwortlichen Menschen haben wir offenbar historisch hinter uns gelassen.

Das spiegelt sich auch in den Unternehmen: Man wolle durch Regeln die Mitarbeiterschaft »sensibilisieren«. Wofür? Dafür, dass wir Regeln brauchen? Und nochmals Regeln? Der Einzelne könnte sich ja auch hinstellen und sagen: »Ich schalte das Handy abends und im Urlaub aus.« Aber nein, diese Entscheidung nimmt man ihm jetzt ab. Wer sich dagegen wehrt, wird mit der *Fürsorgepflicht* des Unternehmens konfrontiert. Der so zur Rede Gestellte hat Mühe, den Wohltätigkeitsappell an sich abtropfen zu lassen und den nüchternen Kern freizulegen: jene moralisierende Selbsterhebung, die sich gegen *symmetrische* Kooperationsbeziehungen empört zur Wehr setzt. So, wie es Vorgesetzte im Wortsinne gibt, die die gelernte Hilflosigkeit ihrer Mitarbeiter ausbeuten, um sich großartig zu fühlen, so gibt es auch solche, die sich wohlfühlen in ihrer Elternrolle, aus der heraus sich fürsorgliches Gehabe quasi automatisch ergibt.

Viele von ihnen fühlen sich missverstanden, wenn man ihnen ihren Paternalismus vor Augen führt. Ihre Absichten sind meist menschenfreundlich, sehen wir einmal vom Machtanspruch der Betriebsräte und Gewerkschaftsfunktionäre ab. Sie handeln nicht aus Lust am Gängeln, sondern aus dem ehrlichen Bedürfnis, jemanden zu schützen. Vor sich selbst? Ist das mit der Forderung nach Anstand vereinbar? Anstand als eine Eigenschaft, die wir Erwachsenen zusprechen? Sicher nicht. Man meine es nur gut? Aber wie kann man es mit jemandem gut meinen, den man *so wenig ernst nimmt*, dem man so wenig zutraut? Dieses Gutmeinen mag sich auf Unzurechnungsfähige beziehen, aber nicht auf Menschen, mit denen wir eine Leistungspartnerschaft bilden. Und die Konsequenzen sind bedenklich.

Infantilisierung

Verantwortung setzt immer Freiheit voraus. Und das ist auch die Freiheit, sich selbst zu schaden. Dieses Recht beinhaltet den Schutz vor wohlmeinender Entmündigung, den Schutz davor, dass jemand uns Entscheidungen abnimmt, weil er unser Handeln für verantwortungslos hält. Das eine geht nicht ohne das andere. Man kann die Engel nicht ohne Teufel haben.

Wer Angestellten die Vertrauensarbeitszeit verbieten will oder den E-Mail-Server abschaltet, weil man sie »vor sich selber schützen« will, maßt sich an, die Interessen der Betroffenen besser beurteilen zu können als diese selbst. Wer andere dergestalt von Verantwortung entlastet, spricht ihnen die Fähigkeit ab, selbst Entscheidungen treffen und für deren Folgen einstehen zu können. Der beschneidet unsere Freiheit, schaut auf uns herunter und nimmt uns die Würde. Wir sind und bleiben Objekt fürsorgender und kontrollierender Verfahren.

Die Pointe dieser Fürsorglichkeit ist, dass sie aus *Herablassung* erwächst. Um schützend einzugreifen, muss man die Mitarbeiter als Opfer einstufen, als minder wehrhaft. Aber haben wir es hier wirklich mit Menschen zu tun, die sich nicht selbst zu helfen wissen? Dies wäre erstaunlich, schaut man sich an, welch anspruchsvolle Aufgaben viele Mitarbeiter in ihrer Freizeit wahrnehmen. Dies wäre überdies erstaunlich, da zum Beispiel rein statistisch mehr Arbeitnehmer den Arbeitgeber verlassen als umgekehrt.

Sicher: Viele Mitarbeiter fürchten Freiheit, wollen nicht für die Wirkungen ihres Handelns geradestehen. Sie wollen »starke« Vorgesetzte, hinter deren erhoffter Fürsorge sie sich verstecken können. Aber das gilt sicher nicht für alle. Insofern wird Minderwehrhaftigkeit unzulässig kollektiviert. Und die Fähigkeit, Nein zu sagen, wird durch Fürsorglichkeit nicht gestärkt, im Gegenteil: Fürsorglichkeit hält die Menschen klein. Wofür sorgt denn Fürsorge? Sie sorgt dafür, dass die damit Bedachten immer der Fürsorge bedürfen. Dass sie fortwährend jemanden brauchen, der für sie sorgt. Dass sie nie erwachsen werden. Mehr noch: Fürsorglichkeit *macht* die Menschen klein. Dem Empfänger wird etwas geschenkt, für das er etwas abgeben muss: sein Erwachsensein. Diese Hilfe verlangt, an der eigenen Infantilisierung mitzuwirken.

Wo die Selbstverantwortung nicht mehr gefordert wird, beginnt der *moral hazard*: Man gewöhnt sich rasch daran, dass die Dinge von oben geregelt werden. Menschen sehen, dass da jemand Verantwortung für sie übernimmt, und die geben sie dann gerne ab. Entlastet vom Joch der Freiheit. Diese Fürsorge *verursacht* die Hilfsbedürftigkeit, die sie den Mitarbeiter unterstellt. Beschränkungen erzeugen Beschränkte.

Das ist das Problem mit dem Rettungsring: Er verhindert zwar, dass wir ertrinken, aber er hindert uns auch am Schwimmen. Falls wir es noch nicht können, lernen wir es so nie. Und wer den Rettungsring ablehnt, wird kurzerhand für noch nicht schwimmfähig erklärt. Hilfe, einstmals wahrscheinlich durchaus berechtigt und insofern Schwäche mildernd, erzeugt nach einiger Zeit Unreife. Sie erschafft die Verhältnisse, als deren Erlösung sie sich ausgibt. Jede Betreuung, jeder Freiheitsentzug, jede fürsorgliche Belagerung verstärkt insofern das Problem, für dessen Lösung sie sich hält. Sie lässt eine angebotsinduzierte Nachfrage entstehen, schafft sich ihren eigenen Markt, institutionalisiert sich und gilt bald als nicht mehr wegzudenken. Vielleicht gibt es ja das Problem gar nicht mehr, als dessen Lösung sie einst erfunden wurden. Egal, dann erschafft sie es eben. Es geht ihr ums Gebrauchtwerden. Manchen geht es gar ums Geliebtwerden. Das hat Hans Blumenberg bezweifelt: »Der Ertrinkende braucht den Baumstamm – aber liebt er ihn?« Anständig ist, sich bewusst zu entscheiden, dass der andere schwimmen kann.

Es ist nicht immer leicht, Verantwortung im rechten Maß zuzuordnen. Nicht immer können wir alle Einflüsse überschauen. Aber wir müssen uns die Konsequenzen des Fürsorgedenkens bewusst machen: Traut man dem Mitarbeiter nichts zu, dann hört er auf, ein souveräner und gleichberechtigter Partner zu sein. Dann ist eine Leistungspartnerschaft auf Augenhöhe nicht mehr möglich. Gegenüber einem solchen Menschen können wir uns nur paternalistisch oder therapeutisch verhalten. Ist das anständig? Das Standardargument, das Unternehmen sei verantwortlich für seine Mitarbeiter, impliziert, dass man die Mitarbeiter für nicht verantwortungsfähig hält. Das sagt man so deutlich nicht. Im Begriff der Verantwortung aber steckt die »Antwort«. Und jede Antwort setzt eine Frage voraus. Hat da jemand gefragt? Oder haben wir es mit der Selbstauslösung interessierter Profiteure zu tun?

Menschen, die Verantwortung übernehmen, ohne gefragt worden zu sein, sollte man misstrauen. Sie wittern Beute. Sie beuten jene aus, denen sie die Verantwortung genommen haben. Finden Gefallen daran, dass das Opfer sie braucht. Tyrannische Fürsorge, die sich aufdrängt, können wir daran erkennen, wie jemand reagiert, wenn das scheinbare Opfer Hilfe ablehnt. Oder wenn der Helfer vom Wiedererstarken der Opfer keineswegs beglückt wirkt, sondern sich schnell nach neuen Hilfsempfängern umsieht. Wenn es dem Helfer schlecht geht, sobald es dem Opfer gut geht.

Der so segensreich Einschreitende ist also der eigentliche Profiteur. Fürsorge versorgt vor allem die Fürsorger. Und wenn man erst einmal damit begonnen hat, das Verhalten der Mitarbeiter in die richtigen Bahnen zu lenken, dann kann man nicht auf halbem Wege stehenbleiben. Dann bietet sich schon bald die nächste Gelegenheit der fürsorglichen Belagerung. Das ist der Weg ins Tugend-Unternehmen. Es ist nicht auf seine Anständigkeit, sondern auf seine *Zuständigkeit* bedacht. Nicht mehr die Unglücklichen suchen dann nach der rettenden Hand, sondern der Wohltäter sucht ein Opfer, dem er helfen kann. Bestimmte Institutionen, auch Führungskräfte, Betriebsräte, Unternehmensberater, geben ja oft nur vor, Probleme zu lösen. In Wirklichkeit sind sie mehr daran interessiert, für den Nachschub an Problemen zu sorgen, für die sie Lösungen bieten. Das ist ihnen oft nicht mal bewusst. So wird privater Wert gesteigert und öffentlicher Wert gefährdet.

Und wieder verdrehen sich Mittel und Zweck: Die infantilisierten Erwachsenen werden Mittel zum Zweck der Fürsorgenden. Es ist also keineswegs widersinnig, dass jene, die hartnäckig auf dem Gleichheitsgrundsatz beharren, gleichzeitig an der schiefen Beziehung der Fürsorge festhalten. Es geht um Systemerhalt. Machtgier auf der einen Seite vermengt sich mit Bequemlichkeit auf der anderen.

Und nicht nur die institutionalisierten Helfer wie Betriebsräte, viele Personaler und Arbeitsrichter handeln übergriffig. Auch Unternehmer und Manager gefallen sich in der Rolle des Fürsorgers. Führungskräfte bestätigen mir immer wieder, wie oft sie in der Praxis an die Fähigkeit ihrer Mitarbeiter erinnert werden müssen, über sich selbst zu bestimmen. Und dass sie manchmal einfach nicht auf die Idee kämen, die Mitarbeiter könnten schon selbst für sich sorgen. Die übergriffige Fürsorge scheint sich wie ein Reflex immer wieder in den Vordergrund zu schieben. Dazu gehört auch, dass man nicht selten an Mitarbeitern festhält, die den Gegenwartsanforderungen schon lange nicht mehr gewachsen sind.

Dann greift man zum Change Management, schraubt an den Menschen herum, verfällt der Konsequenzumgehungslogik. Ist das anständiger? Langfristig sicher nicht: Das Übermaß unternehmerischer Fürsorge verhindert, dass wir das Neuanfangen trainieren können. Wer darin eine soziale Schieflage sieht, sollte mal zum Augenarzt gehen.

Für die ethische Diskussion ist zentral, dass Fürsorge und Gleichbehandlung sich wechselseitig ausschließen. Der Mitarbeiter als gleichberechtigter Partner hat ein Recht auf Respekt, Distanz und Achtung seiner Autonomie. Die einseitige Beziehung der Wohltätigkeit ist unangemessen. Das ist das *Grundgesetz*: Gegenüber Personen, die ihre Interessen und Ansprüche artikulieren können, verbietet sich Fürsorglichkeit.

Wer daraus liest, dadurch sei jede Hilfe und Unterstützung aufgekündigt, hat entweder nichts verstanden oder will nichts verstehen. Jenen, die sich wirklich nicht helfen können, muss das Unternehmen beistehen. Aber wie viel Prozent der Mitarbeiter sind das schlussendlich? Unter 10 Prozent? Mehr als 5 Prozent? Die anmaßende Kollektivierung der Minderwehrhaftigkeit ist jedenfalls totalitär.

Flucht aus der Komplexität

Keine E-Mails nach 18.15 Uhr und überhaupt keine am Freitag; keine Telefonanrufe an Wochenenden; keine Vertrauensarbeitszeit etc. – all die Fremddisziplinierungen sind würdelos und freiheitsfeindlich. Das ist die Flucht aus der Komplexität in den Moralismus. Und es sind die alten Gefechte.

Nehmen wir die Arbeitszeit: In keinem Land der Eurozone ist die Lücke zwischen vereinbarter und tatsächlicher Arbeitszeit größer als in Deutschland – klar, bei einer 35-Stunden-Woche. Wer mit Asien telefoniert, muss eben früher anfangen. Außerdem machen vor allem Hochqualifizierte besonders viele Überstunden. Darf man daran erinnern, dass Arbeit einfach *Freude* machen kann? Dass es immer mehr Menschen gibt, die ihre Arbeit nicht als Job sehen, sondern als Lebensstil? Dass es toll ist, mit anderen zusammen ein Werk zu vollbringen, ein Projekt voranzutreiben, etwas Neues in die Welt zu setzen? Dass im Unternehmen die unterschiedlichsten Lebensentwürfe zusammentreffen, mit sehr verschiedenen Zielen und Prioritäten? Viele freuen sich über eine Flexibilität, von der sie vor fünfzig Jahren nur träumen konnten. Statt im Takt dampfender Maschinen zu arbeiten, tun dies immer mehr Menschen im eigenen Rhythmus. Für sie ist die Freiheit wichtig, ihre Arbeitszeit selbst einteilen zu können; dafür nehmen sie Überstunden in Kauf. Man geht während der Arbeitszeit zum Frisör, joggt vor dem Mittagessen noch eine Runde, liest spätabends noch Dossiers. Mit welchem Recht darf man da eingreifen? Solchen Mitarbeitern würde man sehr helfen, wenn man es gar nicht erst versuchte.

Im Grunde geht es um eine Neudefinition von Arbeit. Der industrielle, meist rein quantitative und inflexible Arbeitsbegriff scheint zunehmend wirklichkeitsfremd. So ist die Zahl der Arbeitsplätze mit eng gefassten und an Präsenzzeiten gebundenen Aufgaben (Call Center, Busfahrer, Piloten, Köche, Kassierer) stark rückläufig. Dort müssen Überstunden freiwillig sein und vergütet werden. Aber bei der zunehmende Projektarbeit (»Agiles Unternehmen«) sind starre Arbeitszeiterfassung, die vom Arbeitsrecht verlangten mindestens elf störungsfreien Stunden zwischen zwei Werktagen oder E-Mail-Regularien kontraproduktiv.

Und es muss einfach klar sein, dass außerhalb der individuellen Arbeitszeit die Privatsphäre zu respektieren ist.

Niemand darf benachteiligt werden, der dann sein Handy abschaltet oder E-Mails nicht abruft. Eine ausnahmsweise Erreichbarkeit muss vereinbart werden. Wenn das nicht möglich ist, haben Sie als Chef ein größeres Problem. Eines, das Sie nicht mit bevormundenden Regeln in den Griff kriegen. Sondern damit noch verstärken.

Wenn wir die *Fürsorglichkeit verweigern*, dann tun wir das aus Respekt. Aus Respekt vor dem Willen und der Fähigkeit des anderen, sein Leben selbst zu bestimmen, eine Aufgabe selbständig zu lösen, über eigene Problemlösungsressourcen zu verfügen. Darin liegt das Moment des Anstands, den es zu schützen gilt. Alles jenseits dessen ist Anmaßung – und insofern unanständig. Es geht ja nicht um unumstößliche Gewissheiten, nicht um Tatsachen, sondern um *Bewertungen*, um unsere Auffassungen von wichtig und unwichtig.

Wenn wir den Anspruch haben, freie Menschen zu sein, sollten wir die Verantwortung für unser Tun nicht anderen überlassen. Dann gilt: Fürsorgeverlust ist Realitätsgewinn. Daher verzichtet das anständige Unternehmen auf die entmündigende Haltung der Fürsorglichkeit.

ANONYME MITARBEITERBEFRAGUNGEN
Die Obszönität des Fragens

Befragtwerden

Wie meinst du das? Warum tun Sie dieses und unterlassen jenes? Was denkst du? Wie haben Sie das geschafft? Brauchst du das Geld? Wie konnte das passieren? Existiert Gott? Liebst du mich? – Fragen über Fragen. Viele kommen nett und teilnehmend daher. Dann fühlen wir uns wahrgenommen, spüren, dass jemand sich für uns interessiert. Manche Fragen sind aber auch nur ritualisierte Gesprächseröffnungen: »Wie geht's?« Manche sind unfreiwillig ironisch: »Jetzt haben wir die ganze Zeit von mir gesprochen; was denken Sie denn über mich?« Manchmal droht gar Unheil: »Ist das dein Knabe, Tell?« Aber trotz dieser Mehrdeutigkeit können wir doch oft davon ausgehen, dass jemand wirklich etwas von uns wissen will. Mehr noch: Wenn uns niemand fragt, fühlen wir uns übergangen: »Mich fragt ja keiner!« Das Fragen signalisiert also auch Aufmerksamkeit.

Was aber, wenn wir, befragt, gar nicht antworten wollen? Wenn wir in Ruhe gelassen werden möchten? Oder aber gute Gründe für unser Schweigen haben? Dann fühlen wir uns durch Fragen *bedrängt*. Dann fühlen wir uns genötigt, zu antworten – irgendwie. Weil es unhöflich wäre, eine Antwort zu verweigern. Jedoch, und das sei hier gefragt (in Wirklichkeit aber behauptet), ist nicht schon die Frage unhöflich?

Es kommt wohl auf die Umstände an. Wie so viel menschliches Handeln ist auch das Fragen kontextsensibel. Es wird Situationen, Zusammenhänge und Beziehungen geben, in denen die Fragen sowohl der Absicht wie der Wirkung nach integer sind. Gerade aber für das anständige Unternehmen hat das Fragen eine tückische Kehrseite.

In vielen Unternehmen gilt zum Beispiel die *Mitarbeiterbefragung* als probates Vorgehen zur Lösung des Problems, das schon den orientalischen Märchenprinz Harun-al-Rashid nachts unter die Leute trieb: Was denkt das Volk? Die erkenntnistheoretischen Probleme des Instruments seien hier ausgeblendet; wer sie vertiefen will, möge in *Aufstand des Individuums* nachlesen. Und auch die betriebswirtschaftliche Dimension sei nur angedeutet: Denn so wie die gierige Kletterpflanze den Baum erstickt, so gehört die Mitarbeiterbefragung zur Wucherung des Sekundären, die das Primäre erstickt. Das Primäre ist nach außen gerichtet, zum Kunden, das Sekundäre nach innen. Für das Sekundäre jedoch legt kein Kunde einen Euro auf den Tisch.

Zunächst sei aber konzediert, dass die gute (wenngleich nach innen gerichtete) Absicht dominiert. Ich anerkenne, dass viele Befürworter glauben, man könne Mitarbeiter auf diese Weise ernst nehmen. Aber das Gegenteil von »gut« ist bekanntlich »gut gemeint«. Bringen wir etwas Licht in die dunklere Seite dieses angestrengten Moralismus.

Die Mitarbeiterbefragung teilt zunächst das Unternehmen in Frager und Befragte. Das betont die Hierarchie: Die Frage wird oben gestellt und unten beantwortet. Wie der Sheriff im Kino sagt: »Ich stelle hier die Fragen!« Dass nämlich ein Untenstehender einen Obenstehenden befragt, gar noch ausfragt – undenkbar! Der Frager erhebt sich über den anderen; das Befragtwerden unterwirft (dafür hatten die Boykotteure der Volkszählung 1987 noch ein Gefühl). Zugespitzt: Wer nichts zu sagen hat, wird befragt. In der *Einseitigkeit* der Mitarbeiterbefragung liegt also eine erste Nicht-Anständigkeit des Vorgangs.

Wer hat etwas von der Befragung? Die Frager. Sonst würden sie nicht fragen. Obwohl immer behauptet wird, die Befragung läge hauptsächlich im Interesse der Befragten. Vor allem aber findet die Befragung unter Machtbedingungen statt. Und die engen ein, verzerren die Kommunikation. Was sollen die Befragten denn machen? Auch ihr Schweigen wäre ja eine Antwort: Von der Beteiligung wird das Engagement der Mitarbeiter für das Unternehmen abgelesen. Wenn die Zahl der Rückläufe schwach ist, wird man die Mitarbeiter zu ihrem Schweigen – womöglich kritisch – befragen. So bliebe sicher mancher der Befragung gerne fern, wenn er nicht gerade dadurch unmissverständlich antworten würde. Damit macht er sich verdächtig, zeigt, dass es ihm an Begeisterung fehlt. Der Befragte wird also bedrängt, sich am Mitmachbeifall zu beteiligen – durch seine schiere Antwort.

Die Erfahrung weiß: Oft haben Mitarbeiter *Grund* zu schweigen. Sonst würden sie sprechen. Sie halten aber – ob berechtigt oder nicht – das Sprechen für wirkungslos, für gefährlich oder schlicht für mühevoll. Die Gründe des Schweigens werden aber vom Frager nicht respektiert. Eine große Steuerberatungsgesellschaft beispielsweise unterlief die schwache Beteiligung an der Mitarbeiterbefragung dadurch, dass sie die Retournierung belohnte: Pro beantwortetem Fragebogen floss eine Geldsumme an eine caritative Organisation. Das sollte wohl den Sinn ersetzen. Aber was ist von den Antworten zu halten, die unter diesen Umständen gegeben werden? Kommt dabei etwas Gescheites heraus, etwas, das nicht durch das Überwinden des Schweigewiderstandes deformiert wurde? Das muss klar sein: Antworten lügen. Weil Fragen obszön sind.

»Aber bekomme ich denn von meinem Mitarbeiter eine ehrliche Antwort?« Nein, natürlich nicht. Aber nicht, weil er feige ist. Sondern weil Sie fragen. Weil Sie die Gründe für sein Schweigen unterlaufen. Denn die hat er offenbar.

Anonymbleiben

Wie nötigend die Frage unter Machtbedingungen ist, kann man schon daran ablesen, dass man den Mitarbeitern *Anonymität* zusichert. Man trennt die Antwort vom Antwortenden. Vielleicht erinnern Sie sich an die weiße Maske der Internetaktivisten von »Anonymous«. Das Wort stammt aus dem Griechischen und bedeutet »ohne Namen«. Tatsächlich hat die Nichtidentifizierbarkeit zwei Gesichter: Einerseits bietet sie Schutz vor Einblick. Sie eröffnet die Möglichkeit, auf Missstände hinzuweisen, ohne für diesen Hinweis persönliche Konsequenzen fürchten zu müssen. Andererseits bedeutet sie aber auch das Ausnützen eben dieses Schutzes.

Denn welch' absurdes, welch' erniedrigendes Schauspiel! Was wir aus dem Cybermobbing kennen, das ist es auch hier: Das Anschwärzen aus der Deckung heraus. Das Übertreiben. Niemand weiß, von wem die Äußerungen kommen, auf welcher Grundlage sie entstanden sind und in welchem Kontext sie stehen. Wie Erpresserbriefe, die nachts heimlich in den Briefschlitz geworfen werden. Oder wie bei einem Shitstorm: Hinter einer nicht identifizierbaren Adresse oder einem falschen Namen versteckt wird ein Ton angeschlagen, den man sich im direkten Kontakt nie erlauben würde. Das zeigt alle Erfahrung: Anonymität erzeugt immer eine *Dynamik nach unten.* Ein Zerrbild entsteht. Mehr noch und wichtig für das anständige Unternehmen: Eingeübt wird die mangelnde Bereitschaft, Verantwortung für sein Handeln zu übernehmen. Eine Einladung zur Selbstverkindlichung. Mitarbeiter können im Schutz der Anonymität ihr Mütchen kühlen, ansonsten aber im Sessel bleiben. Sie müssen nicht Flagge zeigen. »Denen da oben« hat man mal so richtig die Meinung gesagt!

Wollen Sie das? Der Unbotmäßige, der nicht zu seinem Wort steht, der sich feige verdrückt, nur heimlich sein Votum abgibt: Ist das derjenige, der im Unternehmen des dritten Jahrtausends einen Unterschied macht? Werden Sie mit dem den Wettbewerb gewinnen? Das nämlich ist die Botschaft der Anonymität: »Wir trauen dir nicht zu, dass du zu deinem Wort stehst! Wir anerkennen in dir nicht den mündigen, erwachsenen Mitarbeiter!« Damit werden die Fehlhaltungen unterstützt, die Abhängigkeit, das Oben-Unten-Muster noch aufgetürmt, was die Mitarbeiterbefragung doch so ambitiös untertunneln wollte. Das kommunikative Defizit, dessen Ausgeburt sie ist, wird *durch* sie auf verdeckte Weise vertieft.

Das also ist das Entscheidende: Die Anonymität lässt sich nur rechtfertigen, wenn man dem Mitarbeiter Mündigkeit abspricht. Wer aber erwachsen sein will, muss auch etwas aushalten können. Der sollte auch zu seinen Ansichten stehen. Der sollte sein Gesicht zeigen, der sollte seinen Klarnamen nennen. Der sollte reden. Oder schweigen. Wer die Online-Burka nicht fallen lässt, handelt unverantwortlich, insofern nicht-anständig. Freiheit und Verantwortung gehören zusammen. Das eine ohne das andere geht nicht.

Immer wieder wird behauptet, Anonymität sei ein hohes Gut, das es zu schützen gelte. In dieser Verallgemeinerung ist das falsch. Die Anonymität des Verfahrens erzeugt genau das, was es beseitigen wollte – eine Kultur des Verbergens.

Die Freiheit des einen darf sich für den anderen nicht ins Gegenteil verkehren. Wer aus der Deckung heraus glaubt beurteilen zu können, sollte nicht anonym bleiben dürfen.

Man könnte einwenden, gerade im Schutz der Anonymität käme die Wahrheit zum Ausdruck. Mehr noch, die Anonymität wahre doch gerade die Distanz und sei insofern anständig. Aber was ist das für ein Menschenbild, das dieser Einwand unterstellt? Was ist das für eine Wahrheit, für die keine Verantwortung übernommen wird? Die Nicht-Anständigkeit liegt auf einer anderen logischen Ebene, im Verstoß gegen das Infantilisierungsverbot. Ein rationaler Diskurs ist auf Argumente von selbstverantwortlichen, erwachsenen und erkennbaren Teilnehmern angewiesen. »Anonyme Zuschriften wandern in den Papierkorb« wird Leserbriefschreibern auch heute noch mitgeteilt. Genau so sollten wir es ebenfalls handhaben.

Fassen wir zusammen: Wir haben es also bei der Mitarbeiterbefragung mit einer *doppelten Abwertung* zu tun. Erst bedrängt man die Mitarbeiter mit nötigenden Fragen; dann erniedrigt man sie durch den Schutzmantel der Anonymität. Ich gehe nicht davon aus, dass die Befürworter der Befragung das bezwecken. Sie sind schlicht blind für die Folgen ihrer psychoorganisatorischen Fehlkonstruktion.

Wenn Sie also etwas verändern wollen, ist *Sagen* angesagt. Sagen und dafür gerade stehen. Den Mut haben, nach vorne zu treten. Aus der Masse auszubrechen. Ein unbefragtes Sagen, das sich nicht unter der Frage antwortend duckt. Nur das Sagen hat die Kraft des Änderwollens. Nur dem Sagen geht selbstgewählte Entschiedenheit voraus. Nur das Sagen ist inhaltlich etwas wert.

Ein Beispiel aus der Praxis: Als eine Managemententscheidung des dänischen Pharmakonzerns Novo Nordisk helle Empörung bei den Mitarbeitern auslöste, ergoss sich eine Flut von kritischen Kommentaren in alle Kommunikationskanäle. Das Besondere daran war: Alle Kommentare waren namentlich signiert. Nicht inkognito, sondern bekennend und verantwortlich. Diese Klarheit ist einem Erwachsenen zuzumuten. Aussagen klappen das Visier hoch. Sie machen kenntlich und erkennbar. Wer das nicht will, ist es auch nicht wert, gehört zu werden.

Als Führungskraft haben Sie die Aufgabe, genau dieses Vertrauensklima zu schaffen, das ein Sagen ermöglicht. Ein Klima, das niemanden durch Anonymität zur Selbstinfantilisierung einlädt. Wenn jemand zu Ihnen kommt und etwas unbefragt sagt, vielleicht sogar etwas Kritisches, dann ist dies das schönste Kompliment, das Ihnen unter Machtbedingungen gemacht werden kann. Es ist ein großes Geschenk des Vertrauens. Wer aber mehrheitlich Mitarbeiter hat, die bei ihrer Kritik anonym bleiben wollen, der hat als Führungskraft versagt.

Das anständige Unternehmen verzichtet auf Befragungen. Auf jeden Fall aber verzichtet es auf entwürdigende Anonymität.

GESUNDHEITSFÖRDERUNG
Permanente Grenzüberschreitungen

Der Commerzbank geht es seit vielen Jahren nicht gut. Sie musste mit Steuergeld gerettet werden und kommt auch knapp ein Jahrzehnt nach der Kernschmelze nicht richtig auf die Beine. Trotzdem widmet sie sich neuen Aufgaben. Als erstes Dax-Unternehmen hat sich die Commerzbank vom TÜV zertifizieren lassen für ihr »Gesundheitsmanagement«. Dazu gehören nicht nur der gute alte Betriebssport und die betriebsärztliche Betreuung, sondern inzwischen auch professionelles Stressmanagement, Suchtprävention und Ernährungsberatung. Sogar ein »Beschäftigtenbeirat Gesundheit« wurde installiert.

Das Beispiel steht für einen neuen Trend in den Unternehmen: Gesundheit. »Los, bewegt euch, liebe Mitarbeiter!«, lautet das Motto. Arbeitsmediziner kommen angelaufen (in maßvollem Tempo selbstverständlich) und unterrichten die Mitarbeiter in gesunder Lebensführung. Den Führungskräften wird nahegelegt, die Mitarbeiter in den jährlichen Mitarbeitergesprächen für das Thema Ernährung, Sport und Schlaf zu sensibilisieren. Mit Checklisten wird überprüft, ob das auch tatsächlich passiert (Deutsche Telekom: »Treiben Sie wöchentlich mindestens 4 x Sport? Ja/Nein«). Manager der UBS lernen in zweitägigen Seminaren, wie man eine Bilanz liest – nein, nicht eine Unternehmensbilanz, sondern die »persönliche Belastungs- und Energiebilanz«, um dadurch »Wege zur nachhaltigen Optimierung zu identifizieren« (wer

so formuliert, sollte vielleicht doch mal seinen Gesundheits-
zustand überprüfen). Es werden Wohlfühltage eingeführt
und Fitnessstudios, ja ganze Gesundheitszentren eingerichtet. Die Kantinen werden angewiesen, nur das zu kochen, was
angeblich der Mitarbeitergesundheit zuträglich ist. Ampel-
Systeme locken, warnen und wollen den Mitarbeiter von der
Qual der Essenswahl erlösen. Eine ganze Industrie stürzt sich
auf den neuen Trend und verteilt Prüfsiegel, Markenzeichen
und Zertifikate (»Friendly Work Space«).

Es gibt sogar Unternehmen (vorrangig in den USA), die
nach dem Vorbild von Versicherungskonzernen ihren Mitarbeitern Apps anbieten, die Fitness, Ernährungsverhalten
und Lebensstil elektronisch kontrollieren. Als »gesund«
geltende Ergebnisse werden mit Prämien oder zusätzlichen
Urlaubstagen belohnt. Wer belohnt werden will, muss also
seinem Arbeitgeber über diese App regelmäßig Daten über
seinen Körperzustand zur Verfügung stellen. IBM etwa
erhebt Daten seiner Mitarbeiter zu Bewegungsgewohnhei-
ten, Stresslevel und Schlafqualität. Der amerikanische Ver-
sicherer United Healthcare und der südafrikanische Ver-
sicherer Discovery dokumentieren mithilfe von Apps sogar
die Einhaltung von Vorsorgeterminen, die tägliche Schritt-
zahl und den Kalorienverbrauch. Sogenannte Fitness Tracker
am Handgelenk machen es möglich. Und der amerikanische Krankenhausbetreiber Cleveland Clinic überzieht seine
40 000 Mitarbeiter mit dem Programm »Shape Up & Go!«, das
sämtliche Vitaldaten elektronisch überwacht. Alles natürlich
freiwillig. Noch.

Was ist mit gesundem Sex? Kriegt man dafür Boni? Verweist das längere Liegenbleiben nach dem Weckerklingeln
womöglich auf eine Depression mit entsprechendem Punkte-
abzug?

Wer nicht mitmacht, muss auf die Vorteile verzichten – die er natürlich implizit mitbezahlt, weil die Entgeltsumme sich nicht ändert, sondern nur anders verteilt. Das alles, um zwei Fliegen mit einer Klappe zu schlagen: einerseits die Mitarbeiterbindung zu stärken – man gewöhnt sich schnell an scheinbar kostenlose Services. Andererseits die Ressource Humankapital zu optimieren. Ein CEO, der seinen Namen nicht gedruckt lesen möchte: »Wir beeinflussen das Verhalten unserer Mitarbeiter. Gesunde Mitarbeiter sind besser für uns.«

Was ist Gesundheit?

Grundsätzlich stellt sich die Frage: Wollen wir das Urteil über unserer Gesundheit unserem Arbeitgeber überlassen? Wollen wir wirklich Gesundheit »von oben« verordnet wissen, so wie es bei der »Volksgesundheit« historischen Angedenkens war?

Und was ist das überhaupt – »Gesundheit«? Die moderne Medizin mit ihren mehr als 40 000 Krankheitsbegriffen lässt beinahe die Annahme zu, Gesundheit sei eine Fiktion. Ein ärztlicher Zynismus besagt: Ein Gesunder ist ein schlecht untersuchter Kranker.

Die Weltgesundheitsorganisation hat ihrer Charta eine »ganzheitliche« Definition vorangestellt. Gesundheit sei nicht die bloße Abwesenheit von Krankheit, sondern »der Zustand vollständigen körperlichen, geistigen und sozialen Wohlbefindens«. Das ist oft belächelt worden. Nach dieser Definition ist niemand gesund. Jedenfalls ist Gesundheit ein Zustand, der sich nur verschlechtern kann. Allein schon, weil man »gesund« nicht spürt, wohl aber – meistens – »nicht gesund«.

151

Was immer man zum utopischen und gleichzeitig subjektivistischen Charakter dieser Definition anmerken mag, so muss sie doch als die umfassendste gelten. Kann das ein Unternehmen leisten? *Sollte* das ein Unternehmen befördern? Daran mag man zweifeln. Zumindest *soziales und seelisches* Wohlbefinden entzieht sich prinzipiell der Machbarkeit.

Und was sagen die *körperlichen* Daten, die sich sammeln lassen, über die Gesundheit aus? Man kann Kalorien und Kilos zählen, aber auch das lässt nur grobe und selbst unter Experten keinesfalls unstrittige Befunde zu. Hohe Blutfettwerte, Nikotin? Jeden Tag sterben Millionen Nichtraucher. Darf niemand mehr mit Lust und Lebenssattheit das Zeitliche segnen? Müssen wir mit der gesundheitspolizeilich verordneten Askese unsere Erwartungen an das Leben immer mehr herunterschrauben, damit unsere Lebenserwartung sich erhöht? Was ist mit einem Mitarbeiter, der zwar dick ist, aber glücklich? Oder der keinen Sport treibt, aber intensive Freundschaften pflegt? Lebt derjenige, der für den nächsten Marathon trainiert, wirklich gesünder? Und was ist mit jenem, der sich lustlos zum Sport quält, weil er gesund bleiben will – und genau deshalb, wie die Forschung lehrt, sein Ziel verfehlt? Erreicht der es, der nur mit schlechtem Gewissen ein Stück Sahnetorte verdrückt? Der nicht genießen kann, weil er immer an den drohenden Arbeitsmediziner denkt, der ihm ein lebenslanges Siechtum prophezeit? Ist derjenige gesünder, der abends mit seinen Kindern spielt, oder derjenige, der nach Feierabend noch zum Workout rast? Kurzum: Das Ideal des Sportlers mit seiner stressigen, bloß formal-biologischen und insofern messbaren Reliefprofilierung taugt als Maßstab nicht. Entsprechend sagt der hippokratische Eid auch nichts über Gesundheit; er verbietet dem Arzt, dem Kranken zu schaden.

Schon Nietzsche hat sich dafür ausgesprochen, Gesundheit als den gelingenden Umgang mit gesundheitlichen *Störungen* zu verstehen. Gesundheit als Abwesenheit aller körperlichen und geistigen Probleme ist schlicht Unfug. Diese Idee entspricht lediglich der Zugriffsideologie der Gesundheitsindustrie. Deren Diagnosesysteme beschreiben keine Ressourcen, sondern *Defizite*. Man sieht sich also permanent konfrontiert mit der Botschaft, dass man nicht so ist, wie man sein sollte. Man ist immer im Minus.

Bezieht man nun auch noch das »Vorbeugen« und eine »gesunde Lebensführung« mit ein, dann wird es uferlos. Gerade die *Prävention*, die aktive Gesundheitsförderung im Vorfeld von Krankheit, ist das Einfallstor für Gesundheitstotalitarismus. Überall lauern Gefahren, überall stehen die Warnzeichen. Das ist der Unterschied: Krankheit als Paradigma war die Exklusion Weniger; Prävention ist die Inklusion aller.

Veröffentlichung des Körpers

Für das anständige Unternehmen stellen sich noch ganz andere Probleme. Da ist zunächst der geringe Respekt vor der privaten Lebensführung. Offenbar hält das Unternehmen seine Mitarbeiter für Kinder, die sich nicht eigenverantwortlich um ihre Gesundheit kümmern können. Zudem ändert Yoga für Manager nichts an der Arbeitsorganisation. Sollte die krank machen, müssen wir von einem zynischen Feigenblatt sprechen.

Das Wichtigste jedoch: Die »Veröffentlichung unseres Körpers« (Niklas Maak) mit Hilfe von Datensammelmaschinen ist ein *Kulturbruch*. Die Körperlichkeit der Mitarbeiter war bisher verschlossen wie eine Blackbox. Endlich bietet sich die Möglichkeit, über den unverdächtigen Weg der Gesundheitsförderung an diese Daten zu gelangen. Was dann mit ihnen gemacht wird, lässt sich nicht mehr kontrollieren. Es ist, als würde man sich selbst an einen großen Überwachungs-Scanner anschließen.

Wieder wird eine Grenze überschritten. Diesmal ist es die Grenze, die den Körper als eine Sphäre des Privaten, ja Intimen schützt. Die Grenze zu einem Unternehmen, das – einerlei ob nun aus fürsorglichen oder kostenreduzierenden Gründen – die Körper seiner Mitarbeiter kontrollieren will.

Das Wort »Privatsache« hat ja einen bemerkenswerten Bedeutungswandel erlebt. Wies es früher allzu große Neugier in die Schranken, wurde es also in einem be- und einschränkenden Sinn gebraucht, so dominiert heute ein erweiternder Sinn, etwas dürfe eben »nicht Privatsache« sein. Es müsse vielmehr öffentliches Anliegen werden. »Die meisten Unternehmen kümmern sich besser um ihren Fuhrpark als um ihre Mitarbeiter«, sagte der Geschäftsführer einer Firma, die ein digitales »betriebliches Gesundheitsmanagement« als »nachhaltige Strategieberatung« verkauft. Und er hat das, man muss es betonen, anklagend gemeint.

Nun, was ist so schlimm daran, die Leute ein wenig anzuschieben, ihnen Beine zu machen, auf die Sprünge zu helfen? Was ist so schlimm an guten Blutwerten und schlanker Erscheinung? Dieses: Es werden sich jene rechtfertigen müssen, die auf dem Recht auf Privatheit bestehen. Die ihre Körperdaten nicht abliefern wollen. Sie werden zu »Außenseitern der Vermessungswelt« (Miriam Meckel). Sie machen sich verdächtig und schuldig des Widerstands gegen die Sozialisierung des Verhaltens und die Enteignung des Privaten.

Und sie werden für ihre Eigensinnigkeit bezahlen müssen: auf Vorteile verzichten, die Vorteile der anderen implizit mitfinanzieren, sich einem Verdacht aussetzen: Bist du ein Risiko? Willst du dem Unternehmen schaden? Bist du ein Fresser? Ein Säufer? Ein Nichtdynamiker? Wer da sagt: »Ich will nicht, dass mein Arbeitgeber auf meine Daten zugreifen kann«, der zeigt einen bedenklichen Mangel an Identifikation und Vertrauen. Und glauben Sie, es bleibt bei der Freiwilligkeit? Schon bald werden Sie Ihre Karrierechancen nur dann erhalten, wenn Sie der Erfassung Ihrer Aktivitäten, Ernährung und Verhaltensweisen zugestimmt haben. Oder umgekehrt: Wenn fast jeder dabei ist, ergibt sich für diejenigen ein Nachteil, die sich der Datensammlung verweigern. Für die Anti-Diskriminierungs-Fans: Das ist diskriminierend!

Der Druck der Selbstoptimierung

Die Unternehmen haben in ihrem Verbesserungsfuror offenbar jegliche Zurückhaltung aufgegeben. Sie scheuen nicht einmal davor zurück, in eine der intimsten Angelegenheiten ihrer Mitarbeiter einzugreifen: deren Gesundheit. Das Unternehmen wird zum freundlichen Umerziehungslager. Es reiht sich damit ein in die breitbandige Bevormundungskultur, die im Namen von Moral, Ökologie, Sicherheit – und jetzt eben auch Gesundheit – eine der wesentlichen Errungenschaften der westlichen Demokratien auf »sanfte Weise« unterläuft: die Trennung von Öffentlichem und Privatem.

Hört man Protest? Keineswegs. Das Datenliefern wird mittlerweile wie ein unvermeidbarer Meteoriteneinschlag akzeptiert. Der Druck der *Selbstoptimierung* hat derart zugenommen, dass das Ausspähen nicht als ungeheuerlich, nicht mal mehr als ungehörig wahrgenommen wird. Und so billigt man dem Unternehmen anstandslos die Rolle des Gesundheitspädagogen zu. Skeptischen Zeitgenossen hält man entgegen, das Unternehmen meine es ja nur gut, es kümmere sich um seine Leute, nehme seine Fürsorgepflicht ernst. Wo aber Verantwortung nicht mehr eingefordert wird, beginnt die moralische Verwahrlosung: Man gewöhnt sich schnell daran, dass das Unternehmen für alles Wünschenswerte zuständig ist. Delegieren wir also ruhig weiter unsere private Verantwortung für Gesundheit an dafür mehr oder minder qualifizierte Institutionen! Wer will dagegen schon die Stimme erheben? Schon gar nicht bei der Gesundheit, dem Fundament alles Lebendigen, dem unbestreitbar höchsten Gut. Sollte man das wirklich der privaten Verantwortung überlassen? Die in den Industrienationen (relativ zum BIP) explodierenden Gesundheitskosten beruhen ja gerade auf dem absoluten, das heißt kostenunabhängigen Wert, den die Unternehmen (wie die ganze Gesellschaft) der Gesundheit jedes Einzelnen beimessen: Gesundheit sei schließlich keine »Ware«, heißt es, und mit Geld nicht zu bezahlen. Darüber aber wölbt sich, und das ist der Grundwiderspruch, eine renditeorientierte Wirtschaft, die wenig Sinn für Ideale hat und in der jeder motiviert ist, möglichst viel anonymes Geld abzuzapfen.

Wer die seit Jahrzehnten tobende Auseinandersetzung um den Gesundheitsbegriff verfolgt hat, weiß: Das ist ein Fass ohne Boden. Und glaubt man wirklich, man könne mit Gesundheitsförderung Mitarbeiter halten? Oder wird da gekratzt, wo es niemanden juckt? Kein Mitarbeiter wird wegen der Ernährungsberatung bleiben, wenn ihm der Chef auf die Nerven geht. Und ob tatsächlich die Arbeitsproduktivität steigt, ist zum gegenwärtigen Zeitpunkt unbewiesen (ob sie sinkt, ebensowenig). Wir zahlen aber einen hohen Preis: Verlust unserer Datensouveränität, Erosion unserer Privatsphäre, Konformität, Schwächung der Selbstverantwortung für unsere Gesundheit.

Das geht entschieden zu weit. Gegen diese Verdämmerung müssen wir wieder Sperrzonen errichten. Das anständige Unternehmen verzichtet daher auf Gesundheitsförderung.

Versuche nicht, Menschen zu verbessern

Alles menschliche Handeln ist grundlegend charakterisiert durch die Polarität zwischen subjektiven Fähigkeiten und objektiven Möglichkeiten. Eine Handlung wird also *aktiv* beeinflusst durch das Individuum sowie *passiv* durch Institutionen und Strukturen. Da mag der Einzelne noch so leistungsbereit und -fähig sein, er stößt immer auf Vorgegebenes, durch das er bestimmt ist und auf das er reagiert.

Das *personenzentrierte* Managementdenken ignoriert die institutionellen Vorgaben und die daraus resultierenden Prägungen. Es geht davon aus, dass die für das Unternehmen relevanten Systeme sich aus mehr oder weniger unabhängigen Individuen zusammensetzen. Also keine Dynamik »an sich« haben. Typisch dafür sind Formulierungen wie »Der Fisch stinkt vom Kopf« oder »Die Treppe wird von oben gekehrt«. Entsprechend konzentriert sich die führungspsychologische Literatur auf das »richtige« Führungsverhalten Einzelner. Es wird dann appelliert, gecoacht und trainiert. Und Management wird individuell »entwickelt«, ist in seiner Einstellung »heroisch« und – mit Blick auf den Mitarbeiter – dem Exorzismus nicht unähnlich: Der Teufel steckt bekanntlich im Detail, in den Leuten, »die nicht mitziehen«, in der »Lähmschicht« der Mittelmanager, in mangelnder Motivation oder fachlichen Mängeln. Entsprechend habe man ein »Umsetzungsproblem«. So konzentriert man sich entschlossen auf das wünschenswerte Verhalten Einzelner: sehen – verstehen – dran drehen.

Vor allem aber müsse man die »Menschen dort abholen, wo sie stehen« – also immer *unter* einem. Dieses Denken setzt eine amorphe Masse von Dumpfbacken voraus; und das Abholen simuliert Großzügigkeit, Entgegenkommen, Milde. Ist aber Herablassung. Eine anständige Haltung ist das nicht – und schon gar keine, die Ansprüche auf Augenhöhe erzeugt.

Besonders folgenreich ist dabei die Verwechslung von »Lernen« und »Anpassen«. Immer wird vom »Lernen« der Menschen gesprochen, gar von der »lernenden Organisation«. Aber Anpassen ist gemeint. Anpassen an ein vordefiniertes Soll, ein Ideal, vor dessen Hintergrund jeder real existierende Mensch automatisch defizitär ist. Was einige unternehmenskulturelle Zentralinstanzen legitimiert, dieses Defizit zu bewirtschaften. Sollte es tatsächlich jemandem gelingen, in gefährliche Nähe dieses Ideals zu kommen, so muss man nur die Zielidee noch ein wenig weiter perfektionieren, schon hat man den Mangelzustand wieder hergestellt. Die Botschaft: »Nie bist du fertig, immer fehlt dir was.«

Die gegenwärtig dominierende Managementtheorie lebt von der *Individualisierung struktureller Schieflagen*. Sie tendiert dazu, die Menschen als den »weichen« Faktor zu sehen, den institutionellen Rahmen als den »harten«. Meistens sollen sich die Menschen ändern (kreativer sein, motivierter, unternehmerischer), aber die Strukturen, unter denen sie diese neue Leistung erbringen sollen, bleiben die alten. Man delegiert also die Balancierung von Wertkonflikten an den Einzelnen, ohne sich um die konkreten Bedingungen der Möglichkeit veränderten Verhaltens zu kümmern. Das ist eine Form institutioneller Nicht-Anständigkeit, die kaum spürbar in das Leben einsickert. So fordert man zum Beispiel mehr Kreativität von den Mitarbeitern, erhöht aber andererseits den Rechtfertigungsdruck. Oder man glaubt, den Vertrauenspegel *und gleichzeitig* den Verregelungsgrad in einem Unternehmen maximieren zu können.

Meiner Erfahrung nach ist es genau *umgekehrt*: Die Menschen sind die harten Faktoren, die Strukturen die weichen. Man kann den institutionellen Rahmen leicht und sofort ändern; und die Menschen werden sich dem anpassen. Menschen aber *direkt* zu ändern, ihre Einstellungen, Werte und Verhaltensweisen, das ist unwahrscheinlich. Wir können nicht das Wasser ändern, aber wir können Wasserbauer sein, die den Lauf des Wassers beeinflussen.

Was heißt das für die Konstruktion von Unternehmen? Verbreitet ist die Auffassung, es gäbe keine anständigen Unternehmen, nur anständige Menschen; Unternehmen seien neutral, und Versuche, sie anständiger zu machen, misslängen ständig. Für ein Unternehmen als Ganzes gilt das sicher. Und natürlich ist jeder Einzelne aufgefordert, sich anständig zu verhalten. Aber die nüchterne Praxis bestätigt James Buchanans Einsicht: Kluge Menschen haben in dummen Organisationen keine Chance. Es sei denn, man fordere den Heldentod. Deshalb geht es darum, das Unternehmen *institutionell* anständig zu bauen.

Diese Perspektive geht zurück auf Karl Philipp Moritz. Der formulierte im ausgehenden 18. Jahrhundert die Selbstzweckhaftigkeit des Menschen radikaler als der zuvor zitierte Kant. Sein Imperativ: Der Mensch sei Zweck an sich selber. Und reicht diese Forderung gleich an die Institutionen weiter: Die staatlichen und wirtschaftlichen Institutionen müssten *vermeiden*, dem Menschen die Entscheidungshoheit zu rauben. Sie müssten deshalb lernen, sich zu beschränken.

In der Summe heißt das: Wenn Sie etwas verbessern wollen, ändern Sie Strukturen! Nicht Menschen. Hören Sie auf, an Menschen herumzuschrauben. Menschen sind, wie sie sind; es gibt keine besseren. Als Führungskraft stehen Sie daher vor einer digitalen Entscheidung: Mit dir oder ohne dich. Machen Sie nicht die Verhaltensänderung des Mitarbeiters zur Voraussetzung für die Kooperation. Sonst finden das Engagement und die Hingabe des Menschen nach Feierabend statt. Können Sie sich das leisten?

Wenn man nicht an den Menschen herumschraubt, sie vielmehr nimmt, wie sie sind, dann müssen wir die Institutionen entsprechend gestalten. So, dass möglichst viel Schlechtes vermieden wird.

FÜHRUNGSSTIL
Die Pädagogisierung der Unternehmensführung

Unsere Welt vereinheitlicht sich. Wir werden intoleranter gegenüber dem individuellen Anderssein, gegenüber Exzentrizität. Wir neigen dazu, jede Abweichung von einer gefühlten Norm zu pathologisieren. Dahinter steckt eine weit verbreitete Optimierungsideologie: Wer nicht einer bestimmten Norm entspricht, gilt schnell als »gestört«. Alle sollen zu einem idealen Standard hinauftherapiert werden und verinnerlichen, was uns schon der archaische Torso aus Rilkes berühmtem Gedicht zurief: »Du musst dein Leben ändern!«

Im Unternehmen wird die Normierungsabsicht besonders sinnfällig bei den vielfältigen Bemühungen, einen bestimmten Führungsstil durchzusetzen. Da heißt es dann: »Du musst deinen Führungsstil ändern!« Gedacht wird dabei an ein stabiles und insofern vorhersehbares Verhaltensmuster, das auf Produktivitätssteigerung der Mitarbeiter zielt, sich mit moralischen Ansprüchen vermengt und einen ursächlichen Zusammenhang von Unternehmenserfolg und einem bestimmten Führungsverhalten unterstellt. Entsprechende Leitbilder sollen den Führenden den richtigen Weg weisen.

Die Inhalte des dort beschriebenen Führungsstils sind ausnahmslos idealtypische Überhöhungen menschlicher Eigenschaften wie soziale Intelligenz, Teamfähigkeit, Empathie, die in wirtschaftsfernen, aber pädagogikaffinen Bildungskreisen zu Leitbegriffen erhoben wurden. Sie sind überraschungsfrei und weitgehend identisch mit dem, was heute unter »guter« Führung verstanden wird. Dabei wird der Mitarbeiter als unselbständiges Wesen gedacht, das von den Führungskräften in die richtige Richtung gesteuert werden soll. Führungskräfte sollen daher Vorbild sein, ihrer Fürsorgepflicht nachkommen und dergleichen mehr.

Vor dem Hintergrund dieser Soll-Idee wirken fast alle Führungskräfte des wirklichen Lebens missraten – mindestens aber sind sie optimierbar. Die Differenz nennt man »Entwicklungsbedarf«. Die Grundbotschaft lautet: »Sie wären ein sehr viel besserer Mensch, wenn Sie ein anderer wären.« Was dann irgendeine Abteilung legitimiert, dieses Delta zu bewirtschaften. Dann rückt man den Führungskräften mit entsprechenden Reparaturdienstleistungen zu Leibe. Im Kern handelt es sich um eine umfassende *Pädagogisierung der Unternehmensführung*.

Die Normierung des Führungsstils zielt folglich in zwei Richtungen: hierarchisch abwärts auf die Mitarbeiter, die in einer bestimmten Weise zu »behandeln« sind; hierarchisch aufwärts auf die Führungskräfte, die sich einem einheitlichen Stil verpflichtet fühlen sollen. Einige Stile sind »von gestern«, einige »chic« und andere illusionär. Ein Auswahl: der autoritäre Führungsstil, der patriarchalische, der demokratische, der partizipative, der kooperative, der situative, der transformative, der transaktionale, der Laissez-faire-Führungsstil. Es wird sicher einige mehr geben.

Grundsätzlich ist zu unterscheiden zwischen einem *kollektiven* Führungsstil und einem *individuellen*. Der kollektive äußert sich in Führungsleitlinien und anderen Wertekanons. Implizit eingelagert ist er auch in Führungsinstrumenten, die ja nach bestimmten Wertentscheidungen gestaltet sind. Und noch das sachlichste Führungsinstrument ist, wenn man es genauer beleuchtet, normativ aufgeladen. (Darüber aufzuklären ist ein Hauptanliegen dieses Buches.) Davon nicht zu trennen, aber doch zu unterscheiden ist ein jeweils individueller Führungsstil, der das konkrete Führungsverhalten des Einzelnen gleichsam unterhalb der manifesten Wertebene beschreibt, mit dieser jedoch weitgehend deckungsgleich sein sollte.

Wenn man nun etwas daran ändern will, dann sind den entsprechenden Interventionen zwei Grundannahmen vorausgesetzt: 1. Änderung ist möglich, 2. Änderung ist im Unternehmensinteresse. Betrachten wir beide Voraussetzungen.

Änderungs-Möglichkeit

Schauen wir zunächst auf die erste der beiden Grundannahmen, die Änderungs-Möglichkeit. Ob die Annahme, man könne eine Änderung des Führungsstils herbeiführen, realistisch ist, hängt davon ab, was man unter »Führung« versteht. Stellt man sie dem »Management« gegenüber, dann handelt es sich, wie schon einleitend angemerkt, bei der Führung um eine Haltung, die sich vom Management als einer Technik unterscheidet.

Management kann jeder lernen, das ist Handwerk, der Umgang mit Werkzeugen, mit denen man als Manager seinen Wirkungsgrad optimiert. Bei einer Führungshaltung ist das anders. Sie umschließt Menschenbildannahmen, kulturelle Prägungen, intrapsychische Dispositionen (wie etwa Selbstvertrauen). Deren Entwicklung ist mit dem 20. Lebensjahr weitgehend abgeschlossen. Sie werden als innere Einstellungen von der Führungskraft gleichsam ins Unternehmen mitgebracht. Nach allem, was wir darüber wissen, ist diese Haltung sehr stabil. Also auch widerstandsfähig gegenüber freundlichen Optimierungsversuchen.

So unersetzlich die aufwändigen Programme zur Führungskräfteentwicklung für die Strukturstabilität der Organisation und das Personalmarketing auch sind, sie gehen inhaltlich von überzogen optimistischen Grundannahmen aus. Menschliche Kommunikation ist kaum ein bewusster Vorgang. Wenn wir reden, zusammenarbeiten oder streiten, überlegen wir uns nicht vorher, wie wir das tun, sondern wir tun es reflexhaft und intuitiv.

Gerade im Konflikt brauchen wir die schnelle Energie, und die ist zeitgehärtet. Wenn Emotionen im Spiel sind, legen wir die alten Platten auf, die uns seit vielen Jahren haben funktionieren lassen. Was den Wirkungsgrad der Änderungsenergie abermals begrenzt. Die Vorstellung ist jedenfalls naiv, man könne jemandem über Trainingsprogramme, Rollenspiele oder Feedback wirklich Führungsfähigkeit vermitteln. Diese Programme blenden nicht nur die Realität veränderungsresistenter Einstellungen aus, sondern auch die Komplexität sozialer Interaktionen. Diese sind um einiges unübersichtlicher, als die meisten Konzepte zur sozialen Kompetenz behaupten.

Vor allem werden die institutionellen Rahmenbedingungen gern zugunsten des personenzentrischen Denkens unterschlagen. Konkret entlässt man die vorgeblich »veränderten« Teilnehmer wieder in Unternehmensstrukturen, in denen alles beim Alten bleibt. Es ist aber wenig gewonnen, wenn das Arbeitsumfeld, in dem die (angeblich verbesserte) Leistung erbracht werden soll, widerständig ist gegen die schönen neuen Kompetenzen, die man vermitteln zu können glaubt.

Ein Weiteres wird ignoriert: Auch die private Umwelt dieses Menschen (Familie, Freundeskreis) stellt ab auf dessen Konsistenz und Kontinuität. Dort erwartet man Stetigkeit und Berechenbarkeit. Veränderung ist daher unwahrscheinlich. Es ist also nicht damit getan, einfach ein Video anzuschauen, ein Seminar zur Führungspsychologie zu besuchen oder wenigstens gute Vorsätze zu haben, und schon »pflegt« man ein ganz anderes Führungsverhalten. Letztlich wissen das auch die Verfechter der Optimierungsideologie. Sie vergessen daher selten zu betonen, das sei ein langer Lernprozess, bestehen aber joberhaltend auf der grundsätzlichen Reformierbarkeit.

Fassen wir zusammen: Jeder kann nur nach seiner eigenen Art führen. Deshalb taugen Führungsstilkonzepte nicht. Natürlich ist Veränderung möglich, sogar bis ins hohe Alter. Aber nur als Selbstentwicklung. Bei der Fremdanpassung sind uns enge Grenzen gesetzt. Es ist eine Illusion zu glauben, der Mensch könne sich neu gestalten wie eine Schaufensterdekoration. Menschen ändern sich, wenn überhaupt, sehr langsam. Und auch nur dann, wenn sie selbst es wollen. Deshalb ist *Personalauswahl* die wichtigste Managemententscheidung. An die Personalentwicklung sollte man keine überzogenen Erwartungen stellen. Vor allem aber sollte man die Personalentwicklung nicht missbrauchen, um hochdefizitäre Auswahlentscheidungen zu kompensieren.

Änderungs-Wünschbarkeit

Kommen wir zur zweiten Voraussetzung: Ist eine konzertierte Kultivierung eines einheitlichen Führungsstils im Interesse des Unternehmens? Ist »Im Gleichschritt, marsch!« produktiv? Und ist ein kollektives Führungsverständnis mit der Idee des anständigen Unternehmens vereinbar?

»Sei anders!« Wenn uns das zugerufen wird – explizit als Kritik oder implizit als Optimierungsangebot –, dann antworten wir natürlicherweise mit Widerstand. Denn jeder hat ja Gründe, sich so zu verhalten, wie er sich verhält.

Falls er den idealen Standard akzeptiert, kann er mit Schuldgefühlen oder Scham reagieren. Schuld als zwar mobilisierende, letztlich aber untilgbare Minderhaftigkeit; Scham als Kapitulation vor fundamentalistischen Ansprüchen, die niemand einlösen kann. Oder er wertet das Ganze als wirklichkeitsfremd ab. Wie auch immer: »Sei anders!« untergräbt das Selbstbewusstsein und fördert anpasserisches Verhalten ebenso wie mangelnde Zivilcourage.

Jene Vielfalt, die wir in der Natur bewundern und für lebensspendend halten – warum wird sie in den Unternehmen beargwöhnt, manchmal gar unterdrückt? Warum starren wir freudlos auf das ebenso ideale wie unerfüllbare Soll, das nicht der Natur entspringt, sondern unserem Ordnungssinn? Totalitäre Herrschaftsformen basieren auf einer Ideologie, deren Kerngedanke der »verbesserte« Mensch ist. Also einer normierten und normierenden Vorstellung davon, wie der Einzelne zu sein hat, damit er sich ins Kollektiv einfügt. Hatten wir das nicht historisch hinter uns gelassen?

Und wie passt das zu den »Diversity«-Bemühungen? Es ist immer wieder faszinierend, wie Unternehmen, die Diversität und Respekt vor Unterschieden fordern, gleichzeitig dem »richtigen« Führungsstil das Wort reden. Und das Konsistenzproblem nicht einmal erkennen. Man kann aber nicht ohne logische Probleme Diversität plakatieren und gleichzeitig Einheitlichkeit wollen.

Entwicklung

Entwicklung als Prozess der »Ausweitung menschlicher Freiheit« (Ralf Dahrendorf) wird kaum zu kritisieren sein. Aber es ist beim verordneten Führungsstil das gerade Gegenteil gemeint: die Verengung menschlicher Freiheit. Unterschiede werden pathologisiert und wegtherapiert. Und in genau diesem Normierungswillen liegt das Nicht-Anständige.

Im Grunde gibt es keine gute Führung; es gibt nur erfolgreiche und nicht erfolgreiche Führung. Wobei sich Erfolg am Beitrag zum Überleben des Unternehmens bemisst. Ich werde nicht müde, dies zu betonen: Wenn eine Führungskraft in diesem Sinne erfolgreich ist und sich dabei innerhalb des gesetzlichen Rahmens bewegt, besteht kein Grund, korrigierend einzugreifen. Ein solches Eingreifen ist auch von einem ethischen Standpunkt aus nicht zu rechtfertigen. Man darf nicht alles, was einem persönlich nicht gefällt, mit einer Soll-Vorschrift bekämpfen. Im Gegenteil: Gerecht wird den Menschen nur eine Moral, die Raum für Unterschiedlichkeit lässt und die Individualität des Einzelnen respektiert. Und das ist – bis zu einem gewissen Grad – auch betriebswirtschaftlich richtig. Es ist daher gar nicht wünschenswert, das zu ändern.

Individualität ist gerade keine geschmeidige Formbarkeit. Persönlichkeit hechelt eben nicht Veränderungsidealen hinterher – schon gar nicht, wenn sie fremdgesetzt sind. Durch den Verzicht auf eine Soll-Vorschrift erhält die Beziehung der Führungskraft zum Unternehmen ein Moment von Achtung und Symmetrie. Man billigt dem anderen Autonomie zu und belässt ihm seine Würde. Darum geht es: um das Wiederernstnehmen von Begriffen wie Ehrgefühl, Stolz und Persönlichkeit.

Wir brauchen kein gemeinsames Führungsverständnis. Es gibt sehr unterschiedliche Wege zum Führungserfolg. Natürlich, eine Führungskraft muss eine Rolle spielen. Aber wie sie sie spielt, muss ihr selber überlassen bleiben. Wenn wir wirklich mehr selbstbewusste Führung und unternehmerische Kraft in der ganzen Breite des Unternehmens wollen, dann sollten wir jeder Führungskraft die Freiheit lassen, innerhalb des legalen Rahmens ihren eigenen Weg zu gehen.

Führe so, wie du selbst geführt werden willst!?

Sehr verbreitet ist eine Auffassung, die im weiteren Sinne an Immanuel Kant anschließt, in der jedoch ein neutestamentarischer Imperativ durchklingt. Sie lautet: »Führe so, wie du selbst geführt werden willst!« Das klingt zunächst einmal plausibel. Schaut man genauer hin, dann macht sie sich selbst und die eigenen Werte zum normativen Zentrum – und schließt von da auf andere. Ist das unter ethischen Aspekten zulässig?

Nimmt man für einen Moment den Chef als Produzent von Führung und die Mitarbeiter als Kunden dieses Produkts. Woran hat der Chef sich sinnvollerweise zu orientieren? Am Bedürfnis der Kunden, an der Nachfrage der Mitarbeiter. Und diese dürften so unterschiedlich sein wie die Bedürfnisse externer Kunden. Das Problem ist nämlich, dass man sich »Mitarbeiter« tendenziell als homogene Masse vorstellt. »Belegschaft« ist so ein Kollektivsingular, ein verführerisches Wort, das die Assoziation erzeugt, dass alle gleich sind. Und genau in diese Falle tappt das imperative Selbst.

Das Konstrukt »Führungsstil« beruht auf der Idee, dass ein Chef mit seiner Art des Führens dem »Personal« undifferenziert gegenübersteht. Das Motto lautet dann: Ich habe einen Schlüssel, der für alle Schlösser passt. One size fits all. Wo bleibt da der Respekt vor dem Besonderen? Dem Individuellen?

Wenn man anerkennt, dass der Mitarbeiter ein Individuum ist, ein Unverwechselbarer, dann kann ein Führender nicht einen einheitlichen Führungsstil exekutieren. Er muss seine Führung mit Blick auf die Erfordernisse des Geführten wählen, flexibilisieren. Er muss dessen Bedürfnisse und Fähigkeiten erkennen, aber auch seine Sensibilitäten. Er muss sich den Besonderheiten des Geführten anpassen. Sicher, das wird nur eingeschränkt möglich sein; der Chef ist kein Chamäleon. Aber das, was man mit Blick auf den Kunden als *customer driven* bezeichnet, warum sollte das mit Blick auf den Mitarbeiter falsch sein? Auch den muss man doch permanent für die Zusammenarbeit gewinnen. Damit ist Führung weniger mit eigenen Werten und Neigungen verbunden, sondern mit dem Erfordernis des konkreten Mitarbeiters in einer bestimmten Situation. Achtsamkeit ist hier gefordert, Hinschauen, Hinhören, Interesse an dem anderen, Unterschiede wahrnehmen.

Man wird den Menschen sowohl ethisch wie betriebswirtschaftlich gerecht, wenn man ihre Unterschiedlichkeit wahrnimmt und ihre Individualität für das Unternehmen gewinnbringend einsetzt. Dann sind Moral und Profit kein Widerspruch, sondern bedingen einander.

Im Hinblick auf Mitarbeiterführung gilt also: Ein guter Führungsstil ist einer, der keiner ist. Will heißen, er kennt und ehrt Unterschiede. Es ist daher hilfreich, sich von der Idee des Führungsstils in allen Dimensionen zu lösen. Sie ist unvereinbar mit einem anständigen Unternehmen.

ETHIK-SEMINARE
Individualisierung struktureller Schieflagen

Schauen wir uns die Banken-Landschaft bis 2007 an. Durchschnittlich dreimal täglich, so wird erzählt, wurden die Filialleiter von ihren Vorgesetzten angerufen, die die aktuellen Verkaufszahlen erfragten. Denn ein guter Banker machte vor allem viel Geschäft. Heute, nach Finanzkrise, Skandalen und Affären, soll ein guter Banker zuallererst ein guter Mensch sein. Nun geht es darum, *wie* das Geld verdient wird. Viele Banken laden daher Ethiker zu Vorträgen; gerne auch Kirchenmänner mit Rauschebart und Kapuze. Man veranstaltet Compliance-Schulungen und schickt die Mitarbeiter zu Seminaren, um sie für ethische Fragen zu sensibilisieren. So erhielt die Deutsche Bank große Aufmerksamkeit für das Bemühen, sich nach etlichen Regelverstößen nunmehr ein besseres Image zu verschaffen. Ethik-Schulungen sind dort Teil eines großangelegten »Kulturwandels«, den die Bank sich viele Millionen kosten lässt. Zumindest kann man ihr nicht vorwerfen, sie habe nichts getan.

Im Seminar müssen sich die Manager Fragen stellen wie: »Kann ich nach einer Entscheidung guten Gewissens noch in den Spiegel schauen?« – »Hätten Freunde und Verwandte Verständnis für meine Entscheidung?« – »Dürfte mein Vertragspartner meine wahren Motive für das Geschäft kennen?« Wenn das zwar Bewusstsein schärft, aber kein Verhalten ändert, machen die Mitarbeiter Bekanntschaft mit »roten Flaggen«. Die erhalten sie, wenn sie Seminartermine verpassen, Hinweise der Innenrevision ignorieren oder geschäftspolitische Grenzen überschreiten. Dann werden Beförderungen und Bonuszahlungen blockiert.

Lernen sollen Manager dadurch ... ja, was eigentlich? Wie man Gut und Böse unterscheidet? Das wussten sie doch vorher schon. Was die grundsätzliche Frage aufwirft: Warum verhalten sich Menschen moralisch? Und was sind die Quellen unmoralischen Verhaltens?

Wir sind es gewohnt, die Antwort im Individuum zu suchen. Wir sprechen dann von Charakter und Persönlichkeit, spekulieren über innere Einstellung, Veranlagung, Erziehung und Vorbilder. Derjenige, der uns diese Weltsicht prominent und mit großem Erfolg erklärt hat, war Sigmund Freud. Sein Ansatz ist personenzentrisch: Moralisches Verhalten ist danach Eigenschaft und Verhalten einer Person; das Verhalten erklärt sich gleichsam von »innen«, ist Ausdruck psychodynamischer Prozesse. Verhält sich jemand unmoralisch, dann hat er als Einzelner ein Problem und sollte sich ändern.

Dieser Aktionismus sattelt auf bestimmten Grundannahmen. Die wichtigste fasst der Wirtschaftsethiker Andreas Suchanek stellvertretend für den Hauptstrom zusammen: Man müsse bei den Managern auf »subjektive Werte und Einstellungen« einwirken. Wie man das macht? Nun, man macht das, was Banken besonders gut können: Man *kauft* sich Ethik. Mit Hilfe von Beratern erstellt und erlässt man zunächst einen *Verhaltenskodex*. Etwa: Die zehn Gebote des fairen Bankwesens.

Schon hier mag man einhaken und die Sinnhaftigkeit infrage stellen. Werte sind ja polar; es gibt keinen Wert ohne einen gleichberechtigten *Gegen*-Wert: etwa Offenheit/ Verschwiegenheit oder Vertrauen/Kontrolle. Gerne wird übersehen, dass man mit den zugrunde liegenden Wertentscheidungen (aus dem »so oder so« wird ein »nur so«) die Alternative vernichtet, also jede Situation normativ vorentscheidet. Damit engt man den Handlungsspielraum erheblich ein. Und das muss man sich leisten können. Zudem kann man nun die Handlungsebene mit der Verlautbarungsebene vergleichen. Das wiederum sieht für die Handlungsebene selten gut aus. Weil man sich im Wirtschaftsleben am Kunden orientieren muss; weil man nicht straflos die Kontingenz negiert; weil ein Wertfundamentalismus wirklichkeitsfremd ist. Man hat also mit einer expliziten Entscheidung für einen bestimmten Wert ein Glaubwürdigkeitsproblem *erzeugt*, das man nur zu beobachten meinte. Und das man nicht hätte, wenn man seinen Mitarbeitern vertraute und sie in der Verantwortung ließe. In der bekannten Weise schiebt man dann das Problem dem Einzelnen in die Schuhe: »Dieser Manager verhält sich nicht ethikorientiert!«

Eine andere Sichtweise bietet die Soziologie, insbesondere die *Systemtheorie* Niklas Luhmanns. Aus ihrer Sicht hat moralisches Verhalten nichts mit der Einstellung von Einzelnen zu tun, sondern ist das Ergebnis sozialer Prozesse, die eine hohe Eigendynamik aufweisen. Die Systemtheorie beleuchtet daher nicht das isolierte Individuum, sondern das, was »zwischen« Menschen stattfindet. Sie spekuliert nicht über das Innenleben des Menschen, sondern beobachtet das konkrete Verhalten. Deshalb fragt sie nicht »Warum?«, sondern nur »Was?« Die Systemtheorie interessiert sich daher besonders für die Prägekraft von *Institutionen*. Sie schaut zum Beispiel auf die Eigenschaften unserer Wirtschaftsordnung und der Unternehmensorganisation. Danach ist das Verhalten eines Menschen weniger »von innen« heraus bestimmt, sondern »von außen« angeregt – etwa durch die

Strukturen eines Unternehmens, die ein bestimmtes Verhalten der Menschen wahrscheinlicher oder unwahrscheinlicher machen. Moralisches Verhalten hängt dann vom moralischen Verhalten anderer ab, die ihre Entscheidungen aufeinander abstimmen und ihrerseits Erwartungen an das moralische Verhalten anderer haben.

Lehren und lernen

Aus der Lernforschung wissen wir seit Jahrzehnten, dass Werte nicht explizit »gelehrt« werden können. Man kann Menschen nicht dazu auffordern, offen oder ehrlich oder moralisch zu sein. Appelle, Gutzureden und Handauflegen kann man sich sparen. Vielmehr kalibrieren Menschen das Maß ihrer Moralität am Verhalten ihrer Umwelt, am Kontext. Kurz: Menschen passen sich an.

Diese Einsicht, so einleuchtend sie scheint, hat sich in der Praxis bislang kaum durchgesetzt. Denn was macht das »eilige Meinen« (Martin Heidegger), eine hyperventilierende Öffentlichkeit und eine dauerhysterische Presse, wenn plötzlich unmoralisches Verhalten publik wird? Der Blitz fährt nieder. Wohin? Auf den Einzelnen! Angeklagte Unternehmen exkulpieren sich nahezu ausnahmslos mit dem Fehlverhalten Einzelner. Von diesem könne man keinesfalls auf das gesamte Unternehmen schließen. Da ist sie wieder, die »Externalisierung«. Man weist von sich weg, zeigt mit ausgestrecktem Finger auf den anderen. Man lädt die Widersprüche einfach beim Mitarbeiter ab, um den institutionellen Rahmen nicht ändern zu müssen.

Was aber, wenn die Organisation unmoralisches Handeln nicht nur zulässt, sondern sogar nahelegt? Was ist, wenn unmoralisches Handeln branchenüblich ist? Was, wenn der Zielkonflikt zwischen Moral und Profit ignoriert wird? Was, wenn die Unternehmensziele derart aggressiv formuliert werden, dass sie mit angemessenem Risiko und legalen Mitteln kaum erreichbar sind? Wenn die Kultur des Unternehmens nur die eine Botschaft sendet: »Mache Geld – so viel und so schnell wie möglich!«? Wenn die oft extremen Incentives das Denken ausschalten? Dann nützt es wenig, unter der Fahne der »Corporate Governance« den Einzelnen zu verantwortungsvollem und gesetzestreuem Verhalten aufzufordern. Dann hilft es nicht, wenn man ergriffen Sonntagsreden lauscht, aber im konkreten Handeln als Don Quichotte der Lächerlichkeit preisgegeben wird: »So eng muss man das doch nicht sehen, Herr Kollege.«

Will man also die übliche Reaktion des Managements auf unmoralisches Verhalten auf einen Nenner bringen, dann ist es die Verschiebung struktureller Konflikte auf die individuelle Ebene. Stetig werden Systemversagen und menschliches Versagen verwechselt. Der Einzelne soll etwas leisten, was von der Organisation dementiert wird, mindestens aber entmutigt.

Erst wenn die Unternehmensführung systemische Blockaden erkannt und korrigiert, erst wenn sie die »Bedingungen der Möglichkeit« des Erfolges verbessert hat, *dann* – also erst danach! – bringt es etwas, auch das Individuum anzuschauen. Denn natürlich gibt es Fehlbesetzungen, natürlich gibt es Unfähigkeit, natürlich gibt es Versagen. Aber mehr noch gibt es strukturelle Fehlentscheidungen.

Genau diese Reihenfolge ist in den meisten Banken auf den Kopf gestellt. Wenn sie in Finanzmanipulationen (Libor, Devisenkurse) verwickelt sind, bauen sie zum Teil gigantische Überwachungssysteme auf. Das mag ehrliche Absichten haben – es bleibt aber Augenwischerei. Und alle Seminare, Whistleblower, automatisierten Warnsysteme, empfindlichen

Bußen und nachträglichen Sanktionierungen werden daran nichts ändern. Zu fragen bleibt doch: *Warum* gibt es so viele Betrügereien gerade in der Bankenbranche?

Der institutionelle Rahmen

Die Aufsehen erregende Studie der Zürcher Ökonomen Cohn, Fehr und Maréchal kam 2014 zu dem Ergebnis: Die Bank verdirbt den Banker. Kreuzbrave Bürger fangen an zu betrügen, wenn sie durch die Eingangspforten der Banken gehen.

Das war die Versuchsanordnung: Die Forscher baten Angestellte einer Großbank, zehn Mal Münzen zu werfen. Bei »Zahl« bekamen sie jeweils 20 Dollar, bei »Kopf« nichts. Die Ergebnisse konnten nur die Probanden selbst sehen, sie wurden nicht überprüft und sollten lediglich elektronisch übermittelt werden. Nach den Regeln der Wahrscheinlichkeit müssten sich Kopf und Zahl in etwa die Waage halten. Aber es wurde ein Unterschied eingeführt: Mit der Hälfte der Probanden sprach man zuvor über Privates, mit der anderen Hälfte über Bankthemen. Das Ergebnis: Wer vor dem Münzwurf daran erinnert wurde, dass er bei einer Bank arbeitet, trickste deutlich häufiger. Knapp 10 Prozent der Probanden kassierten sogar 200 Dollar – sie gaben also an, dass bei *allen* Würfen die Zahl oben lag.

Nun wird man einwenden, nicht alle Kreditinstitute seien über einen Leisten zu schlagen (wenngleich das Bonus-Unwesen in vielen Bereichen der Finanzindustrie die Menschen korrumpiert). Nicht überall gibt es eine »Betrugskultur«. Die Kultur einer Großbank unterscheidet sich ganz wesentlich von der einer Sparkasse oder einer Raiffeisenbank. Fest steht aber auch: Institutionen können die Handlungen von Menschen derart umprogrammieren, dass sie lediglich der Erhaltung der Institutionen dienen. Es wird dann mit der Zeit vergessen, welche Probleme sie lösen sollten. Sie finden ihren Zweck in sich selbst, werden autonom und erscheinen als in sich selbst »vollendet«.

Deshalb ist nicht Einsicht und Reue zu fordern, sondern etwas eigentlich viel Leichteres: ein gutes Design des institutionellen Rahmens. Das, was die alte deutsche Wirtschaftstheorie »Ordnungspolitik« nannte. Wer einen Kulturwandel anschieben will, der muss zum Beispiel das Zielsystem ändern, das Bezahlungssystem, die Beförderungskriterien.

Aber warum ändert sich da nichts? Haben wir es mit entscheidungsschwachen Unternehmenslenkern und inkompetenten Politikern zu tun, die nicht auf der Höhe der Komplexität sind, die sie zu bewältigen haben? Mag sein. Vor allem aber laden wiederum Systemeigenschaften zu unmoralischem Verhalten ein. Schaut man kurz zurück, dann wurden im 19. Jahrhundert die Banken als Partnerschaften mit unbeschränkter Haftung der Eigentümer geführt. Entsprechend wiesen sie ein Eigenkapital von 40 und sogar 50 Prozent ihrer Aktiva aus. Anfang des 20. Jahrhunderts sind die Eigenkapitalanteile vor allem deshalb zurückgegangen, weil die Regierungen im Ersten Weltkrieg die Banken brauchten, um ihren explodierenden Finanzbedarf zu decken.

Diese unheilvolle Systemverschränkung zwischen Politik und Banken findet heute ihre Fortsetzung in dem ungeheuren Finanzbedarf der Politik für wohlfahrtsstaatliche Segnungen. Gerade die Finanzkrise hat überdeutlich werden lassen, dass nicht das unmoralische Verhalten einzelner Personen das System bedroht, sondern die ihm selber innewohnenden Gefahren. Durch die *Nichtbeachtung der Systemgrenze* zwischen Politik und Banken kommt es zu einer Vielzahl von Teilrisiken, die sich verknüpfen und wechselseitig verstärken.

Die Banken kaufen Regierungsanleihen und bekommen dafür die implizite Garantie, dass die Regierung sie im Krisenfall rettet. Das wiederum führt zu hoher Risikoneigung. Oder zu einem verantwortungslos niedrigen Eigenkapitalanteil: Wenn heute der Eigenkapitalanteil der europäischen Großbanken mehrheitlich bei unter 10 Prozent liegt, dann ist das politisch gewollt. Es gibt Banken, die bis zu 97 Prozent ihrer Anlagen mit fremdem Geld finanzieren. Dass zudem Risikogewichtungen eingeführt wurden, mit denen die Banken ihre Eigenkapitalanforderungen weiter senken können (weil sie in vermeintlich sichere Anlagen investieren), dann ist auch das politisch gewollt. Bei einer erneuten Verschärfung der Finanzkrise wird man diese Banken abermals staatlich »retten«. Man könnte mit einer Eigenkapitalanforderung von 30 Prozent der Bank-Aktiva das Systemrisiko minimieren. Aber das will die Politik nicht. Sie will Wahlen gewinnen. Und dazu braucht sie mehr Geld, als der Steuerzahler bereit ist, ihr zu geben.

Ja natürlich, es ist immer noch der Einzelne in der Verantwortung, das Spiel mitzuspielen, etwas zu tun oder zu lassen. Aber es ist verfehlt, einer mitunter schwachen Adresse ein so schweres Verantwortungs-Paket zuzustellen. Deshalb: Das anständige Unternehmen verzichtet auf die Individualisierung struktureller Schieflagen. Es verzichtet auf Ethik-Seminare. Es baut Unternehmensstrukturen, die verantwortungsloses Verhalten unwahrscheinlich machen.

FEEDBACK
Der Blick in einen blinden Spiegel

»Lassen Sie mich sagen, was Sie in der letzten Zeit falsch gemacht haben.« Na, wie fühlt es sich an, wenn das Ihr Chef zu Ihnen sagt? Und wenn Sie dasselbe Ihrem Mitarbeiter sagen: Wie beeinflusst das Ihre Beziehung zu ihm? Natürlich, so billig machen Sie das nicht. Deshalb wurde das Feedback zum Feed-Forward geadelt. Zukunftsbezogen heißt es nun: »Hier sind ein paar Ideen, wie Sie was besser machen können.« Klingt irgendwie netter. Aber ist es das auch? Und vor allem – produktiver?

Feedback, bei diesem Wort dachte man einst an Selbsterfahrungsgruppe und herrschaftsfreien Diskurs. Heute ist es ein Synonym für Lernen und verbesserte Zusammenarbeit. Eines jener Mantras, die auf personalpolitischen Gottesdiensten ständig wiederholt, selten analysiert und nie grundsätzlich hinterfragt werden.

Da es so unumstritten ist, wurde es zu einem Wunderinstrument, das regelmäßig, systematisch und flächendeckend einzusetzen ist. Mal firmiert es unter »Mitarbeitergespräch«, mal heißt es »Leistungsbeurteilung«, »Vorgesetztenbeurteilung«, oder es mutiert gar zum »360-Grad-Feedback«. Das Unternehmen als Netzwerk, in dem man sich permanent selbst und gegenseitig bewertet. Daumen hoch – Daumen runter.

Das Unbehagen an der Feedback-Kultur

Die nüchterne Basis: Die Ökonomie zielt auf Zukunft, auf universelle Austauschbarkeit, auf Bewegung. Der Mensch gehört in diesem Denken zu den Aktiva für künftigen Tausch. Alles scheinbar »Eigene« besitzt keinen stabilen Wert; es wird gedacht von dem her, was aus ihm *werden* könnte. Das Ich ist dagegen eine negative Figur der Beharrung, des Besonderen, des Anti-Universellen. »Ich« muss sich also mobilisieren. Und damit es weiß, in welche Richtung es sich zu bewegen hat, muss man ihm sagen, wo es steht. Aus dieser Logik bezieht das Feedback (das daher selbstverständlich »konstruktiv« zu sein hat) seine Legitimität im ökonomischen Kontext.

Entsprechend legitim klingen die Absichten dahinter: miteinander reden, einander ernst nehmen, Leistung steigern. Lernen sei nicht ohne Feedback möglich, heißt es, beurteilt werde sowieso, dann solle man die Urteile auch offenlegen. Außerdem wollten die Mitarbeiter wissen, wo sie stehen.

So berechtigt das sein mag, es ist zumindest teilweise schwach argumentiert. Vielen Managern und auch vielen Mitarbeitern ist das Verfahren lästig. Jede dritte Führungskraft sagt, ihr graue vor den Feedbackgesprächen mehr als vor jeder anderen Führungsaufgabe. Sie füllen die Formulare in aller Eile aus. Oft werden gar die Formulierungen des Vorjahres übernommen. Die Feedback-Runden werden verschoben, weil »wichtigere« Dinge dazwischenkommen. Es ist nicht ungewöhnlich, dass Beurteilungen Monate verspätet abgegeben werden. Und wenn dann die Führungskräfte auch nach wiederholter Erinnerung die Gespräche nicht führen, hilft man mit Belohnungen nach.

Statistisch bemerkenswert ist auch die Tatsache, dass die Mehrzahl der Mitarbeiter gute bzw. sehr gute Feedbacks von ihren Chefs erhalten. Der Wunsch auf der einen Seite, Lob zu erhalten (Feedback wird oft gleichgesetzt mit positivem Feedback, also mit Lob), verbindet sich auf der anderen mit Konfliktscheu. Häufige Kommentare auf der Mitarbeiterseite: »Ich bin immer froh, wenn es wieder vorbei ist.« – »Danach hat sich noch nie etwas verändert.« – »Das ist doch für beide Seiten bloß eine Pflichtveranstaltung.« Offenbar sind Feedbackgespräche etwas, was alle haben, aber niemand will.

Trotz des allgemeinen Murrens wird das Instrument als solches nicht infrage gestellt. Der Zweifel wird vielmehr von Personalchefs auf die personenzentrische Ebene geschoben: Schuld sei die mangelnde Gesprächskompetenz der Führungskräfte; die Mehrheit der Führungskräfte sei vor allem nicht in der Lage, schwierige oder gar konfliktäre Feedbackgespräche zu führen. Deshalb wird geschult, gecoacht, angeregt, qualifiziert und trainiert, dass es nur so eine Freude ist. Man solle seine eigenen Reaktionsmuster analysieren, Sach- und Beziehungsebene trennen, nach eigenen »blinden Flecken« Ausschau halten, Emotionen zulassen. Und als sei es der überschießenden Bürokratie nicht genug, wird ein *Feedback zum Feedback* etabliert. Die Mitarbeiter sollen ankreuzen: »Meine Führungskraft hat mich rechtzeitig zum Feedbackgespräch eingeladen ... hat sich ausreichend Zeit für mich genommen ... hat mir aufmerksam zugehört ... mich zu Wort kommen lassen – trifft gar nicht zu/teils-teils/trifft voll und ganz zu.« Da explodieren einmal mehr die Transaktionskosten und es wiehert der Amtsschimmel. Auf Basis dieses Feedbacks zum Feedback werden neue Trainingsmaßnahmen aufgesetzt. Für die natürlich wieder ein Feedback erfragt wird.

Selbstbezüglichkeit

Müsste ich ein Unwort der Unternehmensführung bestimmen, dann gäbe es dafür mehrere Kandidaten. »Feedback« stäche sicher hervor. Denn die Praxis zeigt schon lange: Feedback funktioniert nicht. Warum?

Dass ein Feedback mehr über den Feedback-Geber als über den Feedback-Nehmer aussagt, dürfte sich mittlerweile auch in den Unternehmen herumgesprochen haben. Wir kommen einfach aus dem Zirkel nicht heraus: Selektive Wahrnehmung und subjektive Bewertung machen jedes Urteil zur *Selbstbiographie*. Zudem erfahren wir durch ein Feedback vor allem etwas über die systemischen Rückkopplungs-Schleifen, also über die *wechselseitige* Verhaltensbeeinflussung. Weder über einen isolierbaren persönlichen »Charakter« noch über Verhalten können wir Aussagen machen, die sich nicht in Selbstbezüglichkeit verheddern – ein weiteres Beispiel für personenzentrisches Management, das die Rahmenbedingungen ausblendet.

Jene dann, die gerne zwischen »Beurteilung« und »Feedback« unterscheiden, ignorieren beharrlich die Grundbedingung der *Macht*, unter der die Kommunikation abläuft und die alle Kooperationsverhältnisse einfärbt. Der ideologische Wunschtraum eines herrschaftsfreien Unternehmens, in dem die asymmetrische »Beurteilung« durch das »Feedback« semantisch erlöst wäre, wird auch dadurch nicht plausibler, dass er ständig wiederholt wird. Unter hierarchischen Bedingungen gibt es kein »ehrliches«, kein nicht verzerrtes Feedback, auch wenn man sich noch so sehr bemüht. Insofern die Beurteilung gar nicht erst so tut, als seien keine unterschiedlichen Machtverhältnisse und Interessen im Spiel, ist sie sogar ehrlicher.

Uns aber interessiert hier vorrangig die ethische Dimension des Themas. Ist das institutionalisierte Feedback mit dem anständigen Unternehmen vereinbar?

Der omnipräsente Ladenhüter

Für eine erste Antwort: Vertrauen Sie Ihrer Intuition! Mal ehrlich: *Wollen* Sie Feedback? Natürlich wollen wir als soziale Wesen, dass andere uns wahrnehmen, auf uns reagieren und wir uns in der Anerkennung anderer spiegeln können. Aber kann ein ritualisiertes Feedback das leisten? Wollen Sie sich dauernd anhören, was andere über Sie denken? Und glauben Sie, dass die großen Führungskräfte der Wirtschaftsgeschichte durch Feedback bedeutend wurden? Wollen Sie sich wirklich an die durchschnittliche Vernunft verlieren? Ist nicht das Allgemeine unser größter Gegner? Die Forschung zum Thema legt jedenfalls nahe: Wenn man »sein Ding durchzieht« und keine Angst vor dem Urteil anderer hat, ist das Ergebnis meistens besser.

Wählt man die Perspektive des Anstands, dann ist auf der *Geber*-Seite des Feedbacks die schrankenlose *Selbstausdehnung* kritisch zu veranschlagen, die manische Wucherung des Privaten. Die üble Sucht, uns an wunden Punkten zu befingern. Kaum irgendwo sonst kann man besser als beim Feedback erleben, wie Distanzlosigkeit um sich greift und Grenzen überschritten werden. Wir verirren uns in Ausgesprochenheit.

Das Zögern vieler Chefs beim Verteilen von Noten und Urteilen, das halbherzige Führen der Gespräche – ist das nicht zumindest ein Hinweis auf die Fragwürdigkeit des Verfahrens? Schlimmer noch, wenn jüngere Chefs älteren Mitarbeiters Feedback geben sollen; insbesondere junge

Führungskräfte sind oft sehr direkt bis invasiv. Würdelos ist es zudem, Feedback von jemandem zu erhalten, dessen Urteil man weder fachlich anerkennt (»Der hat doch keine Ahnung«) noch menschlich (»Du hast es gerade nötig, mir das zu sagen«). Und die Tools und Techniken, die man den Führungskräften zur Verfügung stellt, um ihnen bei ihrer heiklen Aufgabe zu »helfen«, führen zu marionettenhaftem Verhalten. Diese Hilfen helfen nur den Helfern.

Die natürliche Scheu nimmt man aber nicht ernst. Man ist derart überzeugt von den Segnungen des Instruments, dass man die Führungskräfte nicht selten dazu *zwingt*, Feedback zu geben. Absurder geht es kaum. Zwang erzeugt jedoch mit mechanischer Sicherheit neuen Widerstand. Überspielt wird dabei das Wesentliche: dass das Feedbackgespräch offenbar *nicht wichtig* ist. Denn vom Markt sind keine negative Konsequenzen zu befürchten, wenn es ausbleibt; es ist also nicht wichtig im Sinn von »überlebenswichtig«. Warum wird es also durchgeführt? Weil Sie die Personalabteilung dazu zwingt? Weil die wissen, was gut für Sie ist? Von der Qualität unter Zwang ganz zu schweigen! Es ist wie bei so vielen Instrumenten: Erst sollen sie uns dienen, dann wollen sie bedient werden. Ich weiß, es ist eine gewagte These, aber prüfen Sie den Gedanken, bevor Sie ihn ablehnen: Leistungsbeurteilung heißt, dass der Markt Ihnen offenbar genügend Zeit lässt, diese zu verschwenden.

Wollen und Sollen

Auf der *Nehmer*-Seite resultiert die emotionale Aufladung des Feedbacks aus einem Dilemma. Da ist einerseits oft der Wunsch zu lernen, sich zu entwickeln. Andererseits hat jeder das Bedürfnis nach Anerkennung und will sein Selbstbild schützen. Dieses Selbstbild aber ist durch das Feedback grundsätzlich bedroht.

Wir haben es hier zu tun mit der wichtigen Unterscheidung zwischen »Ich will« und »Du sollst«. Das erstere ist die motivationale Basis für *Lernen*; das andere zielt auf *Anpassung*. Die Verwechslung von Lernen und Anpassung richtet in den Unternehmen jährlich Schäden in Milliardenhöhe an. Die strukturelle Selbsterhöhung, die jedem Feedback innewohnt, erstickt jeglichen Lernimpuls, ersetzt ihn durch Anpassungsdruck und beschwört damit reflexhaft Widerstand herauf.

Was weiß man denn, wenn einem gesagt wird, dass man diese oder jene Schwäche habe? Dass man den Erwartungen nicht entspricht und sich gefälligst zu ändern hat. Das alles drängt zur Ähnlichkeit; man will alles und jeden zur Ähnlichkeit hinabfeedbacken. Man hat wohl seine Eigenart längst verloren, wenn man einige Jahre durch das permanente Fegefeuer der Beurteilungen gelaufen ist. Die anschließende Therapieempfehlung kommt dann nicht ohne Drohung aus. Ich gebe zu: Ich bin schon weit über die Lebensmitte hinaus und habe keine Lust, mich an den Zurichtungsinteressen anderer zu orientieren. Heißt das, dass ich deshalb nicht mehr lerne? Falls lernen bedeutet, etwas zu *sollen*, niemals angekommen sein, immer unreif zu bleiben und fortwährend auf der Schulbank zu sitzen – ja. Falls es bedeutet, mir etwas anzueignen, das ich beherrsche, das ich verstehen und durchdringen *will* – nein.

Wenn Sie, indem Sie handeln, auf das Urteil anderer schielen, ständig deren Reaktion antizipieren, dann *wollen* Sie nicht, dann *sollen* Sie. Persönlich werden Sie durch den Druck des Beurteiltwerdens den Eindruck haben, dass Sie *müssen*. Sie werden sich als fremdgesteuert erleben. Wollen

Sie aber Verantwortung leben, dann kommt es darauf an, dass Sie sich selbst entscheiden.

Nur durch den ernsthaften Willen zur eigenen Tat werden Sie dem, was und wer Sie sind, gerecht. Kraft, Entschiedenheit und Leidenschaft entstehen dort, wo ein Individuum wirklich als es selber handelt. Individuelle Verpflichtung erwächst nur aus dem »Ich will!«, aus dem eigenen Entschluss, der das Punktgericht nicht achtet. Niemals aus dem »Du sollst!«.

Einspruch: Es stehe nicht die ganze Persönlichkeit »auf dem Prüfstand«, sondern man müsse zwischen Person und Sachleistung deutlich trennen. Das ist nett gemeint, in Tat und Wahrheit aber eine kommunikative Gratwanderung, die kein normaler Praktiker leistet. Einspruch also abgelehnt. Was dominiert, ist: »Pass dich mir an! Sei so, wie ich dich haben will!« Die Mitarbeiter werden wie Zirkustierchen konditioniert, durch jeden vorgehaltenen Reifen zu springen, um ihre Karrierechancen zu wahren. Konformismus, das ist es, was so trainiert wird.

Abermals Einspruch: Aber nur durch Feedback kann man lernen! Abermals abgelehnt: Sie erfahren durch ein Feedback über *sich selbst* überhaupt nichts. Sie erfahren nur etwas darüber, wie andere auf Sie *reagieren*. Was Sie da lernen können, ist, wie Sie sich den Erwartungen anderer besser anpassen können. Die Führungsratgeber fordern unisono, sich unablässig mit dem Blick des anderen zu prüfen, um so die eigenen Erfolgschancen zu erhöhen. Das kann karrieretechnisch nützlich sein, hat aber mit Lernen nichts zu tun. Insofern ist das Feedback Ausdruck einer fundamentalen Interesselosigkeit am Anderssein des Anderen.

Konformität

Für die meisten Befürworter ist es »menschlich« und insofern verständlich, dass insbesondere kritisches Feedback emotionale Reaktionen und Blockaden erzeugt. Aber dieses Verständnis führt nicht dazu, Feedback im Unternehmen grundsätzlich zu hinterfragen. Im Gegenteil: Vor allem »nach oben« sei es notwendig. Führungskräfte bekämen aufgrund ihrer hierarchischen Position zu wenig Feedback. Ja und? Warum sollten sie? Sollen sie so werden, wie die Mitarbeiter sie gerne hätten? Und wie viel Offenheit hätte ein solches Feedback? Wir sollten das Interpretationsmonopol von Führungskräften nicht aufweichen; das ist despektierlich und zerstört die Aura des Amts-Charismas, von der jede Führung seit Angedenken lebt. Jemanden entzaubern muss höheren Wesen vorbehalten bleiben. Und es ist auch unternehmerisch naiv: Führung erzeugt *immer* Widerstand. Leider haben viele Chefs nicht (mehr) die Kraft, sich konsequent *nicht* gemein zu machen mit den Befindlichkeiten und Stimmungslagen der Mitarbeiter. Der Wettlauf um Beifallsprämien und der Verlust von Unterscheidungsvermögen macht sie zu Anpassungsruinen.

Das verdichtet sich beim sogenannten 360-Grad-Feedback zu einer veritablen Disziplinierungsanlage. Man ist gleichsam umzingelt von Punktrichtern. Anstelle des Interpretationsmonopols, das ein Urteil spricht und das Konsequenzen hat, tritt ein leerer Meinungspluralismus, der beliebige Sichtweisen beliebiger Beobachter aggregiert. Überall könnte man jemandem auf die Füße treten, überall muss man mit Abstrafung rechnen. Das so erzeugte Einschließungsmilieu schreibt dem Individuum eine hochaufmerksame, nach *innen* gerichtete Sensibilität vor. Auch das kann zweifellos in seinem Karriereinteresse sein. Aber es zielt nur auf den inneren Markt des Unternehmens.

Hilft Ihnen das auch auf dem *äußeren* Markt der *Kunden* und Absatzmärkte? Werden Sie so zu einem jener Unternehmer, die wirklich etwas unternehmen? Oder eher zu jenen, die ängstlich aufpassen, dass sie nirgends anecken? Wir haben hier ein typisches Beispiel für eine Bürokratie, die lediglich die internen Unterscheidungsmärkte mit Spielmaterial versorgt. Feedback bindet Energie »innen«. Der Kunde wird dem Terror der Gefälligkeit geopfert. Seien Sie sicher: Der Kunde interessiert sich nicht für Ihre Feedbackrunden. Aber bei ihm müssen Sie den Wettbewerb gewinnen, nicht auf den Kinderspielplätzen der Organisation.

Als wäre es nicht schon genug, sich permanent auf die Schulbank setzen zu müssen und fortwährend benotet zu wissen: Die 360-Grad-Beurteilung erzeugt Duckmäuser, mehr noch als die Leistungsbeurteilung durch den Chef. Keine Chance für das Exzentrische, Extravagante, Drängende, für Menschen mit Unwucht, also für alles Unternehmerische. »Du bist nur dann in Ordnung, wenn alle im Unternehmen sagen, dass du in Ordnung bist!« Das ist die Liquidation des eigensinnigen Subjekts, die Abschaffung der Nonkonformität.

Das Arglistige daran ist das Image des Instruments: Wie kann man gegen eine Methode sein, die so partizipativ, so demokratisch, so wohltätig daherkommt? In Wahrheit handelt es sich um das Paradebeispiel für ein Instrument, das nur der internen Disziplinierung dient. Nebenbei wird die Therapeutisierung betrieblichen Handelns vorangetrieben: Nach einem 360-Grad-Feedback darf kein Manager mit negativen Ergebnissen alleingelassen werden – weshalb man ihm einen Coach an die Seite stellt, mit dem der Manager die Ergebnisse aufarbeiten kann. Ohne Hilfe besteht die Gefahr, dass Chefs mit der Kritik nicht fertig werden. Das nennt man wohl »Betreutes Arbeiten«.

Was wir auf diese Weise erzeugen, ist institutionalisierte Gefallsucht zu hohen Transaktionskosten. Sind das die selbstbestimmten, eigeninitiativen und innovativen Menschen, die wir brauchen, um unsere Unternehmen in Bewegung zu halten? Sind das die Menschen mit unternehmerischer Disposition, die uns draußen beim Kunden einen Wettbewerbsvorteil verschaffen? Wenn wir gesetzeskonformes Verhalten voraussetzen, dann toleriert ein anständiges Unternehmen nicht nur unterschiedliche, ja konkurrierende Verhaltensweisen, sondern hält sie für ausdrücklich wertvoll.

Freundschaft mit sich selber

Die Verschülerung des Erwachsenen ist die mächtigste und zugleich die am häufigsten übersehene Tatsache der gegenwärtigen Managemententwicklung. Der Mensch, er ist ein Halbfabrikat, und er wird jetzt durch Feedback vervollständigt.

In seiner Penetranz ist das Feedback geradezu ein Sturmangriff auf die Integrität der Person. Es verschlingt Würde und Distanz. Unsere Besonderheit, unsere Individualität fallen dieser Soziotechnik zum Opfer. Feedback dringt weit in uns ein, trifft uns, beschäftigt uns, löst uns mitunter geradezu auf. In schlimmster Konsequenz ist es eine Spielart der Depression, bei welcher der Druck von außen das Selbst so weit zusammenpresst, bis es sich verliert.

Die Reaktion ist feedbackversehrtes Mittelmaß. Man modelliert sich als Bündel gesuchter Eigenschaften. Sie sollen Erwartungen entsprechen, von denen man meint, dass der Beurteilungsmarkt sie fordert. Das Rumpfsubjekt verschwimmt im phantasierten Auge des Feedback-Gebers. Wie soll man da verhaltenssicher sein? Wie soll man selbstbewusst auftreten, als Gesprächspartner auf Augenhöhe? Wie soll man das entwickeln, was die Griechen »Freundschaft mit sich selber« nannten? Es ist nicht leicht, in einer solchen Welt man selbst zu sein.

Mit Narzissmus oder Eigenliebe hat das nichts zu tun. Im Gegenteil. Nur wer sich selbst schätzt, kann jemand anderes Schatz sein. Und nur wer sich selbst Freund ist, kann sich dem Gemeinsamen einfügen, kann darin souverän eine Rolle übernehmen. Gerade dem Asozialen (im psychiatrischen Sinn) ist ja die Einigkeit mit sich selbst entglitten. Wer mit sich selbst nicht befreundet ist, weil er in Urteile anderer zerfällt, kann sich nicht hingeben, kann sich nicht entschieden für ein Miteinander, schon gar nicht für ein Füreinander einsetzen. Das scheint mir der tiefste Grund der Selbstentfremdung, die sich in den Unternehmen ausbreitet.

Dialog

Im Laufe der Jahre sind mir zunehmend Zweifel gekommen, ob wir durch die jährliche Unterwerfung aller Mitarbeiter unter ein Beurteilungsritual wirklich das erreichen, was alle wollen: einen selbstverantwortlichen, selbstmotivierten, unternehmerisch denkenden Leistungspartner, der »draußen« beim Kunden einen Unterschied macht.

Von diesem aufgenötigten, regelmäßigen Feedback, das ein System der fremdgesteuerten Anpassung des Selbst etabliert, ist allerdings das Feedback in einem weiteren Sinn zu unterscheiden. Um ein solches gewolltes, *situatives* Feedback kommen wir unter den Bedingungen instrumenteller Kooperationsbeziehungen nicht herum: Der Chef muss dem Mitarbeiter sagen können, dass der seine Aufgabe nicht erfüllt. Und dem Mitarbeiter muss es möglich sein, den Chef darauf hinzuweisen, wenn etwas schief läuft. Zudem sollte er die Möglichkeit haben, nach seinen Aufstiegschancen zu fragen. In einem anständigen Unternehmen ist *diese* Art des Feedbacks möglich. Weder ist dort die Führungskraft dem Vorwurf mangelnder Wertschätzung ausgesetzt, wenn sie einen Mitarbeiter mit Fehlern konfrontiert, noch muss der Mitarbeiter negative Konsequenzen für seinen Hinweis fürchten und sich deshalb gar in den Schutz der Anonymität begeben. Aber ein solches Feedback, und das ist entscheidend, wird nicht in Form einer institutionalisierten, generalisierten Dauerbewertung zwangsverordnet.

Viel wichtiger als ritualisierte Feedbackgespräche ist ein kontinuierlicher Dialog. In diesem Dialog muss es darum gehen, eigene Ansprüche an Qualität aufzubauen, eigene Maßstäbe zu entwickeln, sein eigener Gradmesser zu werden.

Letztlich aber zählt nur *ein* Feedback für das Wohlergehen des Unternehmens: das des Kunden. Darum sollten Sie sich kümmern! Wenn Menschen sehen können, was der Kunde braucht, dann wissen sie auch, was zu tun ist. Darum geht es: Unternehmen so zu bauen, dass möglichst viele Menschen das *Feedback des Marktes* spüren. Damit mangels Kundenkontakt die interne Führung nicht das Feedback des Marktes »ersetzen« muss.

Sanfter Terror

Ödön von Horváth schrieb, der Angestellte sei »das Produkt aller Degradierungen«. Heute äußern sich diese Degradierungen nicht mehr laut und schroff, sondern leise und ruhig.

Ja, sie sind geradezu fromm, weil sie ihre gute Absicht mit-kommunizieren. Ein sanfter Terror, der den Normalbereich durchdringt. Und kaum noch Widerstand erzeugt. Aber die Instrumente der Disziplinierung haben sich verselbständigt, sind zu Automaten geworden, die ihre Maschinisten nur noch als Personal betrachten. Selbstlaufgiganten mit riesigem Inquisitionspotenzial.

Was ist das Resultat einer Feedback-Kultur? Es ist der ständig bewertete, verunsicherte und in seiner Identität erschütterte Mensch. Ein Mensch, dem man ständig zu spüren gibt, ob er gut oder schlecht ist. Ein außengesteuerter Mensch, der nicht mehr um seinen Eigenwert weiß. Der nun auch im Privaten dauerbewertet wird. Und der durchdrungen ist von einer Sehnsucht – der Sehnsucht nach Anerkennung. Die er aber nur erhält, wenn er so ist, wie andere ihn haben wollen. Es ist nicht zufällig, dass in den McKinsey-Feedbackhöllen dieser Welt gerade der *insecure overachiever* der gesuchte Beratertyp ist. Insecure! Dauerfeedback hält in ständiger Unsicherheit und beflissener Gefügigkeit.

Dagegen müssen wir uns wehren: Man muss den Einzelnen wieder verhüllen, erhöhen. Wir müssen ihn wieder auf den Sockel stellen, um Distanz zu halten. Ein anständiges Unternehmen verzichtet daher auf die oktroyierte Verhaltensoptimierung, es verzichtet auf ein erzwungenes, institutionalisiertes Feedback.

RANKING
»Rennlisten« und andere Vergleiche

Bei unübersichtlicher Lage ist jedes Mittel recht, um Ordnung zu schaffen. Hilfreich dafür sind Listen, Hierarchien, Empfehlungen, Zertifikate, Wettbewerbe, Parker-Punkte für Weinliebhaber und eine Liste der 50 besten Restaurants der Welt. Inzwischen wird alles gerankt, was irgendwie vergleichbar scheint: Zahnärzte, Universitäten, Symphonieorchester, Hotels, *Tatort*-Krimis. Auch wenn die Kriterien nicht immer transparent sind, schon gar nicht unumstritten, manchmal haarsträubend. Das Verlangen nach Eindeutigkeit verbindet sich mit der Lust, Sieger und Verlierer klar zu trennen (wie unbeliebt das »Unentschieden« ist!). Ebenso das populäre Journalistenspiel, die Rangliste der Managervergütungen zu publizieren. Was Begehrlichkeiten weckt und den Wettlauf um absurde Spitzengehälter nur noch weiter anheizt.

Leistungsvergleiche sind im Unternehmen üblich. Sie gelten als Mittel der Motivierung, als Lernchance, liefern Kriterien für Beförderungen und Gehälter. Ich will mich an dieser Stelle nicht über die lebensphilosophischen Fallstricke des *Vergleichens* ausbreiten (das habe ich in *Die Entscheidung liegt bei dir!* getan). Ich will nur auf ein Legitimitätsdefizit hinweisen: Wir vergleichen immer Unvergleichliches. Meistens werden Äpfel mit Birnen verglichen. Und die dann wieder mit Pflaumen. Das ist der Makel aller Vergleiche: So sehr man sich auch bemüht, sie werden der konkreten Situation und Lage nie gerecht. Und wegen dieser prinzipiellen Ungerechtigkeit sind sie im Grunde niemals anständig.

Dass Vergleiche in den Unternehmen dennoch gang und gäbe sind, ist allerdings solange ungefährlich, wie es Führungskräfte gibt, die wissen, dass Vergleiche das Urteilen und Bewerten nicht ersetzen können. Schlimm wird es erst, wenn die Vergleiche sich verselbständigen und die Führung übernehmen.

Forced Ranking

Yahoo-Chefin Marissa Mayer, der jedes Marketing-Mittel recht ist, den Kampf um Aufmerksamkeit gegen ihre mächtigen Wettbewerber aus dem Silicon Valley zu gewinnen, hat das Thema noch einmal hochgekocht. Das »Forced Ranking« wurde eingeführt, eine Methode, mit der General-Electric-Ikone Jack Welch bereits in den 90er Jahren hantierte und die seither in vielen Unternehmen – offen oder heimlich – ausprobiert wurde. Jährlich wird bei Yahoo nun eine Minderleister-Quote festlegt: Der Schwächste im Team fliegt.

Frau Mayer kann sich dabei auf Untersuchungen berufen, denen zufolge jedes Unternehmen mindestens 10 Prozent an leistungsschwachen Mitarbeitern mitschleppt. Dass man sich von diesen trennen sollte, war bereits Jack Welchs Vorschlag gewesen. Manche glauben, der Anteil sollte sogar höher liegen, zumal in Wirtschaftsbereichen mit strengem Kündigungsschutz. Außerdem gibt es in den Unternehmen ein massives *Konsequenzproblem*. Viele Führungskräfte sind Schönwetterkapitäne. Als Bonbon-Onkel finden sie sich prima, lassen aber jede Entschlossenheit vermissen, wenn Geben und Nehmen nicht mehr ausgeglichen sind.

Bleibt die Frage, ob eine Minderleister-Quote solche Probleme löst. Um es gleich vorwegzunehmen: nein. Wie jede Quote ist sie totalitär und dumm. Totalitär, weil sie den Wert eines Menschen auf einen einzigen Indikator reduziert – nicht zufällig waren die großen Quotierer Hitler, Stalin, Mao. Dumm, weil sie mehr Probleme schafft, als sie löst.

Welche Probleme sind das? Zunächst wird das Image des Unternehmens auf den Personalmärkten geschädigt. Wer da mit Knappheit zu kämpfen hat, gar Suchanzeigen aufgeben muss, den sollte das kümmern. Geschwächt wird aber auch und vor allem die Kernidee des Unternehmens: der *Kooperationsvorrang*. Die Zusammenarbeit, dass wir es nur gemeinsam schaffen können. Dass es nicht um Einzelne geht, nicht um persönliche Exzellenz, sondern um das Zusammenspiel von unterschiedlichen Menschen und Talenten. Unternehmen werden erfolgreich durch *Kombination*, nicht durch Addition. Für Fußballfans: durch die beste Elf, nicht durch die elf Besten.

Entscheidend ist daher nicht, ob beim Forced Ranking die Gefahr besteht, dass »aus Versehen« Leistungsträger entlassen werden. Das wäre zu personenzentrisch gedacht. Entscheidend ist, dass diese konsequenziell zugespitzten Bewertungssysteme das Arbeitsklima vergiften. Weil die Chefs immer Verlierer finden müssen, ist es mit solchen Quotierungen nicht möglich, *gemeinsam* besser zu werden.

Natürlich vergleicht jeder Chef seine Mitarbeiter. Aber wenn er aus dem Arbeitsalltag heraus ein begründetes Urteil trifft, beachtet er Entwicklungen, berücksichtigt er Arbeitsumstände. Die Quote ignoriert das. Sie ist mithin Ausdruck des Misstrauens gegenüber Führungskräften, eines Zweifels an ihrer Fähigkeit, Unterschiede zu sehen. Zudem:

Wenn Arbeit und Arbeiter nicht zusammenpassen, muss das nicht am Arbeiter liegen. Das ist ein Problem der *Passung* und spricht nicht unbedingt gegen die Menschen. Deshalb sollte man nicht die Organisation heiligsprechen und die Menschen anschrauben, sondern – umgekehrt – die Organisation flexibilisieren. Nicht Menschen in Jobs pressen, sondern Jobs für Menschen schaffen. Kurz, Marissa Mayers Quote ist der Triumph des personenzentrischen Denkens über das systemische.

Wenn der Wettbewerb innerhalb des Unternehmens angeheizt wird, werden alle das einzig Richtige tun: »Cover your ass!« Misstrauen ist unter Wettbewerbsbedingungen eine kluge Strategie. Alle werden sich absichern. Sie werden argwöhnisch darauf achten, ob die Kollegen einen Erfolg für sich verbuchen können, und diesen im Zweifelsfall sogar verhindern. Das einzige, was dann einen Mitarbeiter an seinem Teampartner vernünftigerweise interessieren darf, ist dessen Versagen. Denn der Gewinn des einen ist der Verlust des anderen.

Bringt uns das beim Kunden weiter? Kaum. Im Gegenteil: Die Energie wird innen gebunden, im internen Wettbewerb. Das wird in Kauf genommen, denn für den Kunden interessiert sich dieses Denken ohnehin nicht. Hauptverlierer aber ist die *Qualität*. Qualität in jeder Hinsicht:

1. Wenn ein Chef in seiner Abteilung eine hervorragende Personalentwicklung betrieben hat, ein anderer aber nicht, dann vergleichen Prozente *Unvergleichliches*. Die Quote trifft eben alle, auch High-Performance-Teams. Doch nicht die schwachen Chefs sind die Verlierer, nur die guten; sie werden um die Früchte ihrer Arbeit gebracht. Und natürlich wird das Unternehmen verlieren: Es werden Mitarbeiter gehen (müssen), die im Vergleich zu anderen im Unternehmen

Topleister sind. Falls sie nicht schon zuvor gegangen sind, freiwillig. Erkennt zum Beispiel eine versierte Führungskraft bei einem Mitarbeiter das Potenzial, sich zu entwickeln, hilft das nichts: Wenn der Mitarbeiter zum Zeitpunkt X als Minderleister eingestuft wird, muss er gehen. Dann verliert das Unternehmen eine Entwicklungsgeschichte, einen Mitarbeiter in Bewegung. Das ist das Ende jeder ernstzunehmenden Personalarbeit.

2. Beim Forced Ranking steht von vornherein fest, dass es Verlierer geben wird. Selbst wenn in einer Abteilung alle gleich gut sind – 10 Prozent fliegen raus, egal wie gut sie sind. Man ist daher allseits daran interessiert, schlechte Leute einzustellen: Es verbessert das eigene Ranking. Zudem ist es ratsam, sich schwachen Teams anzuschließen, in denen man als Einäugiger König ist. Man muss ja nicht wirklich gut sein, nur besser als die andern. Im Ergebnis ist das eine Abwärtsspirale.

3. Jedes Unternehmen hat das Recht, sich ein Bild davon zu machen, wer mehr leistet und wer weniger. Da wir Personen nicht »objektiv« vergleichen können, müssen wir ihre Tätigkeit in Zahlen verwandeln und nennen das dann Leistung. Dagegen ist, wie gesagt, so lange nichts einzuwenden, wie das Management sich der begrenzten Aussagekraft solcher Daten bewusst ist. Eine Minderleister-Quote aber verschärft die Tendenz zum Messen von *Quantitäten*. Qualitative Unterscheidungen verwandeln sich wie von selbst in quantitative. Der Krückstock wird zum Zauberstab. Bewerten? Unwichtig. Angemessenheit? Papperlapapp. Verantwortung versteckt sich hinter der Scheinobjektivität der Zahlen. Führungskräfte spielen die Pontius-Pilatus-Nummer, verweisen auf die Quote und sind aus dem Schneider. Kann man würdeloser managen? Albert Einstein schrieb: »Nicht alles,

was zählt, kann gezählt werden. Und nicht alles, was gezählt werden kann, zählt.« Das sollten die Verfechter der »Audit Society« in ihr Nachtgebet einschließen.

4. Der eigene Qualitätsanspruch wird irrelevant. In der politischen Diskussion wird oft die Frage gestellt, warum es manchen Menschen materiell besser gehen darf als anderen. Dabei wird reflexhaft unterstellt, dass, wenn ein Mensch mehr hat, einem anderen automatisch etwas fehlt. Der Arme werde also schon allein dadurch ärmer, dass der Reiche reich ist. Dieser Gedanke resultiert aus der Logik des Vergleichs. Damit wird die Antwort auf die Frage, wie es einem *selbst* geht, abhängig gemacht davon, wie es *anderen* geht. Der Maßstab liegt nicht mehr in *mir*, sondern scheint wiederum »objektiv« vorgegeben. Jeder Unterschied wird dabei skaliert und zu einem »Mangel« uminterpretiert.

Auf diese Weise werden die Menschen in praktisch allen Lebenssituationen zu Konkurrenten. Es ist dann wichtiger, den anderen nach irgendeinem Maßstab zu überbieten, als die eigene Lebensqualität zu steigern. »Mehr« ist dann wertvoller als »viel«. Nicht das Eigene ist wesentlich, sondern das Relative – deutlicher kann man ein Von-außen-gesteuert-Werden, den *Verlust der Innensteuerung* kaum beschreiben. Der eigene Maßstab verliert dann seine Gültigkeit. Auch die persönliche Entwicklung zählt nicht mehr. In dieser lediglich hierarchischen Wahrnehmung verfehlt man das Besondere, macht es austauschbar, verweist es auf die Plätze. Aber wie befreiend ist der Umgang mit Menschen, die wissen, was für sie selbst wichtig ist, die ihre Lebensqualität selbst definieren und nicht im Kontrast mit anderen!

Das anständige Unternehmen verzichtet auf Forced Ranking.

Forced Distribution

Aber auch wenn man sich gegen ein »Forced Ranking« ausspricht – es bleibt die heikle Aufgabe, sich von den gutartig oder bösartig Bequemen zu trennen. Von jenen, die sich auf Kosten der Kollegen einen lauen Lenz machen. Die überall den Erfolg verhindern, weil sie sich einfach nicht bewegen. Die auf ihrer »Stelle« sitzen und damit anderen qualifizierten Bewerbern die Chance des Bessermachens nehmen. Laut sagen darf man das natürlich nicht, ohne als herzloser Turbokapitalist in den Senkel gestellt zu werden.

Das konsequente Organisieren von Anwesenheitsverhinderung ist aber in Deutschland, je nach Perspektive, weder zu hoffen noch zu fürchten. Leistung spielt hier im Arbeitsrecht keine Rolle. Arbeitnehmer schulden grundsätzlich keinen Erfolg, sondern nur ehrliches *Bemühen* im Rahmen ihrer Möglichkeiten. Für eine Trennung muss man unzweideutig feststellen können, dass der Mitarbeiter schlechter arbeitet, als er könnte. Aber selbst wenn das gelingt, kann sich der Arbeitnehmer auf eine Fülle von Gründen berufen, die ihn unangreifbar machen: Krankheit etwa, private Belastung, mangelnde Schulung durch das Unternehmen. Die ganze Absurdität des deutschen Kündigungsschutzes erkennt man an der Tatsache, dass es 2014 als Sieg der Vernunft gefeiert wurde, als man endlich einem Verkäufer kündigen durfte, der seit 18 Monaten keinen einzigen Auftrag an Land gezogen hatte.

Wenn man sich nicht trennen kann oder will, greift man zu Konsequenzumgehungsmitteln. Man will dann wenigstens Geld gerecht verteilen. Viele Unternehmen gliedern daher ihre Mitarbeiter in 15 Prozent Spitzenleute, 70 Prozent Normalleister und 15 Prozent Schwachleister. »Forced Distribution« heißt das in bestem Neudeutsch. Dann muss

sich die Wirklichkeit nach dem Schema richten, nicht umgekehrt. Dann ist es irrelevant, ob eine Abteilung insgesamt –
als Abteilung – gut oder schlecht arbeitet; die Einzelleistung
steht im Vordergrund. Aber der Einzelne kommt auch dann
nicht wirklich zur Geltung, sondern nur seine Vergleichbar-
keit mit anderen.

Dabei ergeben sich im Grunde dieselben Probleme wie
beim Forced Ranking: Den Teamkollegen zu sabotieren –
selbst wenn man dadurch die Teamleistung schwächt –, zahlt
sich aus, weil man im Vergleich mit ihm dann besser dasteht.
Es spielt keine Rolle, ob im Team nur Überflieger arbeiten:
Irgend jemand muss die rote Laterne tragen, obwohl er in
der Nachbarabteilung vielleicht zu den Spitzenleuten zählen
würde. Wer bei diesem Schematismus Skrupel kriegt, mil-
dert den »Zwang« ab und nennt es »Empfehlung« – was wiederum viele Führungskräfte als Einladung verstehen, nicht
wirklich zu differenzieren. Egal, ob aus Menschenfreundlichkeit, Feigheit oder schlicht, weil sie ihre Zeit und Nerven
schonen wollen. Wem das wiederum zu undifferenziert ist,
der vergleicht seine Beurteilungen mit den Beurteilungen
anderer Kollegen in größeren »Kalibrierungsrunden«.

Meine Erfahrung sagt: Die Kopplung an Boni verleitet
die Führungskräfte zur Feigheit. Wenn hingegen Führungskräfte *nicht* die Möglichkeit haben, die Leistungsbeurteilung
an ein finanzielles Belohnungs- und Bestrafungssystem zu
delegieren, konfrontieren sie klarer und handeln sie konsequenter. Denn Konsequenz – darum geht es. Nicht um die
Trostpreis-Konsequenz eines vorenthaltenen Bonus, wobei
die Führungskraft weiter passiv bleiben kann. Sie muss doch
an die Gesamtteamleistung denken (nicht an die Addition
von Einzelleistungen) und ein Personaleinsatzproblem lösen.
Wenn ein Mitarbeiter über einen relevanten Zeitraum nur

schwach leistet, dann ist er falsch eingesetzt – nicht seinen Fähigkeiten entsprechend. Dann muss eine Führungskraft aktiv werden und kann sich nicht damit begnügen, dem Mitarbeiter Geld vorzuenthalten. Dafür bräuchte man keine Führungskräfte – jedenfalls keine, die diesen Namen verdienen; dafür reicht eine Buchhaltungs-Software.

Das anständige Unternehmen verzichtet auf Forced Distribution.

»Rennlisten«

Unternehmen sind selten Opfer. Spricht man aber mit einzelnen Managern, dann wird man immer wieder mit den unglaublichsten Geschichten konfrontiert, wie Mitarbeiter die Unternehmen ausnutzen, oft monatelang krankfeiern und das Arbeitsrecht missbrauchen. Man darf also für ein angemessenes Urteil nicht auf einem Auge blind sein. Und so sind auch die gesetzlichen *Rahmenbedingungen* zu beachten, die ein bestimmtes Verhalten der Unternehmen wahrscheinlich machen.

Wenn Unternehmen vom Arbeitsrecht massiv eingeengt sind und sich nur unter größten Mühen von Mitarbeitern trennen können, dann muss man sich nicht wundern, dass sie zu zweifelhaften Mitteln greifen, um ihre Angestellten zu mobilisieren. Dann muss man sich nicht wundern, dass sie alles tun, um gleichsam *unterhalb* der arbeitsrechtlichen Schwelle Unterscheidungen zu treffen. Da gibt es eine Waffe, und keine harmlose: die öffentliche »Rennliste«.

Wie Wettkämpfer in einer Sporttabelle werden sie dabei aufgereiht: Verkäufer, Geschäftsfelder, Länder. Und da man alles im Unternehmen Personen zuordnen kann: Menschen. Einige stehen oben, andere unten. Für die Untenstehenden lautet die Botschaft: »Ich kann mich nicht von dir trennen, aber dann darf ich dich wenigsten demütigen. Wenn du das vermeiden willst, streng dich an!« Die arbeitsrechtliche Unfreiheit wird zur institutionellen Voraussetzung für Entwürdigung.

Wer das noch nicht erlebt hat, bitte schön: Jahresendmeeting. Der Saal ist abgedunkelt, die Mitarbeiter sitzen in breiten Reihen vor der Bühne. Die Musik schwillt an, Blitze zucken, der Moderator verkündet die Umsatzergebnisse des letzten Jahres. Und dann wirft der Beamer die Namen an die Wand: vom letzten Platz aufwärts – die Top Drei bekommen einen Sonderauftritt.

Solche Veranstaltungen sind Schauprozesse. Die als Versager Vorgeführten haben sich durch ihre messbare Leistung scheinbar »objektiv« selbst denunziert. Von den bereits diskutierten Gerechtigkeitsproblemen abgesehen, die das Messen und Vergleichen aufwirft, greifen solche Inszenierungen die Kernidee des Unternehmens an: Zusammenarbeit. Noch einmal: Das gemeinsame Interesse aller Beteiligten muss es doch sein, den Kooperationsvorrang innerhalb eines Unternehmens durchzusetzen, das heißt die Konkurrenz unter den Mitarbeitern auszuschalten oder zumindest zu begrenzen. Rennlisten aber machen aus Kollegen *Konkurrenten*. Sie stellen die Mitarbeiter gegeneinander und stufen sie ab. So torpedieren Wettbewerbe den Kooperationsvorrang, um den herum das Unternehmen gebaut ist. Es ist nicht toll, als Verlierer oft jahrelang neben dem Gewinner zu sitzen – was Sie nur vermeiden können, wenn Sie Mitarbeiter permanent austauschen wie gebrauchte Hemden.

Der Fetisch der Ranglisten beruht zudem – wie schon oben gezeigt – auf der menschlichen Neigung, Leistung messbar zu machen. Dieser Wert bezieht sich allerdings auf die *Vergangenheit*, auf das, was früher geleistet wurde. Wer sich also auf Messbares konzentriert, verpasst möglicherweise das Wichtigste: die *Zukunft*.

Und dann haben wir noch das *ethische* Problem. Wer schon einmal einer solchen Veranstaltung beigewohnt hat, der weiß um die Peinlichkeit der letzten Ränge. Die Kränkung der Nachrangigkeit, der man sich nicht entziehen kann, weil man ja mit den Gewinnern weiterhin zusammenarbeitet. Was den Keim der Rache legt: Der Trojanische Krieg war die Folge eines von Zeus gewollten und von Paris durchgeführten Schönheitswettbewerbs.

Ich spreche hier nicht davon, dass es Leistungsunterschiede gibt, dass sie wahrgenommen und dass auf sie reagiert werden muss. Anerkennend im positiven Fall, korrigierend im negativen. Ich spreche davon, dass sie *öffentlich ausgestellt* werden. Und dass mit dieser Ausstellung nicht nur die Feier der Erfolgreichen, sondern auch die Beschämung der Erfolglosen einhergeht (»blame and shame«). Für die Zurschaustellung der Verlierer kenne ich nur ein Wort: obszön. Sie werden nicht als Person gesehen, sondern auf einen Leistungsmangel reduziert.

Es wird weiter verglichen werden – selbst wenn klar ist, dass Vergleiche selten nützlich sind. Aber es macht einen Unterschied, ob solche Vergleichstabellen bei einer Führungskraft in der Schublade liegen oder ob sie öffentlich präsentiert werden. Es ist ein Unterschied, ob man sich aktiv zeigt, wie ein Künstler sich auf der Bühne zeigt. Oder ob man passiv *gezeigt wird*, zur Schau gestellt. Das ist wie ein mittelalterlicher Pranger. Jemanden auf diese Weise öffentlich auszustellen verletzt den Anstand. Für die, die am Pranger stehen, ohnehin, aber auch alle anderen haben ein Problem mit dem Fremdschämen. Bei allen Wettbewerben gilt es vor allem, die Würde des Verlierers zu achten. Sonst verdirbt man die Freude am Sieg.

Also: Vermeiden Sie öffentliche Rankings! Der Minimalkodex für anständige Führung muss lauten: Nicht beschämen! Das Scheitern darf nicht zum Gesichtsverlust führen. Eine Organisation kann nur dann anständig genannt werden, wenn ihr das Schamgefühl nicht abhanden gekommen ist.

Und noch etwas: Das anständige Unternehmen unterwirft sich nicht der Scheinobjektivität von Zahlen. Es überlässt ihnen keine Entscheidungen, für die man Führungskompetenz und Urteilskraft braucht. Urteilskraft!

WEIBLICHWERDEN
Die Pathologisierung des Mannes

Seit dem Siegeszug der Psychologie Anfang des 19. Jahrhunderts gilt das Individuum als therapiebedürftig. Was eine riesige Korrekturindustrie in Gang brachte, die sich in nahezu allen Belangen berufen fühlt, Menschen anzuleiten. Unablässig ruft man uns zu, dass wir uns verbessern müssen. Der Soziologe Niklas Luhmann, der seinen Mitarbeitern bei Dienstantritt in Bielefeld gesagt haben soll, er brauche nur Stifte, Blöcke und ansonsten seine Ruhe, würde heute wahrscheinlich mit Maßnahmen zur Förderung seiner Sozialkompetenz beglückt.

Auch der moderne Manager ist ein therapeutisch definiertes Subjekt. Auch ihm wird nahegelegt, sich selbst zu überprüfen und im Zweifelsfall professionelle Hilfe zu nutzen. Und seit die Idee der »guten Führung« populär wurde, gibt es einen Standard, an dem er sich messen lassen muss. Wer von diesem Standard abweicht, gilt als defizitär, positiv gewendet: als optimierbar.

Feminisierung

Um diesen Standard zu verstehen, müssen wir kurz in die zwanziger und dreißiger Jahren des letzten Jahrhunderts hinabtauchen, zum Einzug der Psychologie in die Wirtschaftsorganisationen. Kein Forscher hatte seinerzeit (und hat bis heute) so viel Einfluss wie der australische Soziologe Elton Mayo (1880–1949) mit seinen Untersuchungen in den Hawthorne-Werken der Western Electric Company. Wir können die Forschungsdesigns hier vernachlässigen und gehen direkt zu den Ergebnissen, die Mayo zu seiner Theorie der »Human Relations« verdichtete. Es war nichts weniger als ein völlig neues Führungsmodell. Die *Persönlichkeit* der Führungskraft war nun der erfolgskritische Faktor (nicht mehr Maschinen und Produktionsverfahren; aus Wien grüßte Sigmund Freud). Diese Führungskraft konnte menschliches Verhalten »lesen«, sich einfühlen, mit Arbeitern kommunizieren, sie »entwickeln« und »motivieren«. Im Wesentlichen ging es darum, zwischenmenschliche Beziehungen zu gestalten.

Das kommt uns Heutigen bekannt, ja vertraut vor; so hören wir es seit Jahrzehnten. Der vielleicht bemerkenswerteste Aspekt wurde zunächst von Mayo selbst nicht realisiert und wird in der Überlieferung seiner Ergebnisse bis heute meist übergangen: Mayos Probanden waren ausnahmslos *Frauen*. Mayos Ergebnisse waren also, wenn man einen Unterschied der Geschlechter grundsätzlich anerkennt, äußerst geschlechtsspezifisch. Sie spiegelten die Art und Weise, wie Frauen den Arbeitsplatz erlebten, was sie für richtig, moralisch und produktiv hielten. Die Idee der »guten Führung« wurde daher umdefiniert zu einer neuen Konzeption, in der sich das Vokabular des Weiblichen mit dem Vokabular des organisatorisch Wünschbaren innig verband. Sieht man von einer »reaktionären« Unterbrechung dieser Tendenz durch den Zweiten Weltkrieg ab, so wurden ab Ende der fünfziger Jahre die Stereotype einer »guten« Führungskraft mit Frauenstereotypen zunehmend kongruent. Traditionelle, auf Autorität und Sachkompetenz beruhende Führung wurde verworfen und durch emotionale

und psychologische Eignungskriterien ersetzt. Gleichzeitig
wurde eine Parallele zwischen der Familie und dem Arbeitsplatz konstruiert, die die Organisation mit dem Einzelnen
harmonisiert und Interessengegensätze wegideologisiert. In
unterschiedlichen Formen hält sich das bis heute.

Fragt man also nach den Standards moderner Führungskräfteentwicklung, so offenbart sich ein dunkles Geheimnis:
Es sind Einstellungen und Verhaltensweisen, die man traditionell als »weiblich« bezeichnet.

Männer haben offenbar von Geburt an einen Fehler.
Deshalb wird ihnen, schaut man genau hin, auf Führungs-
seminaren seit vielen Jahren ein weiblicher Führungsstil
eingebläut: Empathisch soll man(n) sein, nahbar, friedfer-
tig, niemanden in die Defensive drängen, negative Gefühle
kontrollieren, indirekt formulieren, Fehler zugeben, ein
Mediator sein – so steht es in allen Ratgebern, so predigen
es die Trainer. Emotionale Intelligenz ist das Stichwort. Der
Chef wird zum Mitarbeiterversteher, der in die Herzen und
Hirne der Mitarbeiter hineinleuchtet, ihre wahren Motive
und Bedürfnisse kennt. Und er gibt sich charmant, lächelt,
zeigt sich als guter Zuhörer, interessiert sich für die Interessen der Mitarbeiter und gibt ihnen »das Gefühl«, wichtig zu
sein. Nicht »durchsetzen« will er mehr, sondern sich »hinein-
versetzen«. Den zielorientierten Tunnelblick hat er gegen den
sozialen Breitbandblick eingetauscht, er ist einfühlsam oder
guckt wenigstens so. Mehr noch: Er kann auf eine dermaßen
männlich entschlossene Weise weich und weiblich sein, wie
das die Frauen selbst gar nicht hinbekämen.

Man dramatisiert nicht, wenn man feststellt: Industrie-
kapitalistische Gründerfiguren, die sich den Teufel scherten
um neurasthenische Befindlichkeiten, hätten heute keine
Chance. Wortkarge Männer, selbstsichere, durchsetzungs-

starke, entscheidungsschnelle, emotional ausdruckslose Männer, die nicht gerne über sich selbst nachdenken und noch viel weniger an einem Feedback interessiert sind, die hält man für unzeitgemäß. Introvertierte Eigenbrötlern wie Bill Gates, Jeff Bezos oder ehemals Lou Gerstner (IBM) würden heute durch einfühlsame Dauerkommunikatoren ersetzt. Und der Choleriker Steve Jobs muss geradezu als das Gottseibeiuns aller Friedfertigen gelten. Undenkbar heute der harte Sanierer, bei dessen Eintreten Eisblumen an den Fenstern wachsen. Entsprechend ist eine taugliche Männlichkeit eine *reformierte* Männlichkeit. Männer haben jetzt ganz anders zu sein.

Wenn Männer das Problem der Unternehmen sind, müssen Frauen die Lösung sein. Da wir davon aber zu wenige haben, müssen die Männer sich ändern und einen grundlegend anderen Charakter entwickeln. So wird das weibliche Element mangels physischer Repräsentanz in den Unternehmen an Männer delegiert. Das heißt, um heute Karrierechancen zu haben, müssen sich Männer feminisieren. Man kann es zuspitzen: Unternehmen sind heute Veranstaltungen zur Unterdrückung unerwünschten Männlichkeitsverhaltens. Nur weibliche Männer gelten als moderne Führungskräfte. Vor allem im Mittelmanagement, da sind sie beliebt. Man traut ihnen allerdings auch nicht ganz so viel zu. Ganz oben dürfen sie dann wieder den Harten machen. Typ »Klare Ansage!«

Ist das das ganze Bild? Nein, natürlich nicht. Geschlechteridentität soll nicht nur auf der männlichen Seite aufgelöst werden, sondern heute auch auf der weiblichen. Heute ruft man den Frauen zu: »Lean in« (Sheryl Sandberg), was etwa ein Sichreinhängen oder In-etwas-hineinstürzen bedeutet. »Setz dich durch!«, »Fordere klar und unmissverständlich!«,

»Stelle dich dem Wettbewerb!« – so lauten die Appelle, mit denen man einem neuen weiblichen Willen zur Macht huldigt und Frauen die Ausrichtung am traditionellen Modell des männlichen Selbst empfiehlt. Ein Leitfaden mit dem Titel *Social Skills at Work* stellt fest: »Männer können und sollten genauso sehr zu Sensibilität und Mitgefühl (…) in der Lage sein wie Frauen, während Frauen genauso sehr zur Selbstbehauptung (…) sowie zur Kunst des Wettstreits und der Richtungsvorgabe fähig sein sollten.«

Ist man also nicht auf einem Auge blind, dann gilt: Männer sollen weiblicher werden und Frauen männlicher. Die »natürliche« Geschlechteridentität von Männern und Frauen soll nivelliert, ja zugunsten einer kritiklosen Systemanpassung aufgegeben werden. Daraus ergeben sich Fragen des Anstands.

Männer sind anders – Frauen auch

Natürlich widerstrebt es jedem intelligenten Menschen, in stereotyper Form von »männlich« und »weiblich«, zu sprechen – aber wie soll man sonst reden? Jenseits intellektueller Zauderei besteht kein Zweifel, dass in der Psychologie der Geschlechtsunterschiede die Frau für Einfühlsamkeit, Fürsorge und Kooperation steht. Der Mann steht für Aggressivität, Imponiergehabe und ungebrochene Selbstein- und -überschätzung. Was ist daran falsch? Das treibt doch die Wirtschaft! Frauen schauen dispositionell nach innen, Männer nach außen. Was brauchen wir? Noch mehr Nabelschau? Noch mehr Bürokratie, Meetings, Feedbackrunden? Oder müssen wir nicht viel mehr nach außen schauen – zum Kunden, dahin, wo das Geschäft gemacht wird? Und da draußen tobt der Wettbewerb, das Überbieten. Die Idee des

Überbietens ist maskulin. Konkurrenz, verbissen und bis auf die Knochen – das ist eine männliche Domäne. Das Unbedingtwollen, das Leisten um jeden Preis. Es ist eine Welt der Schnelligkeit und der feindlichen Übernahmen, in der man, neurochemisch gesprochen, Antreibersubstanzen wie Testosteron, Dopamin, Adrenalin braucht und kein Bindungshormon wie Oxytocin. Die Arbeit von Führungskräften fordert Mut statt Zögerlichkeit, Handeln statt Erklären. Oft ist es besser, nicht zu sehr in sich zu gehen, um seine Pflicht zu tun (man denke an Soldaten oder Feuerwehrmänner). Was ist daran falsch? Und sind Kontaktfreude, kommunikative Kompetenz und Nahbarkeit per se gut?

Bevor ein Missverständnis aufkommt: Damit ist kein Hasardeurtum gerechtfertigt, schon gar nicht Respektlosigkeit. Und das klassische Macho-Gehabe braucht wirklich niemand mehr. Aber die dominante personenzentrische Perspektive pathologisiert gerne Verhalten, indem sie ausgeprägte Persönlichkeitseigenschaften ins Extreme schiebt und dann von Narzissten, Gefühlsblinden, Machiavellisten, Manisch-Depressiven oder Passiv-Aggressiven faselt, die man sich alle krankhaft vorstellt – und alle männlich. Dass die Schulpädagogik mittlerweile Mädchen bevorzugt, ist bekannt. Auch dort ist typisches Jungenverhalten keine Eigenart, sondern Verhaltensauffälligkeit. Und die Idealisierung der Frauen, die auch der Quotenideologie zugrunde liegt, ist von einer kaum zu übersehenden Feindseligkeit gegenüber Männern durchzogen. Therapeutisierung kommt in diesem Fall in die Nähe eines Kreuzzuges für den neuen Menschen: Das Humane ist weiblich!

So sympathisch Eigenschaften sein mögen, die als weiblich gelten: Die Standards dieser Sozialkompetenzprogramme drücken eine idealtypische Überhöhung scheinbar positiver menschlicher Eigenschaften aus, die unter dem wachsenden Einfluss der Psychologie an Arbeitsplätzen des frühen 20. Jahrhunderts analysiert, kanonisiert und später dann vor allem von wirtschaftsfernen Kreisen zu Leitbegriffen erhoben wurden. Es ist jedenfalls keinesfalls belegt, dass sie in einem kausalen Zusammenhang mit dem wirtschaftlichen Erfolg eines Unternehmens stehen.

Das irritiert offenbar niemanden: Der Diskurs der Führungskräfteentwicklung ist offen normativ. Er weiß, was dem Unternehmen nutzt und was nicht. Und das gilt es zu erzwingen. Was noch nicht ist, muss werden. Demnach ist der Mensch ein Neutrum, form- und manipulierbar. Männer und Frauen sollen in eine unspezifische Mitte hinein therapiert werden. Männer sollen das Männliche und Frauen das Weibliche in sich unterdrücken. Unterschiede sind nicht produktiv, sondern fallen der Revision anheim. Egalitarismus – das ist der prometheische Stolz der Menschenveränderer.

Es lebe der Unterschied!

Ich kritisiere hier nicht die naive Machbarkeitsphantasie, man könne jemanden über Trainingsprogramme, Rollenspiele oder Feedbackbögen wirklich sozial kompetent machen. Menschen können sich nicht per Reset-Taste so designen, wie es ihnen gerade passt. Unsere sozialen Interaktionen sind um einiges komplexer, als die meisten Konzepte zur sozialen Kompetenz behaupten. Mein Argument ist: Ich bezweifle, dass es die Unternehmen nach vorne bringt. Es ist völlig aus der Luft gegriffen, dass als »weiblich« kategorisierte Verhaltensweisen erfolgreich machen. Auch wenn man das im Zeitgeist gesamtgesellschaftlicher Verweiblichung kaum mehr sachlich kritisieren darf: »Weiblich« und »gut«

geht eine semantische Paarung ein, die bis jetzt jedenfalls betriebswirtschaftlich unbewiesen ist.

Mehr noch: Die Maßnahmen führen zu männlicher Dauerverunsicherung. Managementtraining und Führungskräfteseminare sind Fegefeuer, die jeden Mann in eine halbbewusste Gefühlslage des Mangels versetzen, wo weibliche Verhaltensweisen so weit verinnerlicht werden, dass er sich heimlich identifiziert mit der Rolle als sozial inkompetenter Unterdrücker kreativer Individuen. Die Folge ist eine anbiedernde männliche Autokorruption, die sich mit der Forderung nach Authentizität depressionsfördernd vermengt. Mit Folgen für die Gesamtgesellschaft: Vieles von dem, was heute unter »guter Führung« verstanden wird, hat den passiven, kindlichen, nur extrinsisch motivierbaren Mitarbeiter zur Voraussetzung. Dazu passt das »Prinzip Mutter«, nicht der fordernde Vater. Dazu passt das Verstehen, das Einfühlen, das Kontaktfreudige. Und das ist Teil jener emotionalen Vereinnahmung, die die Entgrenzung der Arbeitswelt intensiviert (Unternehmen als »Familie«). Ein »weiblicher« Führungsstil leistet mithin genau diese Übergriffigkeit. Gerade bei der Teamarbeit wird ja auch ein quasi-mütterliches Chefverhalten gefordert, das Team soll »emotional« geführt werden, man ist offen, empathisch, zeigt Gefühle, man duzt sich, das Lob ersetzt die Anweisung, Kritik ist natürlich »konstruktiv« und wird nur in homöopathischen Dosen verabreicht.

Was so einnehmend klingt, hat eine Schattenseite: Es »nimmt ein«. Distanzen verschleifen sich, Diskretion wird hinfällig, Reserviertheit gilt als »unnahbar«. Rolle und Person fallen zusammen, Aufgabe und Ich verschmelzen. Der Einzelne wird mit seiner ganzen Person in die Bewertungsdynamik hineingesogen. Das Mütterlich-Symbiotische ist die Entgrenzungsmacht. Langfristig leistet das dem außengeleiteten Menschen Vorschub, der seinen inneren Kompass, seine Autonomie verloren hat und sich vorrangig an der Anerkennung durch andere orientiert.

Legt man die Kriterien des anständigen Unternehmens an, dann verstößt die Abwertung männertypischer Verhaltensweisen gleich gegen mehrere. Was ist mit »Diversität«, mit dem Respekt vor Unterschieden? Ja, der Mensch ist Geist, Wille und Kultur; aber er ist auch Natur. Und von Natur aus sind Männer und Frauen anders. Die natürlichen Unterschiede dürfen nicht ignoriert werden, wenn beiden Geschlechtern eine sinnvolle Lebensgestaltung ermöglicht werden soll. Ob es in Zukunft »keine männlichen oder weiblichen Leader-Typen geben (wird), sondern nur noch Leader-Typen«, wie Sheryl Sandberg meint, bleibt abzuwarten. Ich mag es weder voraussagen noch unterstützen. Es ist aber eine Absage 1. an natürliche Unterschiede und 2. an die Logik: Denn »Typen« gibt es offenbar immer noch, nur eben keine geschlechtsspezifischen mehr.

Wenn wir Männer brauchen, dann sollten wir auch Männer aussuchen, ihnen Eigensinnigkeit zugestehen, auf die Unterdrückung unerwünschten Männlichkeitsverhaltens verzichten. Und nicht ihnen »Werde weiblich!« zurufen. Wenn wir weibliche Eigenschaften haben wollen, dann sollten wir Frauen zu Führungskräften machen. Und nicht Männer umerziehen.

Betrachten wir für einen Moment das große Bild, dann ist die (erfolgreiche und als sympathisch geltende) Feminisierung des Mannes und die (weniger erfolgreiche, weil eher unsympathische) Maskulinisierung der Frau Teil einer gesamtgesellschaftlichen Entwicklung: Wir opfern die Unterschiede für Gleichheitsphantasien, von denen wir eigentlich hofften, dass sie der Vergangenheit angehören. Stattdessen soll

dieser Integralismus des Nichtgeschlechtlichen ein Zukunfts-
szenario sein. Aber wie wollen lauter Gleichgeschaltete etwas
Neues entstehen lassen? Nur Unterschied und Reibung (auch
der Geschlechter) macht kreativ. Und glücklich: Alles Glück
im Leben ist Unterschiede sehen. Wollen wir wirklich darauf
verzichten?

Ich denke, nein. Das anständige Unternehmen verzichtet
deshalb auf die Feminisierung des Mannes.

Verletze nicht die Autonomie der Mitarbeiter

Das Leben selbst bestimmen – das ist es, was Menschen wollen. Wir wollen selbst entscheiden, was wir denken, tun oder lassen. Wir möchten nicht von anderen bevormundet werden (zumindest nicht merken, dass wir bevormundet werden), nicht vom Willen anderer abhängig sein. Vielmehr unabhängig und selbständig: autonom. Bei der Frage nach dem anständigen Unternehmen ist Autonomie dann die Fähigkeit, auf der Basis eigener Gründe und Wünsche zu entscheiden, wie man arbeiten möchte. Je mehr wir selbst bestimmen können, desto würdevoller erleben wir unsere Arbeit, desto intrinsisch befriedigender ist sie. Die Befriedigung ist umso intensiver, je größer der Freiraum ist und je mehr wir unsere Fähigkeiten als wirksam erleben. Das kann man als anthropologisches Motivationsprinzip bezeichnen, von dem wir annehmen können, dass es dem Gattungswesen Mensch fundamental entspricht. Deshalb haben Menschen ein Interesse an selbstbestimmter Arbeit. All das beschreibt ein tief innewohnendes menschliches Bedürfnis nach Autonomie.

Auch die Idee »sinnvoller« Arbeit ist für die meisten Menschen an die Erfahrung von Autonomie geknüpft. In dem Maße, in dem die Arbeit des Einzelnen fremdbestimmt ist, wird sie als »sinnlos« und frustrierend erlebt. Arbeit hat also auch einen *grundsätzlich* prägenden Effekt auf unsere Fähigkeit zu autonomem Denken und Handeln.

In einer vollumfänglichen Deutung ist von Autonomie dann zu sprechen (nach der Ethikerin Beate Rössler), wenn

- eine Person die Arbeit frei gewählt hat,
- beeinflussen kann,
- ihre Fähigkeiten erfordert,
- die Person die Arbeit ausreichend interessant findet
- und eine gewisse Intelligenz beansprucht.

Nun sind Unternehmen in der Regel arbeitsteilig organisiert, was uns voneinander abhängig macht. Und der Prozess dieses Organisierens geht ebenso unumgänglich mit einer gewissen Freiheitsbeschneidung einher. Organisieren bedeutet: Aus dem »So-oder-So« wird ein »Nur-So«. Organisieren ist Alternativvernichtung. Daher sind die oben genannten Elemente von Autonomie immer *graduell* zu verstehen. Wenn aber ein oder mehrere Elemente völlig fehlen, wird die Arbeit wahrscheinlich als fremdbestimmt und letztlich als würdelos erlebt. Arbeit bleibt dann für die Ich-Identität extern und rein instrumentell auf *andere* Zwecke bezogen.

Dieser *empirische* Befund hat nun durchaus *normative* Folgen für die Gestaltung des Arbeitsplatzes. Wenn Arbeit dazu beiträgt, die Autonomie einer Person zu beeinträchtigen, dann wird diese weniger in der Lage sein, auch außerhalb des Arbeitsplatzes als autonome Person aufzutreten. Statt auf extrinsische Motivierung zu setzen, sollte man also die Bedingungen am Arbeitsplatz aufmerksam analysieren.

Über Autonomie zu verfügen, beinhaltet zudem das Recht, *anders* zu sein. Anders als der Mainstream. Auch anders als die aktuelle Vorstellung von »richtiger« Führung. Wenn wir uns weigern, das Anderssein des Anderen zu respektieren, dann wird dieser es wahrscheinlich als Verlust an Autonomie, Würde, Selbstbestimmung empfinden. Das gilt etwa, wenn eine Organisation sich weigert, der Religion eines Mitarbeiters Raum zu geben – zum Beispiel dem Bedürfnis eines Muslims, den Ramadan zu beachten. Das gilt aber auch für das Führungsverhalten eines Managers, das anzuerkennen ist, wenn er erfolgreich ist und sich nicht antisozial verhält. *Antisozial,* das ist der springende Punkt. Ich würde das zunächst sehr zurückhaltend als »innerhalb des gesetzlichen Rahmens« definieren. Darüber hinaus aber nur dann inkriminieren, wenn sein Verhalten betriebswirtschaftliche Langfristschäden erwarten lässt: Zum Beispiel sich die Fluktuation der Mitarbeiter deutlich erhöht. Keinesfalls aber dann, wenn er lediglich irgendwelchen Idealvorstellungen nicht genügt.

Ein Arbeitsplatz ist in dem Maße anständig, wie er Selbstbestimmung möglich und unsere Fähigkeiten notwendig macht. Es ist danach nicht-anständig, so behandelt zu werden, als seien wir nicht in der Lage, selbst zu denken, zu handeln oder Verantwortung zu tragen.

Aber ganz so autonom wollen viele dann doch nicht sein. Sonst würden sich mehr Menschen selbständig machen. Und die Zahlen für Selbständigkeit sind in den letzten Jahren eher rückläufig. Menschen meiden die Mühen des Auf-sich-gestellt-Seins und flüchten – aus ganz unterschiedlichen Gründen – unter die Fittiche von Organisationen. Das hat Konsequenzen: Man hat dann einen Chef, es gibt Hierarchie, man ist in prozesshaft-arbeitsteilige Strukturen eingebunden und sieht sich zur dauerhaften Zusammenarbeit mit Leuten genötigt, die man privat eher meiden würde.

Aus ethischer Perspektive stellt sich hier die Frage: Können Entscheidungen über die Organisation von Arbeit in Unternehmen auf *anderen* Gründen beruhen als technischen oder ökonomischen? Können Erwägungen zur Autonomie

der Mitarbeiter eine Rolle spielen – jenseits des instrumentellen Kalküls und der betriebswirtschaftlichen Ratio? Beinhaltet die meiste Arbeit in Unternehmen nicht gerade
den Verzicht auf Autonomie? Vor allem wenn man auf dem
Kooperationsvorrang besteht? Und was ist mit Kontrollprak-
tiken wie Zeitmessungsverfahren, Überwachungskameras,
was mit Standard Operating Procedures und den neuen
technologischen Möglichkeiten der *surveillance*? Zweifellos
beschädigt die Neigung, bestimmte Prozesse und Effizienzen
durchzusetzen, die Autonomie. In welchem Maße, wird zu
zeigen sein.

Einerlei, was Ihnen sympathisch ist und zu welchen Antworten Sie neigen, der instrumentelle und zweckgebundene
Charakter von Unternehmen erschwert es ungemein, so etwas
wie Autonomie real erfahrbar zu machen. Begriffe wie Vertrauen und Freiraum weisen mindestens in diese Richtung.
Allerdings gibt es etliche Mitarbeiter, denen die Erfahrung
von Autonomie am Arbeitsplatz schlicht zu anstrengend ist.
Was sie nicht von vorneherein disqualifiziert, aber die umfassende Geltung des Autonomiestrebens einengt. Und die Frage
aufwirft: Ist es von Seiten des Mitarbeiters anständig, Autonomie und Selbstverantwortung zu verweigern? Man sieht:
Der Begriff Autonomie wirft für die Arbeitsorganisation viele
Fragen auf.

Mir geht es hier vor allem um moralische Erfahrungen
am Arbeitsplatz. Um die verschiedenen Arten und Weisen,
wie unser Selbstwertgefühl dort erhalten, gefährdet oder
ausgehöhlt wird. Man muss schon sehr starke Gründe dafür
haben, die Freiheit des Einzelnen einzuschränken. Weil man
zum Beispiel meint, als Chef besser zu wissen, was für den
Mitarbeiter gut ist. Aber es gibt natürlich etliche Institutionen, die von einer solchen Anmaßung leben.

Wichtig ist, dass Autonomie grundsätzlich unabhängig von einem gesellschaftlich relevanten Wertsystem gedacht werden kann. Ich kann mich autonom fühlen, ohne dafür den Applaus der Umwelt zu erhalten. Als sinnvoll erlebte Arbeit (Krankenpflege, Musik) muss nicht notwendig sozial hoch reputiert sein. Insofern ist die Autonomie autonom.

PSYCHOLOGIE
Exorzismus und Therapie am Arbeitsplatz

Es gab eine Zeit, da war das Seelenleben eines Menschen gottähnlich. Es galt als uneinsehbar, hermetisch verschlossen, nicht zugänglich. Das ist lange her. Die Zeichen stehen auf Transparenz. Alles soll sich öffnen, alles muss ans Licht gezogen werden. Also auch die Seele.

Das ist der Einsatzpunkt der Psychologie. Seit Anfang des 19. Jahrhunderts entthront sie Gott und alphabetisiert unser Gefühlsleben. Sie erlaubt uns den unscheuen Blick aufeinander und gibt uns eine Sprache, die uns ermächtigt, gewisse psychische Vorgänge (von denen sie behauptet, dass es sie gibt) wahrzunehmen und über sie zu sprechen. Dank unseres psychologischen Wissens können wir nun beim Reden über unsere Befindlichkeit auf vorformulierte Interpretationsmuster zurückgreifen, reden vom Ödipus-Komplex, von Verdrängungen, vom Über-Ich. Der Mensch als eine Maschine, die *verstanden* werden kann.

Auch die Unternehmen nähern sich den »mentalen« Dimensionen ihrer Mitarbeiter mithilfe der Psychologie und ihren intuitiv eingängigen Sprachkreationen. Da gibt es griffige Typentaxonomien für Mitarbeiter, rote, grüne und blaue Typen, Team-Präferenz-Profile, große »Eltern-Ichs« und kleine »Erwachsenen-Ichs«, man identifiziert INTJs und ESFPs und derlei Staunenswertes mehr. Auf den Schreibtischen von Mitarbeitern einiger Firmen stehen Displays, die das jeweilige »Persönlichkeitsprofil« ausweisen – damit man psychologisch sensibel kommunizieren kann. Auf den Chefetagen diagnostiziert man viel »Narzissmus« (die Nachfolger-Mode von Burnout), ja »Psychopathen« oder Sonstwie-Verkrümmte, die mit Tunnelblick und Dominanz das ganze Unternehmen gefährden. In Kreativitätsworkshops entdeckt man das »innere Kind« (wo hatte es sich nur versteckt?), bei Teamentwicklungen steht man im Kreis, fasst sich an den Händen, schließt die Augen und singt Gemeinschaftsförderndes. In Mitarbeitergesprächen kommt allerlei Unausgesprochenes »zur Sprache«. Und in Assessment-Centern kommt man »hinter« etwas und »entdeckt« so manch wohlweißlich Verstecktes: Die Psychologie behauptet ja, es gebe eine Ebene, auf der ein »Eigentliches« hinter den beobachtbaren Phänomenen verborgen steuert: »Da steckt doch was dahinter!« Wenn jemand »herausgefunden« hat, zu welchem Typ er gehört und in wessen Stammesreihe er sich einflechten darf, hat er das Problem der Selbstfindung gelöst. Aufgelöst. Die Gattung verschluckt das Unergründbare.

Auch der Manager selbst ist heute psychologisch bewandert. Er weiß, dass sein Erfolg davon abhängt, wie er sich präsentiert und kommuniziert. Er lässt sich »coachen«, kennt Techniken, seinen Ärger zu kontrollieren und seine Emotionen zu managen. Er fragt nicht mehr, woran der Mitarbeiter gerade arbeitet, sondern wie es ihm geht, interessiert sich für Privates, fühlt sich in sein Gegenüber ein und ist nun selber ein Quasi-Psychologe, ein Entschleierungsamateur, der nicht mehr Mitarbeiter führt, sondern »Persönlichkeiten« – und untergräbt damit seine traditionelle Legitimitätsgrundlage: Fachkompetenz, Seniorität und Verdienste. Eine vorrangig weiblich dominierte Personalarbeit institutionalisiert diesen Befindlichkeitsdiskurs mit allerlei Instrumenten und Initiativen zur Verbesserung des Betriebsklimas. In manchen Unternehmen tun ganze Teams nichts anderes als das Unternehmen auf Listen mit den »besten Arbeitgebern« zu hieven. Auch wenn diese oft nur nach Sonderleistungen, Extras und sozialem Schnickschnack bewertet werden. Mancherorts gibt es sogar einen »Chief Happiness Officer« – ebenfalls meistens weiblich (mir ist schleierhaft, wieso sich Frauen für so was hergeben).

Kein Zweifel: Die Psychologie hat sich krakenhaft in die Unternehmen hineingearbeitet und den Erlaubnisschein für jedwede mentale Intervention ausgestellt. Das Management, das ja ständig die Grenze zwischen der Verantwortlichkeit des Individuums und der Organisationsstruktur verhandelt, hat nun die Möglichkeit, in therapeutischer Absicht die Organisation bis weit in die Privatsphäre der Menschen vorzuschieben. Für alles, was früher Manager und Mitarbeiter einfach nur *taten*, gibt es heute eine eigene Didaktik: das psychologisch Richtige. Ob es auch das Anständige ist, das wird hier bezweifelt.

Die Illusion des Verstehens

Empathie, das Einfühlungsvermögen, ist ein ebenso sympathischer wie verführerischer Begriff. Wir müssen uns aber nicht in den Untiefen der Erkenntnistheorie verirren, um zu wissen: In einem starken Sinne funktioniert das nicht. Selbst wenn wir uns mit dem Eigenpsychischen gut auszukennen glauben, spätestens bei Fremdpsychischem stehen wir vor einer Nebelwand. Die Neurophysiologie sagt uns nüchtern: *Verstehen ist unwahrscheinlich.* Zwar reichen unsere Annahmen psychischer Zustände aus, um zu kooperieren und Verhaltensweisen anderer einigermaßen verlässlich vorherzusagen. Aber in letzter Konsequenz werden wir den anderen nie verstehen. Wir werden nie wissen, wie er uns erlebt. Wir werden nie wissen, wie sein inneres Bild aussieht, wenn wir beide glauben, wir sprächen über denselben Sachverhalt. Insbesondere in Situationen hoher sozial-emotionaler Dichte entscheidet vielmehr ein großer und unwiderlegbarer Anteil des Nichtverstehens.

Etwas Zweites kommt hinzu: Wenn wir unsere Emotionen in eine standardisierte, vorgefertigte Form bringen, kontrollieren wir zwar unsere Gefühle, sprechen ihnen aber auch ihre Einzigartigkeit ab. Unter der Losung »Man muss den Leuten doch helfen!« wird so der Raum für Individuelles, Nicht-Verstehbares und vielleicht auch Schützenswertes kleiner. Sogar in der Psychoanalyse hat Lacan stets davor gewarnt, zu schnell und zu vollständig verstehen zu wollen. Es muss Raum für den Nicht-Sinn und das Nicht-Verstehen offengehalten werden. Ein Zuviel an emphatischem Verstehen des Patienten führt zu groben Irrtümern. Was der Patient sagt, wird durch den Wunsch des Analytikers, es möglichst genau zu verstehen, einer »sekundären Bearbeitung« unterzogen; es wird begradigt, geglättet und geschönt. Diese Zurichtung auf ein rationales Verständnis löscht die unverstandenen und unbegreiflichen Elemente aus, resultiert letztlich in Verharmlosung. Sie schaut auf Randerscheinungen jener Abgrundtiefe, die ein Dostojewski noch im Ganzen auslotete.

Niemand kann wissen, was andere Personen wahrnehmen, empfinden, fühlen. Die Psychologie entdeckt nichts, sie *erfindet* nur. Sie motiviert Ego, sich selbst und seine Interessen in Alter hineinzuinterpretieren. Ego hält sich für exemplarisch, überträgt seine Emotionen und Denkfiguren auf Alter und glaubt an das Allgemeine, an das Verstehen und das Analysieren. Dabei ist es die Selbstauslegung von Ego. Und watet knietief im Esoterischen. Der Einzigartigkeit und der Unverstehbarkeit des Gegenübers wird es damit nie gerecht. Für die Unternehmen folgenreich: Die Psychologisierung der Kooperationsverhältnisse hat die Unverstehbarkeit des Individuellen verschüttet. Genau in dem Maße, in dem sie es zu erhellen vorgab. Und das Unternehmen um die Illusion des Verstehens herum gebaut.

Werden wir praktisch: Führung kristallisiert sich vor allem im Konflikt; wenn es »knirscht«, dann wird sie kenntlich. Deshalb folgende Situation: Ein Mitarbeiter verhält sich nicht so, wie er sich nach Meinung des Beobachters (Führungskraft) verhalten sollte. Zwischen Soll und Ist klafft eine Lücke. Sofort die Frage: » *Warum* tut der Mitarbeiter das?« Offenbar kann niemand ohne Begründung leben, und sei sie noch so fiktional. Die Psychologie kommt hurtig um die Ecke mit einem ganzen Werkzeugkasten von Analyseverfahren und Etiketten, um den Einsatz von Schraubendrehern zu plausibilisieren, den sie gleichfalls anbietet.

Das mag man in klinischen Situationen anerkennen – im Unternehmen hat das, wenn man das Prisma des Anstands dazwischen schiebt, nichts zu suchen. Dort gilt es, Distanz zu halten, nicht zu spekulieren, nicht im Seelensumpf zu wühlen. Sondern auf die Frage »Warum?« zu antworten: »Das weiß ich nicht, und ich will es auch nicht wissen. Ich brauche keine Erklärungen, ich maße mir nicht an, in die Tiefe seiner Psyche zu schauen.« Ja, es ist nachgerade respektlos, über Motive zu spekulieren und die eigenen Beweggründe auf den anderen zu übertragen. Der vor allem eines ist: anders. Zu respektieren ist vielmehr sein *Handeln*. Und deshalb kann ich nur wissen: Er tut es! Warum, ist irrelevant. Deshalb muss ich auf sein Handeln reagieren, nicht auf seine möglichen Absichten.

Bei jeder Fallstudie, die ich mit Führungskräften lösungsorientiert diskutiere, stochern sie in der Psyche ihrer Mitarbeiter herum, erwägen Motive, glauben versteckte Interessen zu erkennen bis hin zu psychologischen Großanalysen der betreffenden Akteure. Das ist ebenso treuherzig wie übergriffig. Wir können keine Aussagen über die Beweggründe anderer Menschen machen, die über die Projektion der eigenen hinausgehen. Wir kommen, wie die Erkenntnistheorie uns sagt, aus dem Zirkel der Selbstbezogenheit nicht heraus. Das einzige, auf das wir uns stützen können, ist die mehr oder weniger selektive Beobachtung des Verhaltens – also das, was öffentlich »zwischen« Menschen geschieht, nicht »in« ihnen. Für die Wirtschaft gilt: Abstand halten vom Mystizismus!

Die Absage an den Mystizismus ist auch operativ hilfreich: Die Arbeit vieler Führungskräfte fordert vor allem schnelles Handeln. Manchmal ist es besser, nicht zu sehr in sich zu gehen, um seine Pflicht zu tun. Das heißt nicht, dass uns Menschen egal sein dürfen. Aber wer alles weiß, handelt nicht; und wer jede psychische Konsequenz antizipiert, jede seelische Befindlichkeit berücksichtigt, wer das Leid anderer Menschen zu (!) nahe an sich heranlässt, ist paralysiert. Er gleicht einem Chirurgen, der sich nicht traut, den ersten Schnitt zu tun. Oder jenem Gesinnungsethiker, dem es gleichgültig ist, was faktisch passiert – Hauptsache, er muss sich nicht die Hände schmutzig machen.

Therapeutisierung

Die Psychologie hat uns zudem mit einer sehr erfolgreichen Doppelbotschaft versorgt. Sie ruft uns einerseits zu: »Du bist nicht verantwortlich. Deine Kindheit ist schuld. Du hast Schlimmes erlebt, das dich heute in der Entfaltung deiner ganzen Persönlichkeit behindert. Insofern bist du Opfer.«

Andererseits verspricht sie uns: »Du musst kein Opfer bleiben.« Ja, so sagt sie, wir können etwas tun. Wir müssen nicht
leiden. Wir können uns therapieren lassen – es ist nie zu
spät für eine glückliche Kindheit. Die Psychologie erzeugt
also das Problem mit ihrer Begrifflichkeit und preist sich
anschließend selbst als Lösung an. Und sie droht, dass uns
noch Schlimmeres blüht, wenn wir unsere mentalen Defizite
nicht bearbeiten: »Alles Verdrängte kehrt zurück!« Das will
ja nun wirklich niemand. Diese Doppelbotschaft – Drohung
und Erlösung – sichert der Psychologie ihre Relevanz auch
in den Unternehmen. Damit ihre Einnahmequellen.

Zunächst preist die Psychologie also ein Modell der *Hilfe*
an, verführt uns aber genau dadurch, uns selbst als *leidendes*
Subjekt zu denken (das negative Modell). Sollten wir hingegen nicht leiden, so sind wir doch noch nicht »vollständig« (das positive Modell). Die Idee der Selbstverwirklichung
hantiert daher auf der positiven Seite mit dem Begriff des
»Potenzials«, das es auszuschöpfen gelte. Das heißt: Wieder
stimmt mit uns etwas nicht. Das gewöhnliche Leben von ganz
gewöhnlichen Menschen fühlt sich plötzlich so unvollständig, so »noch nicht« an. Wir sind noch nicht angekommen.

Die Idee der Selbstverwirklichung erzeugt in uns ein
Gefühl des (noch) Unbefriedigtseins und wandelt sich zur
Quelle des Leids, wenn wir die offenbar in uns liegenden
Möglichkeiten brachliegen lassen. Die »Potenzial-Analyse«
soll dann die Menschen einer vermeintlich natürlichen
Bestimmung zuführen. Hand auf's Herz: Haben Sie schon
mal ein Potenzial gesehen? Ich noch nicht. Auch noch nicht
nach Jahrzehnten des Umgangs mit Führungskräften. Man
kann nur retrospektiv sagen, da habe jemand Potenzial
gehabt. Man muss den Menschen also die Chance geben, ihr
Potenzial zu entdecken. Alles andere ist Kaffeesatzleserei.

Psychologisierung am Arbeitsplatz ist also in weiten Teilen Pathologisierung. Überall lauern Deformationen, Abweichungen von der Norm, mindestens Verstiegenheiten. Oder man deutet sie positiv um als Potenziale. Das, was wir früher Individualität nannten, Kantigkeit gar, wird immer weniger toleriert. Eigenwillige, ja kauzige Gestalten gibt es kaum mehr, alle sind »total nett«, immer gut drauf und pflegeleicht. Und sollte das noch nicht der Fall sein, dann wird uns nahegelegt, uns selbst zu überprüfen, zu verbessern und im Zweifelsfall »professionelle Hilfe« zu nutzen. Die Therapie erzeugt diese Selbstbezogenheit, macht sie beobachtbar und verstärkt sie – als angebotsinduzierte Nachfrage. Was eine ganze Verbesserungsindustrie in Gang brachte, von Selbsthilfegruppen über Psychoratgeber bis zu den modernen Coaches – alle nicht unähnlich ihren älteren Verwandten, den Exorzisten.

Es ist oft beschrieben worden, dass erst bestimmte therapeutische Angebote aus individuellen Problemen gesellschaftliche machen. Sie normalisieren sie gleichsam, was die Suchscheinwerfer auf die »gesellschaftlichen Umstände« richtet, die daran »schuld« sind. Aus der Beobachtung wird Sozialkritik. Eines der jüngeren Beispiele hierfür ist Burnout. So entwickelte sich der »therapeutische Stil«, ohne den, wie Jerry Adler in der *Newsweek* schrieb, Woody Allen nur ein Trottel und Tony Soprano ein bloßer Verbrecher wäre. Im Unternehmen zielt er auf emotionale Selbstkontrolle und auf Einebnung des Besonderen.

Pflicht und Verantwortung – Begriffe mit denen die Nachkriegsgeneration umrissen hat, dass Aufgaben zu erledigen waren – sind abgelöst worden durch die Berechnung dessen, »was mir gut tut«. Seitdem zirkeln wir um uns selbst mit der brennenden Frage: Bin ich wirklich glücklich? Soll das alles gewesen sein? Ist da nicht noch so viel mehr? Man fühlt so viel. Die Welt ist alles, was nach Ausflügen in die Psychologie der Fall ist.

Respekt für die Oberfläche

Ich diskutiere hier nicht die medizinisch-therapeutische Dimension der Psychologie; ich diskutiere, wie sie im Wirtschaftskontext aufgenommen und angewandt wird. Man ist von der rigiden Gefühlsunterdrückung frühindustrieller Fabriken umgeschlagen in das andere Extrem: Man hat nun ein emotionales Leben von Bedürfnissen, und die seien zu befriedigen. Der psychologische Mensch ist ein Geschöpf, das genau berechnet, was ihm nützt und was für ihn »stimmt«. Und da erkenne ich kaum Gewinner, aber viele Verlierer.

Es wird oft gesagt, die Psychologie habe die Beziehungen am Arbeitsplatz humaner gemacht. Hat sie das wirklich? Seit sich Arbeitspsychologen des Betriebsklimas annehmen, sind die Hierarchien flacher geworden. Sind die Menschen dadurch glücklicher? Wir haben seit 125 Jahren Psychotherapie. Ist die Welt – außer vielleicht für psychisch Kranke – irgendwie besser geworden?

Psychologisierung, das ist *Intimisierung* der sozialen Beziehungen. Das, was sich im Zivilisationsprozess über Jahrhunderte als Disziplinierung, Rolle, Schutz und respektiertem Anderssein aufgebaut hat, ist dadurch massiv bedroht. Zivilisiertheit verschont den anderen vor der Last des eigenen Selbst. Wenn durch Psychologisierung die Maske fällt, fallen diese Vorteile. Dann haben wir wieder die archaische Nähe ländlicher Dorfgemeinschaften, in denen alle alles von allen wissen, jeder des anderen intimer Wärter ist.

Paul Valéry schrieb: »Der Mensch ist nur an seiner Oberfläche Mensch.« Die Oberfläche ist es, auf der die Menschen wohnen. Sie darf nicht »Fassade« sein, hinter die wir zu schauen versuchen. Wir müssen die Ich-Grenzen respektieren, uns verbeugen vor der Individualität und Unverstehbarkeit des anderen. Verstehen ist nicht einmal wünschbar. Wir müssen die Wunde der sogenannten Freud'schen »Aufklärung« wieder schließen. Wir müssen den Menschen wieder zu einem Reservat machen, zu dem Zutritt zu haben niemandem gestattet ist. Schon gar nicht Arbeitskollegen. Und man sollte sich einer vorformatierten Menschenkenntnis schämen. »Es reicht!«, möchte man rufen: »Bis hierhin und nicht weiter!«

Totalitäre Herrschaftsformen basieren auf einer Ideologie, deren Kerngedanke der »verbesserte« Mensch ist. Dieser Logik folgt ein Unternehmen, in dem eine normierte und normierende Vorstellung davon herrscht, wie der Mitarbeiter zu sein hat. Dagegen müssen wir uns wehren. Wir müssen uns wehren gegen das Machtstreben in uns allen, in unseren Köpfen und in unserem alltäglichen Verhalten. Wir dürfen den Ambitionen der Macht auch kein gesinnungsethisch glänzendes Gewand umlegen. Und nicht genau das begehren, was uns manipulieren will und ausbeutet. Vielmehr sollten wir »neu-gierig« sein auf das Anderssein des anderen, ihn weder verstehen noch schubladisieren wollen. Wir müssen ihn mit Nichtverstehen ehren. Etiketten sind für Flaschen, nicht für Menschen.

Die gesamte Psychologisierung der Kooperationsverhältnisse in den Unternehmen ist ein Irrweg. Sie ist die praktische Einübung in Distanzlosigkeit. Auch wenn die sittliche Dekadenz nicht sofort sichtbar ist: Das anständige Unternehmen verzichtet darauf.

MITARBEITERAUSWAHL UND -ABWAHL
Arbeit vom Ende her denken

Alle sozialen Systeme streben nach Selbsterhalt. Das gilt sowohl für Individuen wie für Unternehmen. Beide schätzen Kontinuität. Auch betriebswirtschaftlich gibt es vielfältige Gründe, weshalb Arbeitgeber wie -nehmer möglichst stabile Beziehungen mögen. Und sowohl Arbeitsrecht wie moralische Empfindung basieren darauf.

Das ist nicht immer ganz zeitgemäß. Unser Leben wird zunehmend durch *Veränderung* geprägt: Veränderungen auf den Märkten und in den Unternehmen, Veränderungen in der Technik, Veränderungen in den Prioritäten der Menschen. Das fordert die Unternehmen in ihrer organisatorischen Verfasstheit heraus. Die modernen unter ihnen sind heute kaum noch »festgemauert in der Erde«, sie gleichen eher einem Wanderzirkus. Das Management hat es längst aufgegeben, die Grenzen des eigenen Unternehmens zu bestimmen. Sie werden unterlaufen von Zeitarbeitern oder hybriden Arbeitern, die sich in Projekten oder sogar in der Linie tummeln, mit einem Bein in der Kernorganisation stehen, mit dem anderen in der »äußeren Umwelt«.

Aber auch wenn wir wissen, dass Kontinuität eine Illusion ist – wir benötigen sie zur Selbstberuhigung. Um eine notwendige Stabilität sicherzustellen, sind Unternehmensstrukturen in der Regel »gesetzt« und als dauerhaft konzipiert, während die Menschen eher die Zugelosten sind. Menschen sind zwar hochrelevant, aber sie müssen austauschbar sein, sie sind gleichsam die »Umwelt« des Unternehmens. Andernfalls würde das Unternehmen sich zu sehr abhängig machen von einzelnen Mitarbeitern. Ihr stetiges Kommen und Gehen verleiht also dem Unternehmen langfristige Stabilität. Organisationen produzieren folglich permanent *Ankünfte* und *Abschiede*. Für beide Stationen stellen sich Fragen des Anstands.

Wir berühren hier die Spannung zwischen Bindung und Freiheit, zwischen Stabilität und Flexibilität. Diese Spannung wird durch die Situation auf den Personalmärkten gespiegelt. Wir können diese auf zwei gegenläufige Haupttendenzen reduzieren:

1.) Die (lebenslange) Festanstellung hat tendenziell ausgedient; die Unternehmen fordern Flexibilität und leichtere Abschiede.

2.) Sektoral herrscht Personalknappheit; hier sind es die Bewerber, die Flexibilität und leichtere Abschiede fordern.

Beide Flexibilitätswünsche sind aufeinander bezogen. Die Gründe für den Abschied sind dabei oft eng verbunden mit den Gründen für die Ankunft.

Ankunft

Jeder Kinogänger weiß: Die Eingänge großer Lichtspielhäuser sind einladend und aufwendig – die Ausgänge sind es weniger. Das ist bei Unternehmen nicht anders. Auch sie schmücken ihre Eingänge. Vor allem in Zeiten des Fachkräftemangels. Besonders Unternehmensberatungen, Wirtschaftsprüfungsgesellschaften und Anwaltskanzleien machen Studenten schon in den ersten Semestern auf sich aufmerksam mit Segeltörns, Shoppingtouren und Städtereisen. Eine ganze Employer-Branding-Industrie nimmt sich der Firmenimages auf den Personalmärkten an. Und in den Interviews haut man mitunter mächtig auf die Pauke: Man spricht von spannenden Herausforderungen, schildert die Arbeit mit allen ihren Vorzügen und rekrutiert häufig *unrealistisch:* Da wird mit falschen Versprechungen gelockt, werden die dunklen Seiten des Unternehmens verschwiegen, unterschlägt man baldige Umstrukturierungen. Wie oft schon weckte man bei Bewerbern turmhohe Erwartungen, die dann in der Einarbeitung irreparabel enttäuscht wurden. Und hohe Fluktuation ist noch die beste Konsequenz unrealistischer Rekrutierung. Die schlechteste: Die Mitarbeiter sind noch da, aber nicht mehr dabei.

Ein typisches Beispiel für strukturell unrealistische Rekrutierung ist das Assessment-Center: eine Veranstaltung zur Verheimlichung unentrinnbarer Beurteilungs-Subjektivität. Jeder Praktiker weiß: Hier wird Theater gespielt. Niemand ist in einer solchen Situation »er selbst«. Zumal es unzählige Ratgeber und Schulungen dafür gibt. Die Selbstdarstellungskompetenz, das Schauspiel soll dabei zur Erscheinungsform des Authentischen werden. »Herauskriegen« will man das Echte und Wahre beim anderen. Wechselweise. Deshalb beobachtet misstrauisch jeder jeden. Und jeder gestaltet dabei unbewusst das Geschehen interaktiv unter der Bedingung vorausgesetzten Misstrauens. Damit wird eine künstliche Situation geschaffen, die allerdings, und das ist wichtig, vom späteren Arbeitsalltag sozialklimatisch entkoppelt ist. Denn normale Arbeitsverhältnisse im Unternehmen sind *vertrauensbasiert,* sollten es mindestens sein. Schon allein, um die Transaktionskosten zu reduzieren. Man beobachtet im Assessment-Center also nicht nur künstliches Verhalten, sondern auch *misstrauensinduziertes.* Zudem beobachtet man personenzentrisch und nicht die Wechselwirkungen zwischen einem Individuum und dem System, in das es in der Praxis eingebunden ist. Ein Verhalten also, das mit den späteren Kooperationsbedingungen wenig zu tun hat. Eine typische Form der Kategorienvertauschung. Entsprechend umstritten ist die prognostische Güte von Assessment-Centern.

Es gibt wohl nur wenige Bereiche der Managementtheorie, wo ähnlich viele Mythen gepflegt werden, wie bei der Personalauswahl. Da ich mich an anderer Stelle schon detailliert zu den Verfahren geäußert habe (und eine seriös geplante, begleitete und ausgewertete *Probezeit* vorgeschlagen habe), hier nur diese Verkürzung: Ein anständiges Unternehmen verzichtet auf jede Form unrealistischer Rekrutierung.

Dass Unternehmen oft nicht-anständig mit Bewerbern umgehen, ist keine Neuigkeit: Herablassendes Verhalten, das Feudalfürsten entspricht:»Du darfst dankbar sein, dass wir überhaupt mit dir sprechen«; grotesk niedrige Gehaltsangebote; nachdem Bewerber durch das Assessment-Center geschleust wurden, werden sie monatelang im Unklaren gelassen; unpersonalisierte, unbegründete und schlicht unfreundliche Zweizeiler-Absage-Mails; fast nie persönliche Telefonate. Wobei man einräumen muss, dass der Gesetzgeber mit seiner abwegigen Rechtssetzung und den vielfältigen Klagemöglichkeiten zu dieser Situation beigetragen hat. Wer wissen will, was unanständiges Verhalten von Unternehmen heißt, der möge sich einmal als Berufseinsteiger bei einem x-beliebigen Unternehmen bewerben. Wenn man von ein paar Spezialisten-Jobs absieht, geht man durch eine Hölle von Demütigungen. Anständig hingegen wäre ein Unternehmen, das individuelle Schwäche ebensowenig ausbeutet wie ein Überangebot am Arbeitsmarkt. Das anständige

Unternehmen verzichtet darauf, aus der Verletzbarkeit eines Bewerbers einen Vorteil zu ziehen.

Für das Verhalten des anständigen Unternehmens bei der Ankunft aber besonders wichtig ist dessen Haltung zur *Arbeitsplatzsicherheit*. Werden wir kurz grundsätzlich: Die Menschen haben ein Bedürfnis nach Anerkennung und Vertrauen; niemand kann leben in dem Wissen, dass es jeden Morgen wieder ganz anders sein könnte. Und auch eine gewisse Stetigkeit der Arbeitsbeziehung gehört zum Grundbedürfnis der meisten Menschen. Es ist daher erstrebenswert, Menschen eine Art Heimat zu geben, das Bedürfnis nach Zugehörigkeit zu befriedigen, denn sie verbringen einen Großteil ihres Lebens im Unternehmen und suchen auch dort ihr Lebensglück.

Geradezu bestürzend hoch sind diese Erwartungen in Teilen der jüngeren Berufseinsteiger: ein sicherer Job, möglichst beim Staat oder bei Unternehmen mit impliziter Staatsgarantie. Das jedoch kontrastiert mit den Herausforderungen der Flexibilisierung, mit denen sich viele Unternehmen konfrontiert sehen. Sie haben oft jahrzehntelang ein Geschäftsmodell erfolgreich ausgebeutet und sehen sich zunehmend profitabel dahinsiechen: *Bottom line* sieht immer noch gut aus, *top line* ist konstant rückläufig. Eine Neudefinition des gesamten Unternehmens steht an. Mit denselben Leuten? Ernsthaft? Sind da nicht neue, flexible Mitarbeiter genau jene, die den Flexibilitätserfordernissen entsprechen? Ein internationales Heer digitaler Arbeitsnomaden steht bereit, *liquid workcloud*, für die die ganze Welt Arbeitsplatz und Konkurrenz zugleich darstellt – von den Gewerkschaften beargwöhnt, von vielen Spezialisten hochgeschätzt: Das Stundenkloppen im Büro ist nicht für jeden die berufliche Erfüllung. Aus Geistesarbeitern werden Klickworker, die rund um die Uhr rund um den Globus für Centbeträge angeheuert werden.

Wenn wir uns nicht in Nostalgie ergehen wollen, dann dürfen wir uns nichts vormachen: Für Arbeitsplatzsicherheit gibt es in der Wirtschaftswelt immer weniger Platz. Wo ist denn diese Sicherheit bei Siemens oder Daimler? Viele spüren, dass auch die sogenannte Festanstellung nicht mehr wirklich Sicherheit bietet. Manager entlassen Mitarbeiter unter Renditedruck, bei nachlassender Konjunktur oder Umstrukturierungen. Umgekehrt haben Mitarbeiter keine Mühe, von Bord zu gehen, sobald ein besseres Angebot winkt. Das wird von den einen als Egoismus getadelt, von den anderen gefeiert als das Ende sentimentaler Verlogenheit. Jedenfalls ist die Faktenlage klar: Tendenziell hat die lebenslange Festanstellung ausgedient. Wir müssen nicht die gängigen Stichworte wie Transformation, Globalisierung und Digitalisierung aneinanderreihen, um diese Tatsache anzuerkennen. Im Grunde sind wir alle Zeitarbeiter.

Wer da Täter und wer da Opfer ist, wer anzuklagen und wer zu schützen ist, das ist nicht immer eindeutig. Wanderer kann man sein der Not gehorchend oder getrieben von der Lust nach Neuem. Insgesamt aber verlassen rein statistisch noch immer mehr Arbeitnehmer freiwillig den Arbeitgeber, als sich Arbeitgeber von den Arbeitnehmern trennen. Die deutschen Zahlen für das Jahr 2013: 14 Prozent betrug der Anteil der Beschäftigten, denen gekündigt wurde; 27,5 Prozent betrug der Anteil der Beschäftigten, die selbst gekündigt haben. Sollten wir nicht mal über einen Kündigungsschutz für Arbeitgeber nachdenken?

So klar wie möglich: Ein Unternehmen *kann* keine Arbeitsplatzsicherheit versprechen. Weniger denn je. Oder es ist nicht am Markt. Und der bei drohenden Großentlassungen zwischen den Sozialpartnern vereinbarte Deal »Arbeitsplatzgarantie gegen Lohnverzicht« ist, wenn es hart auf hart kommt, immer ein Vertrag zu Lasten unbeteiligter Dritter. Es ist Zeit, die Dinge beim Namen zu nennen: Ein anständiges Unternehmen wird keinen Arbeitsplatz garantieren. Ebenso wie es vom Mitarbeiter keine lebenslange Treue erwartet. Einander das Gegenteil vorzugaukeln, ist unredlich.

In der alten, stabilen Welt, da mochte der Tausch »Arbeitsplatzsicherheit gegen Anpassung« funktionieren. In der neuen Wirtschaftswelt ist Beschäftigungsgarantie unternehmerischer Selbstmord. Nur der Markt kann Arbeit garantieren. Verantwortlich handeln heißt: Menschen die Möglichkeit geben, ihren Marktwert zu erhöhen. Sowohl auf internen wie auf externen Märkten. Und man kann ihren Autoimmunschutz stärken. Indem man in die *Beschäftigungsfähigkeit* investiert. Die Unternehmen sind attraktiv, die die besten Bildungsmöglichkeiten zur Verfügung stellen.

In diesem Zusammenhang wird viel diskutiert über *befristete* Arbeitsverträge. Seit man kaum noch Prognosen für das dritte Quartal wagt, sind sie eher zur Regel geworden als Ausnahme geblieben. Diese Tendenz wird immer noch als »negativ« erlebt und wahlweise als »atypisches« Beschäftigungsverhältnis bezeichnet oder gar als »prekär«. Niemand will mehr Goethe lauschen: »Man kann die Erfahrung nicht früh genug machen, wie entbehrlich man in der Welt ist.«

Es gibt im Arbeitsrecht den Begriff der »sachgrundlosen Befristung« von Arbeitsverträgen. Gemeint ist damit eine Befristung ohne Sachgründe wie Saisonarbeit, Vertretung wegen Schwangerschaft oder Krankheit. Deren Anteil an befristeten Arbeitsverträgen nimmt zu, jeder zweite ist mittlerweile sachgrundlos befristet. Die Bewertung dieser Entwicklung ist umstritten. Auf der einen Seite wird der Verlust an Arbeitsplatzsicherheit beklagt. Die andere Seite kennt durchaus einen »Sachgrund«: Sie betont die Flexibilitätsvorteile sowie den Nutzen einer niedrigen Einstiegsbarriere für Arbeitslose. Was vor dem Hintergrund eines absurd arbeitgeberfeindlichen (und damit auch langfristig arbeit*nehmer*feindlichen) Kündigungsschutzes plausibel ist. Es ist unwahrscheinlich, dass wieder vermehrt unbefristet eingestellt wird, wenn man die sachgrundlose Befristung abschaffte – es stehen genug Alternativen zur Verfügung.

Das lateinische *precarius* heißt »bittweise erlangt« – und die »Prekarität« hat immer noch den Ruch des Unanständigen. Aber ist nicht unser ganzes Leben auf Widerruf gewährt? »Just-in-time-employment«, so kritisiert der Soziologe Richard Sennett: »du fängst immer wieder bei Null an – und musst dich jeden Tag beweisen.« Ja, was ist daran Besonderes? Sollte sich nicht auch der sogenannte »Festangestellte« jeden Tag beweisen? Oder hat ihn die Festanstellung vergessen lassen, dass er jeden Tag Leistung und Gegenleistung auszugleichen hat? Zeitarbeiter besitzen eine Fähigkeit, die immer wichtiger wird – die Fähigkeit, sich in neue und unvorhergesehene Situationen hineinzudenken, fachlich und menschlich, und nicht aggressiv oder resignativ zu werden. Diese »heuristische« Kompetenz bekommt man nicht von Festangestellten. Zeitarbeiter sind *street-smart* – besonders dann, wenn man ihnen Freiraum zum Experimentieren gibt. Dann sind sie nahe am Leitbild des unternehmerischen Mitarbeiters, veränderungsfreudiger, weniger festhaltend, nicht vergangenheitsorientiert.

Unbefristete Arbeitsverträge dementieren all diese Zusammenhänge. Und auch wenn es vielen gegen den Strich geht, das kann nur heißen: Das anständige Unternehmen verzichtet auf unbefristete Arbeitsverträge.

Abschied

Wenden wir uns dem Schluss einer Arbeitsbeziehung zu. Da muss man feststellen: Gemeinsame Wege beginnen; gemeinsame Wege enden. Außer in Deutschland, da beginnen sie nur. Deutschland hat den strengsten Kündigungsschutz aller OECD-Länder. Das trägt jedoch keineswegs dazu bei, dass sich die Deutschen subjektiv sicher fühlen. Im Gegenteil, Umfragen belegen immer wieder: Nirgendwo ist die Angst vor dem Verlust des Arbeitsplatzes so hoch wie in Deutschland. Aus gutem Grund: Es kann nur Einstiege geben, wenn es auch Ausstiege gibt; wer die Ausgänge verschließt, verschließt die Eingänge. Sollten gemeinsame Wege wider Erwarten trotzdem enden, hat es das Stigma des Versagens, ist oft ein Drama, nicht selten Gegenstand arbeitsrechtlicher Auseinandersetzungen. Bis hin zum politischen Eingriff.

Über das Ende spricht man deshalb nicht. Und es wird institutionell erschwert. Durch das Arbeitsrecht, durch die Firmenkultur (»Das macht man hier nicht!«) oder schwache Führungskräfte. Im Extremfall ist die Ausschließung ausgeschlossen. Das ist etwas vom Lebensfeindlichsten, das sich Menschen antun können. Warum? Wer zu einer Partnerschaft nicht Nein sagen kann, kann auch nicht Ja sagen. Man kann nur etwas wählen, wenn man es abwählen kann. Ansonsten ist es so, als ob man jemandem sagt, er solle die Luft einatmen und anhalten – aber nie ausatmen. Und wenn Sie als Führungskraft einen Mitarbeiter nicht auch kündigen können, verlieren Sie Ihre Würde. Das Erniedrigende daran ist, dass es das konsequente Einklagen von Gegenleistung von vorneherein ausschließt. Es ist oft haarsträubend, was sich faktisch unkündbare Mitarbeiter an Nicht-Anständigkeit leisten.

Wenn man sich aber nicht trennen kann, beginnt oft jene Prozedur, die man *Personalentwicklung* nennt. Im strengen Sinne ist das ein Entlastungsventil bei struktureller Unfreiheit. Weil man aneinander gekettet ist, versucht man an den Mitarbeitern herumzuschrauben. Man mag mit Recht zweifeln, ob das die würdevollere Art des Umgangs ist.

Im Hauptstrom der Meinungen ist man jedoch davon überzeugt, dass man die Trennung möglichst vermeiden sollte. *Aufhören,* das scheint keine Alternative (mehr) zu sein. In einer Zeit, in der alles auf Lernen, Verbessern und Korrigieren hinausläuft, hat eine Sichtweise kaum eine Chance, die im Abschiednehmen den Anstand wahrt.

Aber selbst unabhängig vom Kündigungsschutz haben wir in vielen Unternehmen ein riesiges Konsequenzproblem. Für die Sonnenseite ihres Jobs übernehmen Führungskräfte gerne die Verantwortung. Für die Schattenseite eher nicht. Vor allem in jenen Unternehmen ist Klarheit und Konsequenz selten, in denen man »gut« miteinander umgeht, in denen die »Wertschätzung« eine alles niedermähende Sprachkeule ist. Kritisches wird da weder gern gesagt noch gern gehört. Das entspricht einer gesellschaftlichen Tendenz, unbedingt wohlwollend zu sein, niemandem weh zu tun. Das entwertet jeden Unterschied.

Der Anstand gebietet es aber, Schwachleistung klar zu konfrontieren. Und möglichst früh. Wir dürfen nicht erst warten und Rabattmarken kleben, bis sich die Mängel zu einem veritablen Problem aufgeschäumt haben und das Rabattmarkenbuch voll ist. Frühe Klarheit ist fair, späte Klarheit unfair. Oft ist schon lange deutlich, dass man nicht zusammenpasst. Aber aus Trägheit, Konfliktscheu oder Hoffnung wird jahrelang nicht gehandelt, bis die Trennung irgendwann dann doch erfolgt.

Deshalb brauchen wir dringend Führungskräfte, die *drohen* können. Wem das Wort nicht gefällt, der möge es durch »warnen« ersetzen. Gemeint ist: Deutlich und klar ansprechen, dass Nehmen und Geben nicht im Gleichgewicht sind, dass man eine weitere Zusammenarbeit in Zweifel zieht, wenn die Dinge sich nicht ändern. Reinen Wein einschenken. Sonst stiehlt man dem Mitarbeiter die Chance, sich vorbereiten zu können. Wenn es ein universales Erleben vieler Gekündigter gibt, dann das »aus heiterem Himmel«.

Gerade bei der Trennung stellt sich das Problem des Anstands mit besonderer Schärfe. Wenn man zu lange wartet, weil Hoffnung den Blick trübt, dann sind die Chancen des Mitarbeiters auf den Personalmärkten wahrscheinlich nicht besser geworden. Es muss unter dem Blickwinkel des Anstands doch darum gehen, dem anderen den Weg in eine offene Zukunft nicht zu verbauen – auch wenn der Weg von einem selbst wegführt. Und irgendwann stellen sich ethische Fragen. Zum Beispiel: Dürfen Sie den Mitarbeiter, wenn er »nicht mehr vermittelbar« geworden ist, an die Restgesellschaft »entsorgen«?

Stehen große Veränderungen an, dann muss es zum Reaktionsarsenal von Unternehmen gehören können, sich von Mitarbeitern zu trennen, die in der veränderten Situation nicht mehr produktiv sind. Das kann bei sehr plötzlichen und bruchhaften Entwicklungen sogar große Teile der Mitarbeiterschaft treffen. Damit meine ich nicht die kurzsichtige Praxis, an dem einfallslosen Rad der Personalkosten zu drehen. Aber wenn wir erstklassige Zusammenarbeit haben wollen, dann müssen wir auch bereit sein, Leute gehen zu lassen, deren Kompetenzen nicht mehr passen. Da ist es nachrangig, was sie früher für das Unternehmen geleistet haben. Das muss man fair machen, das muss man großzügig machen – aber man muss es *machen*.

Man sollte im Leben daher nicht den Ankünften trauen, sondern den Abschieden. Ein Abschied wirkt wie ein Vergrößerungsglas; er würdigt die Bindung. Die vergangene ebenso wie die zukünftige. Das gilt auch für Arbeitsbeziehungen. Man begegnet sich meistens wieder – entweder auf Kundenseite, in Netzwerken oder bei Fusionen.

Angelehnt an Niklas Luhmann kann man daher sagen, nicht die Formen der Inklusion charakterisieren ein Unternehmen, sondern die Formen der *Exklusion*. Denn Veränderung bedeutet Trennung. Irgendwann klopft der Controller an die Tür und fragt nach dem Wertschöpfungsbeitrag. Und da ersetzt ein *Arbeits*nachweis noch keinen *Erfolgs*beweis.

Der Tag wird kommen. Und allen graut davor. Wie und auf welche Weise trennt man sich? Trennung ist ja oft entweder schmuddelig oder ein reiner Verwaltungsprozess. Hier hat das anständige Unternehmen ein geradezu konstituierendes Thema. Die Art und Weise, wie sich Siemens 2006 aller Mitarbeiter der Mobilfunksparte entledigte, gilt in der Zunft als Paradebeispiel, wie man es nicht machen soll.

Die meisten Menschen wollen irgendwo dazugehören. Zu einer Gruppe, zu einer Familie ganz sicher, oder manchmal auch zu einem Unternehmen – selbst wenn dieses das nicht gewährleisten kann. Es ist die Treue zu einem Selbstverständnis, welches die Kontinuität der eigenen Lebensgeschichte wahrt. Unabhängig von der personalen Identität. Es ist daher nicht leicht, Haltung zu bewahren, wenn man ausgedient hat und aus sämtlichen Ehrenuniformen herausgeboxt wird. Wenn wir aber unsere Arbeit verlieren, ist es besser, wir haben unsere Würde bewahrt. Mag es für viele auch nur ein Trostpreis sein. Deshalb ist es wichtig, *wie* wir unsere Arbeit verlieren.

Der Abschied braucht daher den *Schutz der Formen,* der alten Floskeln und Rituale. Die sind bisweilen schmerzhaft. Das professionell und fair für beide Seiten zu gestalten, führt zu Forderungen nach einer guten »Trennungskultur«: auf verbissenes Tauziehen verzichten, auf Selbstgerechtigkeit, auf das kleinliche Ab- und Aufrechnen, auf die Revanche. Denn im Abschied anerkennt man ja auch den gemeinsamen Weg, die Erfolge und Niederlagen. Es ist Selbstverletzung, das alles durch einen würdelosen Abschied zu überschatten und gleichsam rückblickend zu entwerten.

Es gibt fragwürdige Gründe für Kündigung, zum Beispiel publizistisch hochstilisierte Fälle, wo Mitarbeitern bei extrem geringen Vergehen gekündigt wurde. Legal war das zweifelsfrei. Aber war es auch *legitim?* Wurde da das Gebot der Angemessenheit beachtet? Diese Fragen zielen auf Anstand, selbst wenn jemand sich schuldig gemacht hat, selbst wenn wir ihm nicht mal mehr zugeneigt sind. Wo ist denn die Überlegenheit dessen, was uns wichtig ist, wenn wir nicht in der Lage sind, unseren durchaus begründeten Reflex zu überwinden? Die rechtlich unangefochtene Position ist doch nur dann auch moralisch gerechtfertigt, wenn wir in der Lage sind, im Namen des Anstands, auf ihre Ausübung zu *verzichten.* Die wahre Souveränität, die ich hier mit Anstand gleichsetze, liegt in der Freude über die menschliche Verbundenheit, die großherzig denkt und handelt.

Im Abschied Anstand zu wahren, das hat viel mit Anerkennung zu tun: dessen, was der andere ist und geleistet hat. Aber auch des eigenen Anteils an der Trennung, was man übersehen, zu spät gesehen, nicht hinreichend gewürdigt, nicht verstanden, vielleicht sogar behindert hat. Denn niemand handelt ja ausschließlich aus sich selbst heraus. Er reagiert auch auf andere, insbesondere auf denjenigen, der ihm vorgesetzt ist. Er passt sich an, versucht es zumindest. Was dabei herauskommt, ist nicht immer positiv. Und dann kann man schlecht erwarten, der andere möge sich ändern. Vor allem, wenn man, wie so oft, Lernen mit Anpassen verwechselt.

Unternehmen lassen bei Trennungen oft Anstand vermissen. Das anständige Unternehmen behandelt Entlassene nicht wie eine Nummer. Der direkte Vorgesetzte führt das Trennungsgespräch, nicht irgendein »HR-Experte« (wie George Clooney in *Up in the Air*). Es gibt dabei Tröstungen, die untröstlich machen. Das ist erniedrigend für die Entlassenen, belastend für das Image des Unternehmens und zum Teil katastrophal für die Motivation der »Hinterbliebenen«. Oft geht es dabei um Geld. Kleinlichkeit ist kleinlich. Ausreichende Leistungen sollten daher ein mindestens ausreichendes Abfindungspaket erhalten. Das anständige Unternehmen sorgt sogar von vorneherein für eine Abfindung. Denkbar ist dieses Modell: Das Unternehmen stellt für jeden Mitarbeiter ab dem 4. Arbeitsmonat 1,5 Prozent des Bruttomonatsgehalts zurück, und nach Ende des Arbeitsverhältnisses wird der Gesamtbetrag ausgezahlt, der im Laufe der Zeit zusammengekommen ist. Unabhängig davon, ob der Arbeitgeber oder der Arbeitnehmer selbst kündigt. So verliert die Trennung ein wenig von ihrem Schrecken. In

Österreich gibt es ein ähnliches System unter dem skurrilen Namen »Abfertigung«.

Begrenztheit ist ein Grundprinzip des Lebens. Dennoch wird es niemals eine vollständig schmerzfreie Trennung geben; entweder der eine oder der andere Partner wird leiden. Aber das anständige Unternehmen verzichtet auf unfaire Trennungen.

Die Lebensphilosophie lehrt uns: *Beziehungen enden nie*; sie wechseln nur ihre Form. Das gilt auch für Arbeitsbeziehungen. Wir sollten explizit darauf hinweisen, dass mit dem Abschied die Beziehung eben nicht zu Ende ist. Netzwerke von Ehemaligen eröffnen leicht die Chance, mal wieder zusammenzukommen. Die Ehemaligen bilden ohnehin ein Netzwerk; die Frage für das Unternehmen ist nur, ob es davon profitiert. Denn die unternehmerischen, neugierigen Menschen, die das Unternehmen wahrscheinlich gut gebrauchen könnte, bleiben nicht ewig. Das wird man als Realität anerkennen müssen. Man gewinnt sie, man verliert sie. Der Abschied entscheidet häufig, ob sie möglicherweise wiederkommen.

MITARBEITERBINDUNG
Starke Fesseln sind die schwachen

Kaum ein Mobilfunk-Vertrag, mit dem man nicht jahrelang zur Unternehmenstreue verpflichtet wird. Schon beim Abschluss beschleicht einen das Gefühl: Dafür muss es Gründe geben. Wurde man betrogen? Die Folge: Google-Suchanfragen zu »Vertrag kündigen« haben sich in den vergangenen zehn Jahren verfünffacht. Kann uns das etwas sagen zum Thema »Mitarbeiterbindung«?

Seit vielen Jahren warnt man vor der demographischen Entwicklung: Immer weniger und immer weniger gute Leute stünden zur Verfügung. Wer jedoch die Arbeitsmärkte lang genug beobachtet, hat schon mehrere Wellen hysterischer Knappheitsprognosen erlebt. Sie alle verebbten. Unklar ist zudem, ob die Digitalisierung der Arbeitswelt, die mittlerweile auch den bislang verschonten Dienstleistungssektor erreicht hat, nicht eine ähnliche Situation wie auf den Finanzmärkten erzeugt, wo man sich zwischen Inflationsangst und Deflationsangst nicht entscheiden kann. Könnte es sein, dass wir zukünftig viele Arbeitskräfte gar nicht mehr brauchen? Aber selbst wenn wir einen leergefegten Personalmarkt konstatieren müssen, so ist das Phänomen sektoral und regional weit gespreizt: Es gibt Unternehmen, bei denen sich auf eine Anzeige 700 Menschen bewerben. Und es gibt Unternehmen, für die es einfacher ist, einen neuen Auftrag zu bekommen als einen neuen Mitarbeiter.

Publizistisch zugespitzt wird das Thema durch die lautstarke, aber zahlenmäßig kleine »Generation Y«, deren Schlachtruf ein verzärteltes »Yolo!« ist – You only live once! Diese Generation sucht zwar Arbeitsplatzsicherheit, scheint aber ihrerseits eher bindungsunwillig zu sein und mit einer kurzen Geduldspanne ausgestattet. Man geht davon aus, dass sie in ihrem Berufsleben bis zu zehnmal die Firma wechselt. Was zum Beispiel bei langwelligen Produktentwicklungen hohe Transaktionskosten erzeugt – die Kosten für Information, Beschaffung, Einarbeitung, Verwaltung und Ausbildung. Jedes Mal, wenn ein Mitarbeiter geht, nimmt er diese Investitionen mit. Was den CFO zu der Frage veranlasst: »Was passiert, wenn wir in unsere Leute investieren – und sie gehen?« Darauf der CHR: »Was passiert, wenn wir es nicht tun – und sie bleiben?«

Der Mitarbeiter als Kunde

Früher war die Loyalität vertikal; der Arbeitgeber sagte: Du kannst bei mir arbeiten, wenn du loyal bist. Diese vertikale Loyalität hat sich in den letzten Jahrzehnten faktisch aufgelöst. Sie wird zunehmend durch die horizontale Loyalität von Arbeitnehmern in Netzwerken ersetzt. Ob tatsächlich, wie oft vorausgesagt, das »Projekt« die Arbeitsform der Zukunft sein wird, ob eine relevante Zahl von Auftragnehmern künftig global verstreut in Talent-Clouds für begrenzte Zeit kooperiert und sich dann wieder in alle Winde verstreut, bleibt abzuwarten. Aber Loyalität zum Arbeitgeber ist tendenziell von gestern.

Die daraus resultierende Idee, Mitarbeiter als Kunden zu betrachten (Ambler/Barrow 1996), war der Startschuss für eine ganze Industrie von Employer-Branding-Dienstleistern.

Aber Mitarbeiter sind keine Kunden. Sie können nicht so leicht abwandern wie Kunden, haben einen größeren expliziten Vertrag, zahlen nicht für eine Leistung und verfügen über hohes Insider-Wissen. All das unterscheidet den Mitarbeiter vom Kunden. Dennoch, Mitarbeiter zu binden und vor allem die Richtigen zu binden, gilt als kaum hinterfragte Daueraufgabe der Unternehmensführung. Wie Loyalität aufbauen? Wie hohe Fluktuation verhindern?

Knappheit auf den Personalmärkten, sei sie behauptet oder faktisch, ist zunächst ein Dukatenesel für Personalchefs. Sie können allerhand Wohlfühlklimbim durchsetzen: Goodies wie Sabbaticals, Feel-Good-Manager, Gratisgetränke, Yoga-Kurse, Fahrradwerkstatt, Tagesstätte für Hunde, oder, wie bei der BASF, gleich ein ganzes »Work-Life-Management-Zentrum« mit Beratungsstelle, Krippe und Fitnessstudio. Ganz oben auf der Prioritätenliste stehen auch flexible Arbeitszeiten und Familienkompatibilität, gefolgt von Home office und Kinderbetreuung. Es gibt Firmen, die Mitarbeitern, die sich in ein Sabbatical oder eine Babypause verabschieden, das Firmenhandy und den Dienstwagen überlassen, um sie zur Rückkehr zu motivieren.

Ja, es geht noch weiter: Eine Extremform (die viele für die Zukunft halten) bildet Google, das den Arbeitsplatz in eine Wellnesszone konvertiert hat. Dort besteht eigentlich kein Grund mehr, vor die Tür zu gehen; es ist alles da, es ist für alles gesorgt. Der nächste Schritt wäre dann das fensterlose Büro, um Zeitlosigkeit zu simulieren – wie in den Spielparadiesen von Las Vegas.

Ein besonders krasser und kulturbrechender Fall der Mitarbeiterbindung ist das »Social Freezing«. In den USA, wo die
Kultur der Arbeitnehmerverhätschelung ohnehin eskaliert,
wurde das großzügige Angebot ersonnen, die Eizellen der
Mitarbeiterinnen einfrieren zu lassen. Kinderwunsch kalt-
gestellt. Der Hintergrund: Vor allem die Internet-Giganten
haben ein Problem – zu wenig Frauen. Das wurde 2014
peinlich publik. Man braucht also Arbeitsbienen. Was in
Deutschland die Frauenquote erzwingen will, das soll im
Silicon Valley eben das »Social Freezing« besorgen – das
gegenüber der Quote wenigstens noch den Vorteil der Freiwilligkeit hat. Fast 90 Prozent der Frauen, die sich für »Social
Freezing« entscheiden, tun dies, weil sie schlicht keinen
Partner oder nicht den richtigen zum Kinderkriegen haben.
Man erlaubt ihnen mit der Finanzspritze, auf »Mr. Right«
zu warten. Hier fällt also ein wirtschaftliches Interesse mit
einem privaten zusammen. Und die Männer, die sich mit
Vaterschaftsgedanken tragen, werden umgestimmt mit einer
Prämie für firmenfreundliche Spermazurückhaltung. (Nein,
nicht wirklich, scheint aber nicht unmöglich.)

Das ist eigentlich nichts Neues, schon 1932 hat Aldous
Huxley in *Brave New World* natürliche Empfängnis und
Elternschaft als unanständig dargestellt. Zudem handelt es
sich auch nur um ein »Angebot«. Aber es wird klar, was
erwartet wird: Einfrieren! »Ihr Frauen schafft es, wenn ihr
den Kinderwunsch auf Eis legt!« Wer seine Eizellen einfrieren lässt, gilt als ehrgeizig. Solche Frauen berücksichtigt man
gerne bei der nächsten Beförderungsrunde. Alle anderen
Mitarbeiterinnen machen sich verdächtig: Wollen sie bald
Kinder kriegen? Soll man sie noch fördern? Vor dem Hin-

tergrund dieses sozialen Sollens wird das Handeln umge-
wertet: Nicht-Mitmachen bedeutet fehlende Identifikation,
Schwangerwerden ist Sabotage. Aber es verlängert sich auch
die Zeit, in der eine Frau wegen möglicher Schwangerschaft
skeptisch betrachtet wird: wenn das Unternehmen weiß, dass
sie noch einige Eizellen eingefroren hat. Will sie sie bald
auftauen? Wie souverän ist eine Mitarbeiterin noch, wenn sie
dennoch schwanger wird? Kriecht sie dann bei ihrem Chef
zu Kreuze? Muss sie das Geld wieder zurückzahlen? Treibt
sie vorsorglich ab? Fragt sie beim Unternehmen an, ob es die
Abtreibung auch bezahlt? Das lässt die Familienpolitik der
DDR geradezu human erscheinen.

Der Machbarkeitswahn der Konzerne, Internetgiganten
als Herren über Leben und Tod: Bisher steuerten die Unternehmen die Produktion der Waren; jetzt also steuern sie die
Reproduktion ihrer Mitarbeiter. Den Preis zahlen in jedem
Fall die Frauen. Wer sagt denn, dass ein Kind einfach zehn
Jahre später zur Welt gebracht werden kann? Kein Reproduk-
tionsmediziner kann das garantieren. Er wird bei späterem
Kinderwunsch sogar auf die reduzierte Schwangerschafts-
Wahrscheinlichkeit und auf die steigende Zahl von Fehl-
geburten hinweisen. Die optimale Fortpflanzungsperiode
der Frau ist aus medizinischer Sicht mit dem dreißigsten
Lebensjahr vorbei. Verlegt man das Kinderkriegen in die
Vierzigerjahre, nehmen die Frauen ein Risiko auf sich. Und
wer denkt an die Kinder?

Kritiker wenden zudem ein, durch »Social Freezing«
werde die obsessive Arbeitsmentalität im Silicon Valley weiter verstärkt. Zudem werde suggeriert, dass Karriere und
Kinderkriegen nicht miteinander vereinbar seien. Aber ist
es nicht auch so? Kinder und Karriere zu gleichen Teilen ist
eine Lebenslüge. Facebook und Apple sind da nur auf krude

Weise ehrlich: Man kann auf flexible Arbeitszeiten verzichten, auf Teilzeitjobs, auf Vaterschaftsurlaube und auf subventionierte Kinderbetreuung. Nicht die Arbeitswelt passt sich an weibliche Lebensläufe an, sondern – umgekehrt – die weiblichen Lebensläufe passen sich der Arbeitswelt an. Das viel diskutierte Problem von Familie und Beruf löst sich von selbst.

Klebstoffe

In letzter Konsequenz geht es aber lediglich um die Frage: Wer bezahlt das? Und damit wären wir bei dem nach wie vor am meisten verbreiteten Klebstoff zur Mitarbeiterbindung: *Geld.* Die Ketten aus Gold binden bekanntlich ebenso wie die Ketten aus Eisen. Wir können uns ersparen, die finanziellen Loyalitätskonstruktionen detailliert zu beschreiben. Aber ihre Existenz ist entlarvend: Es gibt offenbar gute Gründe, das Unternehmen zu verlassen – sonst müsste man nicht Mitarbeiter mit Geld am Weggehen hindern wollen. Das nannte man früher »Schmutzzulage«. Zum Beispiel wenn die versprochenen Unternehmensanteile das Weggehen erschweren. Was sich aber schon mal als Illusion entpuppt, wenn dem durchhaltewilligen Nachwuchsmanager unvermittelt gekündigt wird – kurz bevor die Anteile fällig werden.

Man darf zweifeln, ob Beteiligungen, Kampfgehälter und verzögerte Bezahlung geeignet sind, die *besten* Mitarbeiter zu halten. Geld ist eher eine Allzweckwaffe, die *alle* bindet, auch die Durchschnittlichen. Vor allem aber bindet es die Einkommensmaximierer. Und mit denen zusammenzuarbeiten macht erfahrungsgemäß wenig Freude. Wer mit dem Geldschein winkt, läuft zudem Gefahr der negativen Selektion: Schwachleister verlassen das Unternehmen freiwillig niemals – weil sie genau wissen, dass sie für ihre Leistung nirgendwo so viel Geld verdienen.

Ein weiteres Bindungsmittel: *Wettbewerbsverbote*, in vielen Jobs übliche Vertragsbestandteile. Manager dürfen nach einer Trennung nur eingeschränkt oder nach einer Wartezeit für ein Konkurrenzunternehmen arbeiten. Oder unmittelbar keine eigene Firma gründen. Das soll Unternehmen davor schützen, dass ihnen die Wettbewerber Firmenwissen und Talente abjagen. So verständlich das ist in einem mobilen Arbeitskräftemarkt, es ist ein zweischneidiges Schwert: Zunächst zeugt es nicht gerade von einem hohen Selbstvertrauen der Firma. Zudem haben sich noch immer Möglichkeiten der Verbotsumgehung gefunden. Es verdichten sich aber auch Hinweise aus der Wissenschaft, dass durch Wettbewerbsverbote die Innovationsfähigkeit des Unternehmens sinkt. Hingegen steigt sie, wenn solche Verträge gesetzlich verboten oder schlicht ignoriert werden. Andere Experimente zeigten unter fingierten Wettbewerbsverboten deutlich geringere Motivation und Produktivität. Offenbar senkt die Verschlechterung zukünftiger Jobchancen die Leistungsbereitschaft im aktuellen Job. Ein Leistungsabfall, der aus Sicht der Forscher dem Unternehmen einen größeren Schaden zufügt als die Abwanderung. Talente wollen frei sein. Mauern bauen hat noch nie wirklich funktioniert.

Ein sprechendes Beispiel kommt dazu aus den USA: In den 70er Jahren hatten einige der größten Technologiefirmen der Welt ihren Sitz an der Route 128 rund um Boston. Heute gibt es dort keine einzige mehr von Rang. Die sitzen alle am anderen Ende der USA, im Silicon Valley. Warum das so ist? Weil man in den Bostoner Unternehmen auf Wettbewerbsverbote setzte, um Mitarbeiter zu binden. Im Silicon Valley verzichtete man darauf, setzte stattdessen auf Netzwerke, die das Innovationsklima begünstigen. Dort also scheinen die Unternehmen insgesamt zu profitieren, wenn die Mitarbeiter hin und her wechseln.

Das hat mir noch nie eingeleuchtet: Man will Unternehmertypen und hofft allen Ernstes, dass sie in effizienzgetriebenen Organisationen auf ewig bleiben. Nichts aber ist unwahrscheinlicher. Zugespitzt: Wer bleibt, ist kein Unternehmertyp.

Zeitlich befristete Loyalität

Nun, was ist aus der Perspektive des anständigen Unternehmens zur Mitarbeiterbindung zu sagen? Wenn wir darüber ernsthaft nachdenken wollen, müssen wir grundsätzlich werden: Menschen sind Freiheitswesen. Sie haben Gründe für ihre Entscheidungen, und diese Gründe sind zu respektieren. Auch wenn jemand sich entscheidet, Sie zu verlassen, hat er dafür Gründe. Sie müssen sich fragen: Was ist gewonnen, wenn jemand bleibt, obwohl er eigentlich gehen will? Was ist gut daran, wenn jemand aus den falschen Gründen bleibt? Wer woanders bessere Gelegenheiten für sich sieht, sollte dorthin gehen können. Wer nicht mehr für Ihr Unternehmen arbeiten will, den sollten Sie nicht als Geisel nehmen. Auch materielle Geiselnahme ist Freiheitsberaubung.

Sie sollten mithin nicht versuchen, Trennungsabsichten zu unterlaufen. Es ist eine Zeitbombe: Die Motoren der Demotivation arbeiten weiter. Was die Eagles in die unvergängliche Formel fassten: »You can check out any time you like, but you can never leave.« Noch anwesend, aber nur noch physisch. Hingegen ist eine alte Führungsweisheit zu erinnern: Reisende soll man nicht aufhalten.

Wenn Sie Ihre Mitarbeiter halten wollen, dann müssen Sie sie gehen lassen. Dann bleiben sie freiwillig. Vielleicht. Und wenn nicht, ist es besser, sie gehen. Jedenfalls besser, als wenn sie blieben. Denn das ist es, was zählt: Wenn Sie jemanden *nicht* festhalten – und er trotzdem bleibt. Wenn er sich in Freiheit entscheidet. Jeden Morgen neu. Und *bewusst* jeden Morgen neu. Wenn er *selbst* sich bindet. Das ist der Unterschied: das »*sich* binden«, nicht das »gebunden *werden*«. Und wir wissen aus der Sozialpsychologie: Gerade durch das Loslassen erzeugen Sie Bindung. Selbstbindung. Die schwachen Fesseln sind die starken. Starke Fesseln hingegen erzeugen das Gegenteil: Was man festhält, flieht. Es gibt Kämpfe, die zu gewinnen katastrophal wäre. Sie können mithin nur wollen, dass möglichst viele gute Leute aus den *richtigen* Gründen bleiben. Aber was immer Sie tun, Sie können niemanden zwingen, bei Ihnen zu bleiben. Sie können allenfalls die Bedingungen der Möglichkeit erhöhen, dass sich jemand bei Ihnen wohlfühlt und gerne kommt. Sie können nur die Chance für die Entwicklung echter Loyalität verbessern.

Mehr noch: Das Auseinanderhalten hält zusammen. Wenn Sie also wollen, dass Menschen aus freien Stücken bleiben, weil sie bleiben *wollen*, dann müssen Sie *Alternativen einführen*. Dann müssen Sie Mitarbeiter ermutigen, sich umzuschauen, nach besseren Karrierechancen zu suchen, dem Headhunter zuzuhören. Sie müssen also alles dafür tun, dass Ihre Mitarbeiter auch von anderen Unternehmen begehrt werden. Das anständige Unternehmen unterstützt deshalb zu größtmöglicher Unabhängigkeit. Es freut sich darüber, dass Angebote von außen kommen. Denn es arbeitet lieber mit gefragten, autonomen Mitarbeitern zusammen als mit Übriggebliebenen, die sonst niemand will. Die klammern und sich wegducken. Die nur bleiben, weil sie keine oder nur schlechtere Alternativen haben. Die Einstellung muss sein: »Es ist gut, etwas zusammen zu machen; und es ist gut, nichts zusammen zu machen. Aber ich wähle jetzt den gemeinsamen Weg; morgen vielleicht einen anderen.« Die besten Leute sind die, die bleiben, weil sie *wollen* – aber nicht müssen. Die Alternativen haben, sie aber ausschlagen.

Lebenslange Loyalität in der Arbeitswelt ist weder möglich noch wünschenswert. Und wenn eine zeitlich befristete Loyalität entsteht, dann nicht durch Zwang oder Nötigung, sondern als Ergebnis einer für beide Seiten vorteilhaften Freiwilligkeit. So könnte dieses Bündnis auf Gegenseitigkeit aussehen:

1. *Zeitliche Befristung der Arbeitsverträge.* Ein Unternehmen ist eine Arbeitsgemeinschaft, keine Bluts- oder Gesinnungsgemeinschaft. Reed Hastings, CEO der Internetfirma Netflix: »Wir sind ein Team, keine Familie.« Mitarbeiter, die zu einem Wettbewerber gehen wollen, versucht Netflix nicht zu halten. Im Gegenteil: Man bietet ihnen eine großzügige Abfindung an, damit sie schnell ihren Platz räumen und Ersatz gefunden werden kann. Reid Hoffmann, CEO von LinkedIn, gibt neuen Mitarbeitern Vierjahresverträge, mit einer ersten Überprüfung nach zwei Jahren. Danach muss man sich aber nicht sofort trennen, sondern kann zu einem nächsten Projekt gehen. Das ist eine klügere »Bindungsstrategie« als Appelle an die Loyalität.

2. *Förderung von Arbeitsmarktfähigkeit.* Es zeichnet sich schon jetzt eine Arbeitsgesellschaft ab, die nicht auf einer Karriere für ein ganzes Arbeitsleben baut, sondern auf verschiedene Karrieren mit manchen Kursänderungen, wenn die Märkte drehen. Wer früher seine Reputation aus sei-

ner Zugehörigkeit zu einem Unternehmen bezog, der sieht sich heute mehr und mehr genötigt, eine *eigene* Reputation aufzubauen. Das könnte also ein neues Bündnis sein: Den Mitarbeitern helfen, ihren persönlichen Markt- und Markenwert zu steigern. Fertigkeiten lernen, die später mal verwertet werden können. Netzwerke zur Verfügung stellen, die Anschlussverwendung erleichtern. »Wir steigern Ihren Marktwert. Das nützt uns allen.«

Weltweit gilt IBM als einer der Vorreiter einer solchen Haltung: Dort haben die Mitarbeiter Anspruch auf die Art von Weiterbildung, die ihre Beschäftigungsfähigkeit erhöht, die aber inhaltlich dem Unternehmen gegenwärtig wenig bringt. Außer vielleicht selbstsichere Leute, die neugierig bleiben, Leute, die sich verändern können. Und das Bewusstsein, anständig zu sein. Arbeitsplatzsicherheit ist out, Beschäftigungsfähigkeit ist in. Dazu gehört auch, Menschen mit gesundheitlichen (auch psychischen!) Einschränkungen nicht fallenzulassen, möglichst im Arbeitsprozess zu behalten, beziehungsweise nach der Rekonvaleszenz eine neue Chance zu geben.

Bringen wir es auf den Punkt: Ein anständiges Unternehmen darf keine Loyalität fordern! Es darf von Menschen keine Bindungswilligkeit verlangen, wenn sie sie schlagartig ablegen sollen, will das Unternehmen mit weniger oder anderen Mitarbeiter weitermachen. Ein Problem des Anstandes ist doch nicht, dass man sich trennt, sondern wenn man nicht mit offenen Karten spielt. Wenn Loyalität verlangt, im Gegenzug auch versprochen wird, das Versprechen dann aber nicht gehalten wird. Oder nicht gehalten werden kann. Denn ein Unternehmen am Markt ist unmöglich in der Lage, seinerseits ein Sicherheitsvotum abzugeben.

Wenn Sie hier überhaupt aktiv werden wollen, dann sollten Sie nicht Gutes tun, sondern Schlechtes vermeiden. Sie sollten alles unterlassen, was Mitarbeiter demotiviert, runter-zieht, forttreibt. Und dabei sich vor allem selbst anschauen.

Von all dem deutlich zu scheiden ist ein langfristiges Engagement als innere Haltung – um Ihrer selbst willen. Sie müssen sich dann nicht immer neu befragen »Will ich eigentlich hier sein?«, »Ist das Gras nicht woanders grüner?« Dann sind Sie bereit, von einer gewissen Stetigkeit der Beziehung auszugehen, Sie stellen sie nicht fortwährend in Frage. Meist ist im Hintergrund ein gemeinsamer Weg, der Loyalität plausibilisiert. Aber auch Beziehungen kennen Grenzen. Und wenn die fortwährend vom anderen überschritten werden, kann niemand erwarten, dass Sie weiter loyal, das heißt blind sind. Anstand bedeutet auch, aufmerksam füreinander zu bleiben, den anderen nicht für selbstverständlich zu halten, nicht für ein schon immer dastehendes Möbelstück. Es ist gut, sich bisweilen daran zu erinnern, dass der Wettbewerb nicht schläft. Und wenn Sie nicht fürchten, dass der andere geht, ist es mit dem Anstand ohnehin vorbei.

Ein Unternehmen darf nicht zum persönlichen Identitäts-anker von Angestellten werden. Eine Firma ist eine Firma. Keine Glaubensgemeinschaft. Und vor allem keine Familie. Von einer Familie kann man Loyalität erwarten, da gehört sie hin. Aber es ist illusionär, von einer Firma Loyalität zu erwarten. Das ist systemisch naiv und übergriffig.

Das anständige Unternehmen verzichtet auf aktive Mit-arbeiterbindung.

BÜROKRATIE
Kontrolle ist gut, Vertrauen ist besser

So viele unzufriedene Führungskräfte gab es noch nie. Über die Ursache sind sich alle einig: Bürokratie. Denn wir haben zwar immer mehr davon, die Dinge aber werden deshalb nicht besser. Im Gegenteil: Bürokratie macht depressiv. Weil sie Fremdbestimmung intensiv erleben lässt. Vor allem auf Führungskräfte wartet heute eine Demütigungsverwaltung, die das Gegenteil von dem ist, was diese einst wollten: entscheiden und zum Guten verändern.

Die vertikale Leitunterscheidung oben/unten ersetzt zunehmend die zum Kunden gerichtete, horizontale Leitunterscheidung außen/innen. Die Leistungsträger werden müde, erschöpfen sich im täglichen Dauerkampf mit Verwaltungsangelegenheiten. Irgendwann gibt der Kontrollierte auf: vorschriftenhörig und verantwortungsscheu wartet er auf den Feierabend, auf das Wochenende, auf die Rente. Wenn dann noch – als Folge diverser Krisen und Skandale – die Anerkennung des sozialen Umfelds schwindet, muss man sich nicht wundern, dass sich viele das nicht mehr antun wollen. Die zweite Reihe hat daher an Attraktivität gewonnen: genug Geld und höhere Selbstbestimmung.

Bürokratie ist auch ein Grund für die wachsende Konzernmüdigkeit gerade bei der jüngeren Generation: In den letzten Jahren haben sich die wirklich Besten kaum noch für große Konzerne entschieden. Schon gar nicht für Banken. Sie haben einfach keine Lust, als Angestellte eines großen

Konzerns nur eine Nummer zu sein in einem durchregulierten Alltag, in dem es ewig dauert, bis eine Idee umgesetzt wird. Das ist nicht nur betriebswirtschaftlich relevant, sondern auch ethisch. Auf dem Spiel steht die *Autonomie* des Individuums.

Bürokratie von außen

Ein Unternehmen ohne Bürokratie ist nicht vorstellbar. Die »Akte«, der Prozess, die Hierarchie, die Richtlinien, der Verwaltungsablauf – all das macht die organisatorische Grundstruktur des Unternehmens aus. Warum aber bläht sich dieser Bereich zunehmend auf? Ist hier das Parkinson'sche Gesetz am Werk, das besagt, dass Arbeit sich in genau dem Maß ausdehnt, wie Zeit für ihre Erledigung zur Verfügung steht? Etliche Beobachter bezeichnen das bisweilen kafkaeske Wuchern der Bürokratie als größte Bedrohung unseres Wohlstands.

Viel Bürokratie wird *von außen* an die Unternehmen herangetragen. Vor allem Krisen sind ein hervorragender Nährboden für *politikgetriebene* Regelexzesse. Seit den großen Skandalen und den Verwerfungen ab 2008 nimmt die Zahl staatlicher Regulierungen zu. Es gibt kaum noch Hemmungen, in regulierungsfreie Bereiche einzudringen. Bald müssen wir aufschreiben, was noch erlaubt ist. Da gibt es viele Regeln, die lediglich dazu dienen, die Nebenwirkungen anderer Regeln wieder einzudämmen, und etliche Gesetze, die auf die Anklagebank gehören.

Ohne Übertreibung können wir von einer legislatorischen Eskalation sprechen. Die *Sorgfaltspflicht* von Unternehmen wird dabei immer weiter ausgedehnt. Das Strafrecht betrachtet sie als Einzelpersonen. Wenn irgendein Angestellter draußen im Markt sich mit Wettbewerbern abspricht, sind oft Millionenbußen fällig. Da wird nicht der Täter bestraft, sondern das ganze Unternehmen. Und die Beweislast wird umgekehrt. Der Strafe entgeht eine Firma nur, wenn sie explizit nachweisen kann, nichts falsch gemacht zu haben. Oder alles in ihrer Möglichkeit Stehende getan hat, Falsches zu verhindern. Im Zweifel für den Angeklagten? Gilt längst nicht mehr. Die Folge: Endlose Absicherungsorgien. Stasi-Mentalität innerhalb der Unternehmen unter dem Deckmantel der Compliance. Jeder ist des anderen Polizist. Darüber stülpt sich die ISO-Norm 19600 für Compliance-Management-Systeme: Aufplusterungsmoral, um die Tribüne zu beeindrucken.

Explodierende Kontrollbürokratie erfasst insbesondere die Aufsichtsgremien. Gesetzgeber und Regulierungsbehörden definieren immer mehr und immer weitergehende Regeln, die von den Verwaltungs- oder Aufsichtsräten prioritär beachtet werden müssen. Ein Großteil der zur Verfügung stehenden Zeit wird daher für juristische Finessen und Regulierungserfordernisse verwendet. Compliance, Regeltreue, das ist das Fegefeuer der Moderne, oder, wie Wolf Lotter schreibt, die »Querschnittslähmung der Führung«.

Gleichzeitig wird die Illusion erzeugt, mit der Einhaltung der Compliance-Regeln sei auch eine gute Unternehmensaufsicht gewährleistet. Moralisch erwünschtes Verhalten lässt sich gerade nicht durch Vorschriften erreichen. Regeln stärken Regeltreue. Aber sie schwächen den moralischen Kompass, sie schwächen das Gefühl für Akzeptanz, sie schwächen die Verantwortung – Verantwortung, die sich naturgemäß auf das Ungeregelte bezieht.

Zudem werden Verwaltungs- und Aufsichtsräte schleichend entmachtet durch immer detailliertere Vorschriften, wie das oberste Gremium einer Firma zum Beispiel das Lohnsystem zu gestalten hat. Anstatt sich den Kopf darüber zu zerbrechen, wie das Unternehmen zukunftsfähig gemacht werden kann, konzentriert man sich darauf, *keine Fehler* zu machen. Es gibt Bankvorstände, die verbringen den Vormittag mit ihrem Justiziar und den Nachmittag mit ihren Versicherungsberatern. Gearbeitet wird an den Wochenenden. Das Prinzip der Gesamtverantwortung im Vorstand führt dazu, dass alles für alle dokumentiert wird. »Davon habe ich nichts gewusst« wird als Ausrede nicht mehr akzeptiert – man muss dafür sorgen, dass man informiert wird, und das auch dokumentieren. Das gilt sogar rückwirkend: Manager kann man noch nach ihrem Ausscheiden auf Schadensersatz verklagen; sie tragen beim Vorwurf der Pflichtverletzung die volle Beweislast für ihre Unschuld – obwohl sie keinen direkten Zugriff auf Firmenakten mehr haben. Weshalb man ihnen von juristischer Seite eine Straftat empfiehlt: beim Weggang vorsichtshalber wichtige Daten auf einem USB-Stick mitzunehmen.

Unter dem Druck der Aufsichtsbehörden haben vor allem die Finanzriesen begonnen, gewaltige Überwachungsapparate aufzubauen. Gerade im Investment-Banking wurde ein Kontrollsystem von Orwell'schen Ausmaßen errichtet. Ein Heer von unternehmensinternen Aufpassern schaut den Kollegen über die Schulter: Europas größtes Geldhaus, die britische HSBC, hat ihre Compliance-Abteilung auf mehr als 24000 Menschen aufgestockt.

Bürokratie von innen

Nicht die hohen Energiepreise halten deutsche Manager daher für die größte Wachstumsbremse, auch nicht die Staatsverschuldung oder wackelige Banken. Nein, es ist die Bürokratie. Interessant ist dabei, dass Bürokratie vorrangig als politikveranlasste Überregulierung *von außen* erlebt wird. Die *hausgemachte* Bürokratie wird nicht thematisiert. Aber was ist mit der internen Engstirnigkeit, was ist mit der managementgetriebenen Regelungswut? Was ist mit den explodierenden Standard Operating Procedures? Was ist mit den unendlich vielen Online-Formularen und Fragebögen, all den Vorschriften und Instrumenten, die wenig mehr erzeugen als Kundenablenkungsenergie? Was ist mit den Unmengen an Sitzungen, Tools, Plänen und Kontrollsystemen? All den Transaktionskosten-Schleudern, den Budgetrunden, Controlling-Routinen, Dokumentationspflichten, Performance-Messungen, all den zeitraubenden Aufgaben, die uns von dem abhalten, was uns bei der Arbeit Freude macht? All das ist Absicherungsaktionismus, es dient der Angst vor dem Risiko, vor Macht- und Kontrollverlust. Ohne große Mühe kann man in den Unternehmen ganze Misstrauens-Abteilungen identifizieren, die ihre Zeit damit verbringen, Leute zu überwachen. Zu überprüfen, ob sie auch tun, was sie tun sollen. Und sie mit Formularen und Regularien unter neurotischen Dauerstress setzen.

Doch nicht nur Neurotiker verregeln das Unternehmen; Regeln ergeben sich auch als Konsequenz scheinbar sympathischer oder begrüßenswerter Entwicklungen. So gibt es kaum jemanden, der nicht »Diversität« befürwortet, kulturelle Vielfalt. Was aber die Lebensqualität des einen hebt, ja für ihn als kulturell »selbstverständlich« gilt, das ist dem anderen fremd, wirkt auf ihn geradezu brüskierend. Je größer also die Kulturunterschiede sind, desto lauter wird der Ruf nach Regeln. Was man dann wieder als Überregulierung beklagt. Der Preis für kulturelle Vielfalt ist also, dass sich vieles gerade nicht »von selbst versteht«. Es wäre naiv, auf diesem Auge blind zu sein.

Der Mitarbeiter als Regel-Befolgungs-Automat

Wenn jedes Gestaltungsproblem mit einer Richtlinie erschlagen wird, überzieht man das ganze Unternehmen mit Regelungs-, Kontroll- und Rechtfertigungsstandards, die die alte sozialistische Kritik am Maschinenwesen der Unternehmen überraschend aktuell erscheinen lassen. Das Gefühl, Anhängsel einer Maschine zu sein, bezieht sich kaum noch auf eine »Maschine« im Wortsinne, sondern eher auf zum Teil extrem ausdifferenzierte Kontrollsysteme, wie sie zum Beispiel für etliche Außendienste eingeführt wurden. In ihnen gibt es detaillierte Anweisungen für nahezu jeden Arbeitsschritt. »Ausführen, nicht denken!« – so lautet die Botschaft. Hieß es früher im besten Neudeutsch »Get out of your box!«, so heißt es heute: »The instructions for ›Getting out of the box‹ are written on the outside!« Wie will man Kreativität und Unternehmertum freisetzen, wenn man gleichzeitig den Rechtfertigungsdruck erhöht? Fast überwunden geglaubte Herrschaftsformen leben wieder auf (und verschärfen sich teilweise) in Form von Benchmarking- und anderer Evaluationspraktiken. Im Grunde hat der Taylorismus nur eine andere Form angenommen und sich vertieft.

Und doch gibt es im Vergleich zum Maschinenzeitalter eine neue Qualität: Machtausübung ist hier nicht mit Bedrohung oder Erpressung (»… sonst fliegst du raus!«) verbunden; dennoch beeinflusst sie das Arbeiten, weil sie es mit Nötigung und Druck umstellt. Dass dieser Druck unerträglich werden kann, sagen uns Mitarbeiter, die früher große Freiräume hatten und sich nun (unter zum Teil künstlich herbeigeführten Krisen) mit massiven Freiheitsbeschränkungen konfrontiert sehen. Was die Leute dabei am meisten runterzieht, ist nicht das offene Misstrauen – da weiß man, woran man ist, damit kann man umgehen. Es ist das Pseudovertrauen, das knitterfreie, korrekt-opportune Verbalvertrauen, das mit der Forderung nach Transparenz einhergeht und sich dadurch ad absurdum führt. Statt sich – bei mangelnder Passung – fair zu trennen, werden Reporting- und Monitoringsysteme eingeführt. Und zwar für alle. Das hat Konsequenzen: Galt früher tendenziell die Regel »Viel Erfolg, wenig Kontrolle; wenig Erfolg, viel Kontrolle!«, so hat die bizarre Mischung von Gerechtigkeitsdenken und Effizienzkalkulation die Kontrolle auf die Erfolgreichen ausgeweitet. Auch sie werden nun mit Sicherungssystemen überzogen, was großen Unmut erzeugt, unternehmerischen Tatendrang lähmt und das Unternehmen insgesamt schwächt.

Das ist die Paradoxie: Kontrollbürokratie *verschärft* die Probleme, für deren Bekämpfung sie sich hält. Ein Blick in die Vertrauensökonomie zeigt uns, dass die Einführung zusätzlicher expliziter Sicherungssysteme das Vertrauen zwischen Führenden und Geführten irreparabel zerstört. Sie setzt eine Eskalationsspirale als sich selbst erfüllende Prophezeiung in Gang. Jede neue Regulierung erzeugt neue Umgehungsenergie, denn jede neue Regel, jedes zusätzliche Reportingmodul oder Monitoringsystem wird – aus gutem Grund – als Vertrauensentzug erlebt. Manche Unternehmensbereiche sind so überreguliert, dass reflexhaft nach der Lücke gesucht wird – und diese Lücke zu nutzen scheint vom Regelsetzer gewollt zu sein, um weiter kontrollierend aktiv werden zu können. Bekanntlich fördert Kontrolle die Kreativität der Kontrollierten, die Kontrolle möglichst wirkungsvoll auszuhebeln. Je *enger* der Spielraum, desto *wahrscheinlicher* wird also die Regelverletzung! Die erneute Regelverletzung wird vom Regelsetzer sensibel wahrgenommen. Er fühlt sich bestätigt, implementiert weitere Regeln, deren Einhaltung durch noch mehr Kontrollmaßnahmen zu überwachen ist, um die »Kontrolllücke« zu schließen oder Missbrauch zu verhindern. Dieser Prozess vernichtet nicht nur Zeit und Energie, sondern verengt die Freiheit des menschlichen Handelns auch auf eine unwürdige Alternative: Befolge ich die Regeln? Oder suche ich nach Wegen, sie zu brechen? Eine solche Spirale führt nicht selten zum völligen Zusammenbruch der Vertrauensbeziehung.

Autonomie

Die Erwartung von Autonomie am Arbeitsplatz ist in hohem Maße universell. Wenn wir Autonomie in einem negativen Sinn als »Nicht-Einmischung«, als Abwesenheit von Zwang oder schlicht als unkontrollierten Bewegungsraum betrachten, dann sind damit zwei normative Einsichten verbunden: 1.) die Willkür bei der Ausübung von Macht ist eingeschränkt, 2.) Wahlmöglichkeiten sind sowohl quantitativ wie qualitativ vorhanden.

Entscheidend ist zudem die Tatsache, dass die Standardisierung von Arbeitsvorgängen (Best Practice, auch »Total-Quality«-Prozesse) das *Autonomie*-Erleben der Mitarbeiter massiv einschränkt. Der Mitarbeiter bleibt innerlich unbeteiligt und reduziert sich auf das Ausführen. Grundsätzlich gilt: Je weniger ein Mitarbeiter selbst bestimmen kann, desto würdeloser erlebt er die Arbeit, desto weniger intrinsisch befriedigend ist sie. Dann muss der materielle Anreiz den Sinn ersetzen. Es ist ein Angriff auf die Möglichkeit, seiner Arbeit Sinn zu verleihen.

Gibt es eine Bürokratie, die einem anständigen Unternehmen entspricht? Die mit der Forderung nach Anständigkeit vereinbar ist? Ich inkriminiere hier nicht das selbstherrlich-regulative Verhalten einzelner Amtsträger. Noch weniger meine ich einen demütigenden Vorsatz bei der Konstruktion von bürokratischen Institutionen. Sondern das *systemische* Verhalten von bürokratischen Institutionen.

Als Faustformel mag gelten: Entwürdigend ist eine Büro-kratie, die sich nicht der Notwendigkeit beugt (also den Über-lebensinteressen des Unternehmens, dem Kundenbedürfnis), sondern der Kontrollwut. Deren Antrieb fundamentales, undifferenziertes Misstrauen ist und die Wahnidee, es könne möglich sein, alle Unwägbarkeiten auszuschalten. Eine Büro-kratie, die Menschen nichts zutraut und zugleich von ihnen verlangt, sich einem Organisationsperfektionismus zu unter-werfen. Die keine Individuen kennt, sondern nur den Kol-lektivsingular »Personal«. Die Optimierung sagt und institu-tionelle Menschenverachtung ist. Kurz: Kontrollvorschriften ohne staatlichen Zwang oder ohne wirtschaftliche Notwen-digkeit sind *Erniedrigungsbürokratie*.

Gegen die bürokratischen Zumutungen von außen kön-nen wir nicht viel ausrichten. Wir können im Rahmen des Legalen ausweichen und die Regeln unterlaufen. Oder wir machen den Laden dicht beziehungsweise verlagern die Firma ins weniger verbürokratisierte Ausland. Aber die *intern* erzeugte Bürokratie können wir auf das Überlebens-notwendige reduzieren. Uns auf das beschränken, was wirk-lich unverzichtbar ist. Vor allem mit Blick auf den Kunden unverzichtbar ist.

Das anständige Unternehmen hat also im Binnenraum einen hohen Vertrauenspegel. Es bringt seinen Mitarbeitern kein prinzipielles Misstrauen entgegen. Es verzichtet daher auf ihre intensivierte Kontrolle und respektiert ihre Autonomie.

AUTHENTIZITÄT
Die kollektive Suche nach dem Selbst

Wir leben in Zeiten explodierender Künstlichkeit. Deshalb suchen wir *Authentizität* – applaussicher trotz ihrer Unaussprechlichkeit. Wie alle Dogmen, Ideologien und Religionen verspricht sie, die Komplexität des modernen Lebens auf etwas »Echtes« zu reduzieren. Nach den Frauenzeitschriften *Flow* und *Slow*, denen es erklärtermaßen um das »wirkliche Leben« geht, ruft seit 2015 die Zeitschrift *Walden* den Männern zu: »Die Natur will dich zurück«. Das Tröstende daran ist nur schwer von der Hand zu weisen. Mit Authentizität wird daher für Biogemüse ebenso geworben wie für Angela Merkel. Und wie kaum etwas anderes bündelt sie die *moralische* Sehnsucht der Gegenwart: Niemand will als unecht gelten, undurchsichtig oder gar verlogen. In einer Welt des Scheins ist es daher ein großes Kompliment, wenn man einen Menschen »authentisch« nennt. Und für den Wunsch nach Ganzheit von Person und Handeln stehen große Vorbilder bereit: Kleist, Celan, Büchner, Willy Brandts Kniefall, der frühe Joachim Gauck.

Auch in der Arbeitswelt ist kaum etwas erstrebenswerter. Vor allem in den Topetagen will man »Typen, nicht Stereotypen«, Leute, die »sich treu bleiben«, »sich nicht verbiegen lassen«, »morgens in den Spiegel schauen können«. Und Mitarbeiter möchten beim Chef wissen, woran man ist. Insofern scheint die Forderung nach authentischer Führung kongruent mit der Forderung nach einem anständigen Unternehmen. Aber die Einfachheit der Formel trügt.

Ich – authentisch?

Als authentisch gilt jemand, der sich nicht verstellt, der stets mit sich identisch, der »er selbst« ist. Unterstellt wird dabei ein *Wesenskern*, der zeit- und situationsübergreifend stabil bleibt. Aber weiß jemand, wie er wirklich ist? Kennt jemand sein »wahres Selbst«? Und wollen Sie es tatsächlich kennenlernen? Wollen Sie es gar »verwirklichen«? So richtig ausleben? Ich gebe zu: Ich hielt es immer für töricht, das eigene Selbst aufklären zu wollen. Ich wollte ihm nicht einmal begegnen – ich hätte, offen gesagt, Angst davor. Könnte ich dann immer noch erwarten, geliebt zu werden? »Jeder Mensch ist ein Abgrund, es schwindelt einem, wenn man hinabsieht«, sagt Woyzeck in Georg Büchners gleichnamigem Stück. Man ist besser beraten, nicht zu tief zu schürfen. Der Mensch ist nur an der Oberfläche menschlich. Den obersten Grundsatz der Therapeuten, dass seelische Gesundheit nur durch Selbsterkenntnis erreichbar sei, halte ich daher für falsch. Wichtiger sind Anerkennung durch andere, ein intaktes Selbstwertgefühl, vielleicht sogar eine kluge Lebenslüge.

Im Grunde weiß niemand, was das »Selbst« ist. Es ist ein Wort, das eine Leerstelle benennen soll, die Konstruktion einer Substanz, die es nicht gibt – und eben darauf zielt die Forderung nach »Authentizität«. Ebenso wenig, wie es eine bruchlose Außenwelt gibt, gibt es eine bruchlose Innenwelt. Und man kann Authentizität auch ganz vorzüglich *spielen*. Stärker noch: Es gibt *nur* simulierte Authentizität. Die reine Scham, der Abgrund des Realen, das schmutzige Andere, das peinvoll Verdeckte – das lässt sich nur simulieren. So, wie es Helmuth Plessner schon 1924 wunderbar ironisch formulierte: »Der Mensch ist von Natur aus künstlich.«

Zudem sind wir nicht unabhängig von unserer Umwelt. Niemand kann für sich Authentizität reklamieren. Wir alle sind abhängig vom *Beobachter*, der uns für authentisch hält oder nicht. Wir können nach unseren eigenen Maßstäben noch so ehrlich, geradlinig und glaubwürdig sein, wenn uns der andere diese Attribute verweigert, hilft es uns nichts, darauf zu pochen. Wir sind, wie auf Märkten, darauf angewiesen, dass uns jemand unsere Authentizität abkauft. Deshalb kann man beispielsweise von niemandem verlangen, sich authentisch zu verhalten. Das heißt: Authentizität ist keine einklagbare Kategorie! Sie lässt sich nicht *fordern*, obwohl das etliche Führungsleitbilder tun – eine relativ neue Form der Zudringlichkeit. Kaum jemandem fällt der Widerspruch auf: Wie kann man authentisch sein, wenn man sich nach einem Leitbild richten soll? Ist Selbstdeformation authentisch?

Moralischer Rigorismus

Den gedankenlosen Umgang mit einem wohlklingenden Wort nachzuweisen ist leicht. Aber es steckt mehr dahinter, eine gefährliche Tendenz. Denn die Authentizitäts-Rhetorik steckt voller *Rigorismus*. Das hat Tradition, die auf Rousseau zurückgeht. Rousseau war der Auffassung, dass man jedes Geheimnis der Seele ans Licht zerren müsse, dass man alles wegräumen müsse, was den wahren Charakter verschleiere.

Die Frage ist: Wollen wir so leben? Klar ist, auf Lüge lässt sich keine Beziehung gründen. Aber Lüge ist ein enges Wort für ein weites Feld. Wenn man die Wahrheit verschweigt, ist das schon Lüge? Schweigt über das, was einen anderen Menschen verletzen könnte? Wenn man dies nicht tut, würde dann nicht wahrscheinlich jede Familienfeier ein Schlachtfest der Seelen, ein Triumph der Unbarmherzigkeit? Wer unglücklich sein will, braucht nur aufrichtig zu sein.

Dagegen will ich die *Höflichkeit* ins Feld führen, das »Staatspapier des Herzens« (Ludwig Börne). Höflichkeit ist keine Frage von Lüge oder Wahrheit, sondern von zivilisatorischer Übereinkunft. Beide wissen, dass man ein wenig unehrlich ist, und gerade deshalb funktioniert die Beziehung. Und höflich sein bedeutet nicht, zu schleimen. Dazu Wilhelm Busch, unvergleichlich: »Da lob' ich mir die Höflichkeit, das zierliche Betrügen: Du weißt Bescheid, ich weiß Bescheid, und allen macht's Vergnügen.« Auch wenn es absurd klingt: Unser Anspruch auf Höflichkeit ist das Recht, getäuscht zu werden.

Was ist mit dem Flunkern, das niemanden böswillig in die Irre führt? Was ist mit der *pia fraus*, dem frommen Betrug, den der Arzt segensreich einsetzt? Die Realpolitik wusste schon immer, dass es Situationen gibt, in denen man die Wirklichkeit durch Lüge zu gestalten hat. Etwa, wenn die Kanzlerin feststellt, die Banken seien nicht bedroht – und so dafür sorgt, dass eine durchaus reale Bedrohung abgewendet wird. Die Konsequenzen des Fürwahrhaltens erzeugen eine Wahrheit, die es zuvor nicht gab. Bei Voltaire heißt das: »Die Lüge ist eine sehr hohe Tugend, wenn sie Gutes tut.«

Eine aufgeklärte Haltung weiß also, dass auch in der Wirtschaft das Prinzip der absoluten Aufrichtigkeit nichts Gutes bewirkt. Hier ist das Verhältnis von Wahrheit und Lüge nur im außermoralischen Sinne relevant. Wer in eine Verhandlung mit überzogenen Forderungen hineingeht, der tut das, um ein möglichst gutes Ergebnis zu erzielen. Und in dem Wissen, dass es die andere Seite genauso hält.

Nicht anders ist es bei der Notlüge. Wenn man jemanden unter Rechtfertigungsdruck setzt, wird er lügen. Das heißt, er wird die Dinge so schildern, dass er sich möglichst straffrei aus der Affäre ziehen kann. Eine Lüge kann man daher auch »sachzwangreduzierte Ehrlichkeit« nennen. Und was ist mit strategischer Selbstdarstellung? Mit Schönfärbereien, falschen Komplimenten und aufgesetzter Freundlichkeit? Sie haben keinen guten Ruf, aber man wird kaum ohne sie auskommen. Und das ist gut so. Es sind »prosoziale Lügen«: die Diskretion, die man wahrt; das Ritual, das man zelebriert; die Zudringlichkeit, die man vermeidet – all das sind *zivilisatorische Errungenschaften*. Und hat nicht jeder das Recht und den Anspruch, sein »Gesicht zu wahren«?

Weiter: Wollen wir wirklich dem anderen ins Herz blicken? Wollen wir, umgekehrt, dass jeder unsere Masken und Verstellungen durchschaut? Muss man stets sagen, was man voneinander hält? Sind die jährlich stattfindenden Mitarbeiterbeurteilungen nicht obszön genug? Entblößungen, die in Wahrheit nur niedere Instinkte wecken? Und wenn man von einem Dritten etwas über einen Zweiten erfahren hat, sollte man den Betreffenden damit konfrontieren? Weil es der »Wahrheit« dient?

Man sieht: Authentisch sein, die Wahrheit sagen und nichts als die Wahrheit, das taugt nicht für alle Lebenslagen. Es hat Grenzen, gilt nicht bedingungslos. Wir nehmen Rücksicht – und erwarten sie. In der Politik nennt sich das »Diplomatie«, im Alltag »Takt«, der Sinn fürs Indirekte. Ohne Höflichkeit, Lügen und Verstellung wäre der soziale Umgang unerträglich. Die mäßigen Temperaturen, das gebrochene Licht – das ist lebensdienlicher.

Rolle

Der Prozess der Zivilisation hat – glücklicherweise – eine Differenz geschaffen zwischen dem, was Menschen tun, und dem, was sie dabei denken, fühlen oder hoffen. Als Mitglieder der Gesellschaft, an der sie in unterschiedlichen Funktionen teilhaben, spielen sie *Rollen*, tragen sie Masken. Der Personenbegriff geht auf die Darstellungen im antiken Theater zurück *(per-sonare* – durch die Maske tönen) – wer durch die Maske spricht, stellt nicht *sich selbst* dar, sondern führt eine Rolle auf, wird durch die Maske gleichsam unsichtbar gemacht, ohne dahinter völlig zu verschwinden. Aber warum ist das gut? Weil Rollen Vertrauen schaffen: So wie ich nicht von der persönlichen Zuneigung des Bäckers abhängig sein will, ob er mir Brot verkauft, so möchte ich nicht von der Laune eines Vorgesetzten abhängig sein, ob er entscheidet – oder nicht.

Eine Führungskraft wird eingekauft, um eine *Rolle* zu erfüllen, nicht um »sie selbst« zu sein. Die soziale Rolle – diesen Begriff hat der amerikanische Ethnologe Ralph Linton 1936 eingeführt – entlastet das Individuum davon, sich alle Handlungen persönlich zuzurechnen und sich mit ihnen zu identifizieren. Zwischen Rolle und Ich besteht immer ein Unterschied, liegt eine Distanz. Nicht zufällig bedeutet »Performance« im Geschäftsleben eben auch, dass eine »Vorstellung« gegeben wird.

Dass Führung für Rollenerfüllung eingekauft wird, will mancher nicht wahrhaben. Zum Beispiel Hartmut Mehdorn, der ehemalige Chef der Deutschen Bahn und der Berliner Flughafengesellschaft. Von ihm ist der verärgerte Ausruf überliefert: »Ich bin kein Industrieschauspieler! Ich bin Mehdorn!« Und auf der anderen Seite der Medaille finden wir die Antwort des ehemaligen US-Präsidenten Ronald Reagan auf die Frage, wie denn ein Schauspieler Präsident werden könne: »Ich kann mir nicht vorstellen, dass ein Präsident *kein* Schauspieler ist.« Das ist die Spannung: Auf der einen Seite die Angst vor der »Verstellung«, auf der anderen Seite die Angst vor der Ehrlichkeit.

Der eindimensionale Mensch

Es gibt eine Antwort von Mark Zuckerberg auf die Frage, wie man es bei Facebook mit dem Schutz der Privatsphäre halte, die an Dummheit nicht zu überbieten ist: »Ich verstehe Ihre Frage nicht. Wer nichts zu verbergen hat, hat auch nichts zu befürchten.« Doch, jeder hat immer etwas zu verbergen, weil er viele Rollen spielt, in gespaltener, widersprüchlicher, zweckaufgeteilter Weise existiert. Es sei denn, man ist so langweilig wie eine stehengebliebene Uhr, deren Zeiger bekanntlich nur zweimal am Tag die richtige Zeit anzeigen.

Wie Jonathan Swift scharfsinnig bemerkt hat, gehört vollkommene Wahrhaftigkeit und völlige Transparenz des Denkens ins Reich der Tiere. Jedes Tier ist authentisch, direkt und echt. Als Menschen hingegen sind wir gut beraten, viele Dinge im sozialen Umgang vage und unbestimmt zu halten, nicht alles ans Licht der Öffentlichkeit zu zerren. Es gehört nämlich zu den elementarsten Leistungen, ja Pflichten in einer zivilisierten Ordnung, Gefühle vorzutäuschen und zu verbergen. Mehr noch, zum menschlichen Glück gehört die Möglichkeit, etwas anderes zu sein als man »selbst«. Etwas Besseres vielleicht, Würdevolleres, Klügeres, Eleganteres, Souveränes. Und vielleicht auch nur auf Expressivität zu verzichten. Manchmal reicht es ja schon, wie Dieter Zetsche von Daimler einmal sagte, »kein Arschloch zu sein«.

Die Idee der »authentischen Führungskraft« scheint ausgezeichnet, solange man nicht auf eine Führungskraft stößt, die sich authentisch verhält. Denn: Sind wir nicht am authentischsten in unverhüllten Ausbrüchen entfesselter, geballter Energie, wenn wir mit der Faust auf den Tisch schlagen, um unseren Zorn zu entladen? Wie oft habe ich – ansonsten durchaus sympathische – Vorgesetzte erlebt, die mit ihrer Cholerik ganze Mannschaften zum Schweigen brachten. Und das als Leidenschaft ausgaben. Wer noch mit Kajo Neukirchen (Metallgesellschaft) zusammengearbeitet hat, der weiß, dass er jeden erfolglosen Manager absolut authentisch an die Wand nagelte. Müssen wir nicht strikte Selbstbeherrschung fordern? Nicht »ausrasten«, nicht »aus der Fassung geraten«, selbst wenn man meint, gute Gründe dafür zu haben? Es geht eben nicht darum, Authentizität zu fordern, es geht nicht darum, etwas zu *tun*; zu fordern ist: Unbeherrschtheit zu *unterlassen*!

Anstand

Gegen die Gleichsetzung von Person und Rolle möchte ich wiederum den Begriff des Anstands ins Feld führen. Anstand hat auch hier damit zu tun, Abstand zu wahren: Jemanden nicht zu behelligen, nicht zu nahezutreten, nicht zu verletzen, im Sinne Richard Rortys nicht grausam zu sein. *Höfliche Distanz* ist eine Grundvoraussetzung dafür wie übrigens auch für kulturelle Vielfalt. Anstand hat mit Selbstbeherrschung und Gefasstheit zu tun, damit, sich »im Griff« zu haben.

Allzu starke Gefühlspreisgaben sind in Arbeitsbeziehungen grundsätzlich problematisch. Um ein alltägliches Beispiel zu nennen: Es mag wünschenswert sein, wenn ein Chef seiner Freude über den Erfolg eines Mitarbeiters spontan Ausdruck verleiht. Das gilt jedoch nicht im Negativen. Der Machtaspekt, der alles Führen/Folgen kennzeichnet, lässt »authentische« Kritik aus Sicht des Mitarbeiters übergroß erscheinen. Wie mit einer Lupe verdoppelt sich das Ablehnende, lässt es mitunter gar ins Existenzbedrohende wachsen. Das kann für den Manager nur heißen, gleichsam eine »halbierte« Authentizität zu leben. Spontan im Positiven, zurückhaltend im Negativen. Mit Authentizitätsemphase lässt sich dieser Unterschied jedenfalls nicht einebnen.

Anstand entsteht, wenn man äußeren Anlass und innere Reaktion trennt. So, wie es die Stoa schon vor 2000 Jahren vorgeschlagen hat. Gerade jene Freunde der psychologischen Weltsicht, die das oft inakzeptable Verhalten von Vorgesetzten beklagen, sollten gegen die Authentizität die Stimme heben. Und sich für Selbstdisziplin und Anstand, also für Rollenbewusstsein einsetzen. Denn »Authentizität« und »Wertschätzung« kann man gleichzeitig nicht fordern. Wie kann man sich wertschätzend verhalten, ohne die Authentizität durch Höflichkeit zu disziplinieren?

Fassen wir zusammen: Man hält Authentizität für anständig – das Gegenteil ist der Fall. Authentizität ist geradezu der *Gegenbegriff* zu Anstand! Ein zivilisierter Umgang unter Menschen ist mit der Forderung nach Authentizität schlicht unvereinbar. Man muss seine Rolle kennen, sein Gefühl bewirtschaften, den Affekt beherrschen, die Leidenschaften zügeln, kurz: vernünftig sein. Dazu ist Distanz erforderlich – Distanz von sich selbst, von seinen Launen, Reflexen, seinem Ärger. Es verlangt maßvolle Unschärfe, Formgefühl und Freundlichkeit.

Führungskräfte müssen sich also rollenadäquat verhalten. Müssen von sich selbst absehen, nicht permanent um

ihr Ego kämpfen, in der Kommunikation als Bote hinter der
Botschaft verschwinden, über die Sache sprechen, nicht über
»sich selbst«. Dürfen nicht jammern, wenn ein Unternehmen
in der Krise steckt, sich nicht distanzieren von Entscheidungen, die von weiter oben kommen. Wie können sie authentisch sein, wenn sie Entscheidungen zu vertreten haben, die
sie selbst so nie getroffen hätten? Gerne verwechselt man den,
der kein Gefühl *zeigt*, mit dem, der kein Gefühl *hat*. Aber
Führungskräfte müssen Künstler der Affektökonomie sein.

Die Forderung nach Authentizität – es gibt nur wenige
eindrucksvollere Beispiele für die Missverständnisse, die
unter der Flagge der Moralisierung im Unternehmen segeln.
Gerade dieser Begriff steht für die Tendenz des Unterschei-
dungsverlustes, der »authentisch«, »empathisch« und »nachhaltig« etwas von »Schritten in die richtige Richtung« redet.
Authentizität ist *Distanzlosigkeit* – und genau die brauchen
wir nicht. Wir brauchen die Unterscheidung von Vordergrund und Hintergrund, von Rolle und Person. Innere
Person und gesellschaftlich sichtbare Person müssen nicht
übereinstimmen. Statt sich um eine möglichst aufrichtige
Darstellung seines »Selbst« zu kümmern, sollten wir uns um
eine möglichst wirklichkeitsnahe Darstellung einer *gemein-*
samen Realität bemühen. Das anständige Unternehmen
entlastet daher seine Führungskräfte von dem Anspruch,
authentisch zu sein. Weil er nicht eingelöst werden kann.
Und auch nicht sollte.

Bezeichne nichts als alternativlos

Jede Charakterisierung, jede Unterscheidung schließt etwas ein und etwas aus. Um etwas zu charakterisieren, muss es von etwas unterschieden werden, auf das diese Charakterisierung nicht zutrifft. Sonst wäre kein Merkmal zu kommunizieren; es ergäbe einfach keinen Sinn. Das meint Spinozas berühmte Formel *omnis determinatio est negatio* – jede Bestimmung ist eine Verneinung. Spinoza sagt nicht, jede Bestimmung sei *nur* eine Verneinung. Er lässt also eine positive Innenseite einer Bestimmung zu. Aber es gilt eben auch: »So nicht!« oder »Dies nicht!«

Für Wertkonflikte gilt dasselbe: Einer positiven Behauptung steht immer eine negative zur Seite. Oder anders: Wenn ich einen Wert vorziehe, setze ich einen anderen zurück; wenn ich etwas einschließe, schließe ich etwas anderes aus. Wir müssen uns also immer auch darüber klar werden, was ein Wert *verneint*. Wir können nur dann klären, was ein Wertekonzept will, wenn wir uns zugleich sagen, was es verwirft. Das müssen die Romantiker der Werte einmal begreifen: Werte sind ihrem Wesen nach plural und können *keine* Einheit stiften – auch wenn das der routinierte Gesinnungsbetrieb immer behauptet.

Wenn man dann eine Wahl trifft (die ich umgangssprachlich »Entscheidung« nenne, obwohl sie eine Wahl ist), dann trifft man sie auf der Basis von *Vorziehungen* – Werte sind das, was man »vorzieht«. Und damit stellt man einen anderen

Wert hintan, den man ebenso mit guten Gründen vertreten könnte. Eine Entscheidung kommuniziert also immer Mehrerlei: 1.) *dass* entschieden ist, 2.) *wer* entschieden hat und 3.) *wofür* entschieden wurde. Sie kommuniziert (meist implizit) aber eben auch 4.), *wogegen* entschieden wurde. Gerade diese vierte Botschaft hat häufig mehr Konsequenzen als die anderen drei. Sie erzeugt Widerstand bei jenen, die die andere Seite der Entscheidung vorgezogen hätten, und läuft deshalb als Zweifel immer unausgesprochen mit.

Wer also entscheidet, sollte sich klarmachen, was oder wen er zum Verlierer macht. Und es auch sagen. Das Ausgeschlossene wird allerdings meist verschwiegen. Man malt das Vorgezogene in leuchtenden Farben und lässt das Abgewählte im Halbschatten. Wer aber ein anständiges Unternehmen will, der sollte den Verlierer benennen. Dass man etwas schwächt, wenn man etwas anderes stärkt.

Für das anständige Unternehmen ist dabei das *Schädigungsverbot* zu beachten. Es ist ein Unterschied, ob wir etwas Gutes tun wollen oder etwas Schlechtes vermeiden. Das zweite wiegt schwerer (ich vertiefe das im Nachwort). Das jedoch nicht zu sehen, ist üblich bei den Sachwaltern der guten Absicht. Wir aber sollten uns klar vor Augen führen, was da geschwächt wird, und zwar mit allen Spät- und Nebenwirkungen. Und dann müssen wir abwägen: Sind wir bereit, für das Gute dieses Schlechte in Kauf zu nehmen? Oder sollten wir uns nicht darauf konzentrieren, das Schädliche zu vermeiden?

Als Führungskraft treibt man viel Aufwand, die abgelehnte Alternative vergessen zu machen. Wofür häufig Unternehmensberatungen ihre Hilfe anbieten. »Alternativlos!«, sagen dann jene, die den anderen zum Schweigen bringen wollen. Oder eine einmal getroffene Entscheidung in eine Verpflichtung zum Weitermachen zementieren. Gerne wird auch etwas als »eindeutig« bezeichnet, als »no-brainer«, es gebe da »keine zwei Meinungen«. Aber der Mensch hat immer eine Alternative – und wenn es nur die ist, seine Einstellung oder seine Reaktion auf das Zufällige zu wählen. Wo sonst bliebe unsere Freiheit?

Als Führungskraft kennen Sie die Situation, dass die Hälfte Ihrer Leute für »rechts herum« plädiert, die andere Hälfte für »links herum«. Weshalb eine Entscheidung immer und unentrinnbar Widerstand erzeugt. Dem kann nur entgehen, wer nicht entscheidet (was auch eine Entscheidung ist). Das ist die verbreitete Ethik der sauberen Hände, die in Zeiten allumfassender Moralisierung wuchert. Und sie ist inakzeptabel. Führung ist immer Führung *im Dilemma*. Stets gibt es Konflikte zwischen verschiedenen Zielen, Werten, Erfahrungen, die alle berechtigt scheinen. Was immer Sie dann entscheiden, es ist falsch – aus Sicht derjenigen, die andere Werte vorgezogen hätten. Weshalb Sie als Führungskraft *immer* Widerstand erzeugen – oder Sie entscheiden nicht. Mehr noch: Ohne Ziel- und Wertkonflikte bräuchten wir keine Führung. Wenn im Konflikt die Paralyse droht, dann brauchen wir eine Instanz, die in Situationen eine Entscheidung fällt, die sich nicht »von selbst« ergibt. Es sind Dilemmata dieser Art (ich wechsle hier auf die Beispielsebene, weil sie dieses Prinzip besser verständlich macht als eine theoretische Herleitung):

- Ein Niederlassungsleiter eines weltweit führenden Personaldienstleisters bringt Jahr für Jahr schlechtere Ergebnisse. Mittlerweile ist er konstant im unteren Leistungsfünftel angekommen. Aber er ist seit 32 Jahren im Unternehmen und hat früher einmal sehr gute Ergebnisse abgeliefert. Hinzu kommt, dass er in einer wirtschaftlich boomenden Stadt arbeitet, dort gleichsam die Niederlassung »besetzt« und damit verhindert, dass das Unternehmen an dieser Konjunktur partizipiert. Trennen oder nicht trennen? Oder gibt es eine dritte Möglichkeit?

- Ein deutscher, global agierender Maschinenbauer hat sich jüngst ein Unternehmensleitbild gegeben, in dem er sich zur Einhaltung der jeweiligen Landesgesetze verpflichtet. In Indien ist Korruption verboten; doch niemand hält sich daran, und auch die Wettbewerber beteiligen sich intensiv an Bestechungsaktionen. Zahlt man keine Bestechungsgelder, droht ein massiver Umsatzeinbruch und der Verlust von Arbeitsplätzen in Deutschland. Bestechen oder nicht bestechen? Oder intelligent bestechen?

- Ein mittelständischer Verpackungshersteller führt nach langen Jahren des Zögerns ein jährliches Mitarbeitergespräch ein. Das Unternehmen produziert im ländlichen Gebiet; die Mitarbeiter stammen mehrheitlich aus den umliegenden Dörfern. Es gibt etliche älterer Mitarbeiter, die sich beharrlich weigern, sich von ihren oftmals jüngeren Chefs beurteilen zu lassen. Zwingen oder nicht zwingen?

- Ein Internet-Ausrüster erfährt, dass der nationale Geheimdienst Produkte des Unternehmens auf dem Transport zum Kunden abfängt und aus Gründen der nationalen Sicherheit manipuliert. Wie soll der Konzernchef reagieren? Soll er die Interessen seiner Kunden wahren oder die seines Heimatlandes?

Also: *Alle Bejahung ist Verneinung*; keine Buchung ohne Gegenbuchung. Wenn heute überall das Zauberwort »Innovation« herumgereicht wird, dann wird immer unterschlagen, dass Innovation alle zum Verlierer macht, die aus dem Nicht-Erneuerten ihren Vorteil ziehen. Vor allem aber erzeugt *the road less taken* Fehler über Fehler. Ich habe noch keinen Manager gesehen, der die dadurch entstehenden Kosten freudig begrüßt hätte. Und wer mit Incentivierung einige Ziele stärken will, schwächt andere, die nicht incentiviert werden. Genauso gerne wird dieses oder jenes »gefördert«, »unterstützt«, »empowered«. Aber Förderung ist Diskriminierung. Was auf der einen Seite investiert wird, fehlt auf der anderen. Der Ökonom spricht von »Opportunitätskosten«, das sind jene Mittel, die für eine andere Verwendung dann nicht mehr zur Verfügung stehen. Auch das von Milton Friedman popularisierte »There ain't no such thing as a free lunch« gehört hierher – nichts im Leben ist kostenlos, irgend jemand zahlt dafür.

Das anständige Unternehmen wird immer den ausgeschlossenen Pol benennen. Es wird nicht die Kosten unterschlagen – auch nicht die mentalen, auch nicht die moralischen. Es wird offen sagen, wer die Verlierer sind. Vor allem aber wird es niemals etwas als »alternativlos« bezeichnen. Es wäre das Ende der Aufklärung, das Ende der Verantwortung. Nichts ist ohne Alternative. Wir können immer der Macht des Faktischen den Entwurf des Möglichen gegenüberstellen. Genau diesem Entwurf verdankte das Unternehmen einst seine Entstehung.

WERTSCHÄTZUNG
Die Forderung nach Anerkennung ohne Gegenleistung

Wenn die Worte nicht stimmen, stimmen die Begriffe nicht – dann gerät die Gesellschaft in Unordnung. Konfuzius wird dieser Gedanke zugeschrieben. Manche Worte klingen vordergründig gut, schmeicheln sich ein, bieten und dulden keinen Widerstand – und stiften doch nur Unordnung. Ein Beispiel dafür ist die »Wertschätzung«. In welche Führungsleitlinie man auch hineinschaut, dieses Wort fehlt nie. Gefordert wird der »wertschätzende Umgang«, gar eine »Kultur der Wertschätzung« oder die sprachspielerische »Wertschöpfung durch Wertschätzung«. Schaut man sich den medialen Auftritt mancher Unternehmen an, gewinnt man fast den Eindruck, sie seien in ihrer Gesamtheit um die Zentralidee der Wertschätzung herum gebaut. Ich kann mich an Moderationen erinnern, in denen – ohne Übertreibung – alle drei Minuten dieses Wort fiel. Und an eine Talkshow, in der Wertschätzung innerhalb von zehn Minuten vier Mal für Kita-Mitarbeiter gefordert wurde (nicht aber etwa für Busfahrer oder Dachdecker) – von einer Familienministerin, von der man, so fürchte ich, noch hören wird. Jedenfalls gibt es kaum einen Topos der Unternehmenskultur, dem eine so hohe – nun ja, Wertschätzung entgegengebracht wird.

Warum diese Konjunktur? Weil es an Wertschätzung mangelt, wie es die aktuelle Nachfrage nach Chefbeschimpfungsbüchern nahelegt? Es muss ja eine Gesellschaft der Nicht-Wertgeschätzten sein, deren kollektive Sehnsüchte dieser Begriff befriedigt. Handelt es sich nur um eine gefällige Worthülse – ähnlich gedankenlos wie »nachhaltig«? Oder will man auf dem Hühnerhof der politischen Korrektheit ein besonders nahrhaftes Korn picken? Steckt dahinter überhaupt eine plausible Idee? Eine, die im täglichen Zusammenarbeiten einen Unterschied macht? Was meint Wertschätzung inhaltlich, kann man sie ergebniskritisch rechtfertigen, praktisch und produktiv machen – jenseits des »Seid nett zueinander!«?

Vom Wert und vom Schätzen

Der Begriff »Wertschätzung« kommt ursprünglich aus der Ökonomie. Dort bezeichnet er das Taxieren einer Ware, die Einschätzung, welchen Wert sie hat. Dabei wird der Wert nicht als untrennbare Eigenschaft der zu bewertenden Sache gedacht, sondern ihr nach den angelegten Maßstäben sozusagen »beigemessen«.

Schon im frühen 19. Jahrhundert löste sich der Begriff von dieser ursprünglichen Bedeutung und wanderte in die Moralphilosophie ein. Es kam allerdings zu einer wichtigen Akzentverschiebung: Jetzt ging es eher um die Frage, ob eine Sache aufgrund des ihr zukommenden Wertes *geschätzt* wird, ob der mit ihr verbundene Wert »gewürdigt« wird.

Konstruieren wir soziale Beziehungen in Unternehmen als Leistungspartnerschaften, dann schätzen wir eine konkrete Person, insofern sie ihre Rolle oder Aufgabe gut ausführt. Wir schätzen den Verkäufer *als Verkäufer*, wenn er gute Umsätze bringt, wir schätzen den Frisör *als Frisör,* wenn ihm der Haarschnitt gut gelungen ist. Das heißt, hier wird Leistung geschätzt, konkretes Handeln, Vernunftfähigkeit, Erfolg, das Verhältnis von Geben und Nehmen. Das wiederum ist die ursprüngliche, ökonomische Bedeutung der Wertschätzung: Wertschätzung als *Preis-Verleihung*, ein Preis in einem Tauschgeschäft – um ihn muss man kämpfen. Man kann sich praktisch eben nicht wertschätzend verhalten, ohne dass da ein Wert ist, der von Betrachtern auf Märkten unterschiedlich geschätzt wird. Ja, ohne Leistung gibt es keinen Wert; aber ohne Schätzung eben auch nicht.

Und genau das passiert ja auch im Unternehmen: Unser Wert (also der Beitrag, den wir zum Überleben, zum Wohlergehen oder zum Erfolg der Unternehmens leisten) wird permanent geschätzt, eingeschätzt, abgeschätzt (oft auch unterschätzt). Wertschätzung im Unternehmen gleichsam *bedingungslos* einzuklagen, kann dann nur heißen, auf die Bewertung des Beitrags zu verzichten, den ein Mensch zur Überlebenssicherung des Unternehmens leistet. Kann man das mit Wirklichkeitssinn fordern?

Wer Wertschätzung einklagt, klagt also Uneinklagbares ein (es sei denn, wir schicken Adam Riese in Rente): dass Leistung *ohne Gegenleistung* möglich ist; dass ein Verhalten per se wertvoll ist; dass man über jede Kritik erhaben ist. Ich will den Unterschied noch zuspitzen: Achtung vor der Menschenwürde ist ein Gut, das einem Menschen allein aufgrund der Tatsache zusteht, dass er ein Mensch ist. Menschenwürde ist nicht ableitbar aus anderen Rechten; sie ist ein Wert, der schlechthin anzuerkennen ist. Sie ist *unbedingt*. Menschenwürde ist damit die Basis für die *Gleichbehandlung* von Menschen. Ganz anders die Wertschätzung. Sie ist *bedingt*, an Voraussetzung gebunden, ableitbar von einem Wert, der da zu schätzen ist. Wertschätzung ist ein durch Anstrengung erworbenes Gut. Kein Grundrecht. Wertschätzung kann mithin als Grundlage für *Ungleichbehandlung* dienen. Es gibt keine einzige Moralphilosophie, die die Wertschätzung eines Menschen nur deshalb einklagt, weil er Mensch ist. Der Begriff des »Wertes« hat an sich keine moralische Funktion. Er ist lediglich ein rhetorisches Mittel, um auszudrücken, was wir vorziehen. Und daher – was wir *ungleich* behandeln.

Gleichheitsforderung

Die Forderung nach allgemeiner, ungeteilter und bedingungsloser Wertschätzung ist ein Ableger des sozialen Gleichheitsdenkens, das wiederum die »inklusive« Gesellschaft idealisiert: persönliche Vorlieben und Vorziehungen sind »ungerecht«. Wertschätzung soll gegenleistungslos gelten für alle und alles – was im Kern einem egalitären Umerziehungsideal huldigt. Hier sollen Gefühle und Verhaltensweisen umgepolt werden ins undifferenziert Gleich-Gültige – und wer da keinen Nordkorea-artigen Zustimmungseifer zeigt, ist verdächtig. Wie leicht dann die Wertschätzung in Aggression umschlägt, wenn man ihr die Wertschätzung versagt …

Für das Leben in Unternehmen aber liegt das Problem tiefer. Dass Interessen in Werte umgegossen werden, ist lange bekannt. Es ist die Oberflächenstruktur nahezu aller öffentlichen Diskurse. Wer seine Interessen verschleiern will (weil sie so selbstsüchtig klingen), der überzuckert sie mit moralischem Mehrwert. Der spricht dann von »Gemeinwohl«. Und macht damit seine Interessen unter der Hand für den anderen verbindlich. Ein Kunstgriff: Meine Interessen – deine Werte! Und man hat kaum mit Protest zu rechnen: Wer will sich schon gegen hehre Werte wehren? Bei Interessen wäre gegebenenfalls zu *verhandeln*, da ginge es um Ausgleich; bei Werten geht es um *Gehorsam*. Das Übergriffige der Werte ist überdeutlich. Das gilt auch für den Wert der »Wertschätzung«: Es ist einer dieser niemals einklagbaren, dafür aber immer bezugsfähigen Werte, hinter denen sich in Wirklichkeit Interessen verbergen. Wie sieht dieses Interesse aus?

Der nüchterne Kern ist: Alter verhält sich nicht so, wie Ego es gerne hätte: Der Eigen-Wert von Ego wird von Alter nicht anerkannt. Dann klagt Ego einen Mehr-Wert ein. Im Regelfall findet Ego das Verhalten seines Chefs nicht in Ordnung; generell ist Wertschätzung meist eine nach vertikal oben gerichtete Erwartung. Sie ist Opferrhetorik, insofern en vogue, weil der gesellschaftsweite Wettbewerb um die optimale Opferposition alles nach oben spült, was sich entsprechend dekorieren lässt.

»Eigenwert« ist hier ein nützlicher Psychologismus, der in jeder Kommunikation unterschwellig verhandelt wird: »Das glaube ich, bin ich wert, so schätze ich meinen Wert ein.« Man kann das auch »Selbst-Konzept« oder »Ideales Ich« nennen. Aber: Jeder ist in sozialen Situationen (Tausch) davon abhängig, dass dieser Eigenwert von anderen *anerkannt* wird. Dauernd lauert die Frage: »Geht der andere mit mir so um, wie ich möchte, dass mit mir umgegangen wird?« Das ist ein ökonomischer Vorgang der Wertzuschreibung. Wenn es Ego an Wertschätzung durch andere mangelt, dann fragt es aber selten: »Was kann ich bieten?«, sondern (oft auch zusammen mit der Forderung nach mehr Geld): »Was kann ich kriegen?« Der Eigenwert von Ego ist dann höher als der Wert, den Alter ihm zubilligt.

Auf diese Disproportion kann man mit Empörung reagieren – typisch für Moralisierung, die sich immer dann aufbläht, wenn Fakten fehlen. Aber man kann sie auch als interessante Nachricht verbuchen. Zum Beispiel: dass der Wert meiner Arbeit *an dieser Stelle* nicht geschätzt wird (was nicht heißt, dass sie nicht woanders wertgeschätzt werden kann), dass meine Sozialchancen auf diesem Spielfeld eher gering sind.

Alter fürchtet offenbar nicht, dass Ego seine Leistungsbemü-
hungen einstellt – weil er gegebenenfalls darauf verzichten
kann. Und er fürchtet auch nicht, dass Ego das Unternehmen
verlässt, dass Ego seinen Wert also woanders anbietet. Sonst
würde Alter alles tun, um den Eigenwert von Ego zu treffen,
ja zu übertreffen. Diese Klarheit mit der Forderung nach
Wertschätzung zu trüben, kommt der Forderung nach Scho-
nung, Kritiklosigkeit, Konsequenzumgehung gleich. Will das
wer? Ja, das will wer. Es steckt nämlich ein zukunftsfreudi-
ges Element in jeder Kritik, das ihr die Gegnerschaft jener
zuzieht, die sich im Mittelmäßigen eingerichtet haben. Sie
ertragen es nicht, an ihre Möglichkeiten erinnert zu werden.
Und plappern was von mangelnder Wertschätzung. Oft kann
man der Idee der Wertschätzung ja noch etwas abgewinnen,
solange man nicht auf Individuen trifft, die sie einklagen.

Heißt das nun, mit dem Grundkonsens der Mitmensch-
lichkeit zu brechen? Keineswegs. Es heißt nur, dass man nicht
den unantastbaren Wert eines Menschen in einen Topf werfen darf mit dem ökonomischen Wert seiner Arbeitsleistung.
Der erstere ist durch unbedingte Höflichkeit zu respektieren,
der zweite durch bedingte Reaktion zu bewerten. Die Forderung nach dem einen darf nicht die Klarheit in der Sache
bei dem anderen trüben.

Eine Frage der Passung

Darauf läuft es doch bei dem Problem der Wertschätzung
hinaus, auf die Frage: »*Passen* wir zusammen?« Bei mangelnder Wertschätzung ist Ego nicht ein »falscher« Mensch,
sondern am falschen Ort. In einem anderen System kann
sein Wert anders eingeschätzt werden. Wer einst durch einen
Schulwechsel von einem schlechten Schüler zu einem guten

avancierte, weiß, wovon ich rede. Oder wer in dem einen Unternehmen gefeuert und im nächsten gefeiert wurde.

Für die Praxis also überaus wichtig: Menschen anständig zu behandeln bedeutet, sie als verantwortungsfähig anzusehen und positiv oder negativ auf ihre Handlungen zu reagieren. Jemanden anständig zu behandeln erfordert nicht, immer zu akzeptieren, was er sagt oder tut. Mit Argumenten Nichtübereinstimmung ausdrücken oder gar Kritik üben bedeutet keinesfalls fehlenden Anstand. Im Gegenteil: Wir nehmen ihn ernst als jemanden, der einsichtsfähig ist, eigene Leistungsmaßstäbe entwickeln und sein Handeln umstellen kann. Das kann eine schwierige Übung sein. Wenn aber grundsätzlicher Respekt da ist, wird es dem anderen möglich sein, einen Fehler einzugestehen.

Die Forderung nach Wertschätzung darf kein Hindernis für den Fortschritt sein. Und sie darf nicht gegen jede Form der Klarheit immunisieren. Für unsere eigene Selbstachtung ist es wichtig, dass wir Kritik üben können, ohne vom Postulat der Wertschätzung in einer Wolke des Gutmeinens daran gehindert zu werden. Und dass wir umgekehrt nicht jede Kritik als Angriff auf unseren Wert als Mensch begreifen.

Was bleibt von der Wertschätzung? Wenn die Forderung nach Wertschätzung meint: »Ich will ernst genommen werden«, dann ist man geneigt zuzustimmen. Jedoch können wir nicht *alles* ernst nehmen, nur um der Forderung nach Wertschätzung zu genügen. Wer aber nur ein Verhalten meint, dass man früher mit guten Manieren beschrieb, der soll das auch sagen. Etwa so: »Sie müssen mich nicht mit Samthandschuhen anfassen. Ich weiß, dass ich nicht allen Ansprüchen gerecht werde. Wenn ich etwas falsch gemacht habe, müssen Sie mich damit konfrontieren. Klar und deutlich. Seien Sie dabei höflich. Das reicht zwischen Erwachsenen völlig.«

Oder doch besser ganz auf den Gebrauch des Begriffs verzichten? Eher nicht. Aber wir sollten ihn seiner passiv-aggressiven Tendenz entkleiden; wir sollten ihn dynamisieren. In einer modernen, pluralistischen Gesellschaft, die nicht mehr vom Normalstandard, sondern von Subjektivität und Individualität, mithin vom Wertkonflikt geprägt ist, sollten wir die Wertschätzung nicht nur verstehen als Anerkennung dessen, »was ist«, sondern als *Beginn des Gesprächs* begreifen, als Auseinandersetzung um den richtigen Weg, als das Verhandeln unterschiedlicher Erwartungen, als In-Bewegung-setzen dessen, was vorher erstarrt war. Das subjektive Erlebnis mangelnder Wertschätzung sollten wir als Aktivierung, als Aufruf zur Neuverhandlung, als Einstieg in den Dialog verstehen. Geben und Nehmen müssen wieder ins Gleichgewicht gebracht werden. Möglicherweise müssen wir prüfen, ob wir zusammenpassen.

Diese Auseinandersetzung um Wertkonflikte, diese Differenz zwischen Eigenwert und Wertschätzung darf nicht durch imperative und bedingungslose Forderungen eingeebnet werden. Deshalb verzichtet das anständige Unternehmen darauf.

FORMLOSIGKEIT
Die Missachtung des Spiels

Der Vorstandsvorsitzende Kurt Bock von der BASF, einem altehrwürdigen deutschen Unternehmen, forderte seine Mitarbeiter 2013 dazu auf, einander künftig ohne akademische Titel anzusprechen. Der Titel werde dem Stil und den Gepflogenheiten eines globalen Konzerns nicht mehr gerecht. Bock ist promovierter (und insofern quasi legitimierter) Volkswirt. Er berichtete von seiner Zeit in den USA, wo man ihn stets als »Kurt« angesprochen habe, und nicht als »Dr. Bock«. Der Titel »Doctor« sei dort nur Medizinern vorbehalten.

Noch einen Schritt weiter ging Carsten Schloter, der ehemalige CEO der Swisscom: Er verordnete dem gesamten Unternehmen das Anrede-»Du«. Begründung: Der Wechsel von einer ehemaligen Staatsbehörde zu einem wettbewerbsorientierten Unternehmen werde dadurch vorangetrieben.

Der Verzicht auf die Titel- bzw. Anrede-Symbolik ist seinerseits Symbolik. Die Botschaft lautet: Hier herrschen flache Hierarchien, hier sind Barrieren zwischen den Mitarbeitern abgebaut. Wir sind alle irgendwie gleich. Gleich wichtig, gleich richtig. Und mehr noch: Wir sind nicht mehr deutsch, wir sind global. Genauer: amerikanisch. Amerika zeigt uns, wie die Spiele gespielt werden. Das alles klingt auf das erste Hinhören modern, das leuchtet ein. Aber ist es auch anständig?

Das Spiel ernst nehmen

Um diese Frage zu beantworten, müssen wir anthropologisch und spieltheoretisch argumentieren. Und da sagt uns die Forschung nüchtern: *Alle Spiele werden um Titel gespielt.* Das gilt nicht nur für Sportspiele, bei denen man Meister werden kann, Pokalsieger oder Ranglistenerster. Sondern auch für die gesellschaftlichen Spiele, die eine Fülle von Titeln kennen. Titel sind »positionelle Güter«. Das sind Güter, die nicht beliebig vermehrbar sind, die nicht Geldwerte anzeigen, sondern eben Positionen. Einen Vorstandsvorsitzenden gibt es (in der Regel) nur einen, Präsidenten in Staaten, Vereinen und Universitäten ebenso. Auch der »Einzige«, die »Liebste«, der »Wichtigste«, die »beste Freundin«, der »Lieblingsschüler« – alles nur einmal da. Selbst wenn man die Position – wie die »Nummer Eins« der Tennis-Rangliste – auch in Geld ummünzen kann, macht ihre Knappheit sie wertvoll.

Titel symbolisieren, dass jemand ein Spiel gewonnen hat. Dass er sich angestrengt hat, sich für etwas geopfert, für etwas gekämpft hat. Und schließlich in seinem Bemühen erfolgreich war. Das kann alles Mögliche sein: in jahrelanger Archiv- oder Laborarbeit eine Dissertation schreiben und mit ihr einen Doktortitel erwerben; die Karriereleiter erklimmen und »Chef« werden; jeden Morgen um 6 Uhr aufstehen, fünf Stunden täglich trainieren und den Olympiasieg erringen. Auch wer mit jemandem »per Du« ist, hat schrittweise die Intimitätszunahme durchmessen und erfolgreich abgeschlossen. Er hat einen Widerstand überwunden, ist nun aus der Masse herausgetreten, hat ein besonderes Verhältnis zu jemandem, fühlt sich dadurch geehrt.

Titel erfüllen aber ihre Funktion nur dann, wenn sie von anderen anerkannt und wahrgenommen werden. Bleiben sie verborgen, sind sie wertlos. Das ist der Kern meines Arguments: Wenn man die Titel nicht ehrt, *fallen die Spiele aus.* Wenn eine Gesellschaft die Titel für ungültig erklärt und ihnen keine Anerkennung sichert, dann besteht kein Grund mehr, sich anzustrengen. Zu forschen. Zu kämpfen. Zu verzichten. Dann muss man keine Widerstände mehr bezwingen. Dann muss man sich auch nicht mehr selbst besiegen. Dann ist die Überwindungsprämie unnütz.

Kann eine Gesellschaft sich das leisten? Kann ein Unternehmen so weit gehen, explizit die Anstrengung, den Kampf um Titel zu entmutigen? Wollen wir wirklich einen Integralismus des Mittelmaßes? Was passiert, wenn niemand mehr die Spiele spielen will – wie es ja bis 1989 schon mal versucht wurde? Wenn Menschen sich gerne präsentieren, etwas darstellen wollen, dann sind sie auch initiativ, ambitioniert, unternehmerisch. Es ist gefährlich für ein Land, wenn man mit Lobbyismus mehr erreichen kann als mit Initiative. Wenn die Herabziehenden die Oberhand gewinnen.

Wenn einer auf der Leiter zum »Leiter« geworden ist, Abteilungsleiter, Bereichsleiter, dann sollten wir das würdigen. Wenn wir es nicht tun, dann fehlen Distinktionsmerkmale, dann entsteht sozialer Dichtestress. Wir können sicher sein, dass die Menschen dann zu anderen und immer bizarreren Angeboten greifen, um nicht gleichförmig zusammengeschwemmt zu werden. Um den Abstand zu wahren. Denn genau darum geht es: Abstand wahren. Und dadurch erst wirkliche Nähe ermöglichen.

Zum Beispiel das oktroyierte, nähebekundende »Du«. Vordergründig klingt das sympathisch. Aber geopfert wird die Dynamik der sozialen Annäherung. Wenn alle Distanzen beseitigt sind, dann entsteht nicht nur nicht Nähe, sondern auch die Ferne wird getilgt. Dann steht alles gleich nah und alles gleich fern. Dann herrscht das Abstandslose, wo keine Ferne mehr die Nähe wahrt. Denn nur aus der Distanz ergibt sich die Möglichkeit, in einen intimeren Modus zu wechseln. Wenn dieses Wechselspiel nicht mehr beherrscht wird, kann kein besonderes Interesse mehr am anderen bekundet werden. Zugleich kann auch kein Interessenkonflikt aus unpersönlicher Distanz kühl und diplomatisch ausgetragen werden. Und die Möglichkeit, den Schritt vom »Sie« zum »Du« zu verweigern, steht als wichtiges Signal der Distanzwahrung nicht mehr zur Verfügung. Erst Grenzen sichern diese Beweglichkeit. Wollen wir darauf verzichten?

Manche Teams huldigen einem vordergründigen Gleichheitsideal, insbesondere wenn sie Expertenstatus beanspruchen. Unter diesem Ideal wird die unvermeidbare Überlegenheit Einzelner als ungerecht empfunden. Das entspricht einem gesellschaftlichen Klima, das Unterschiede abwertet und keine Asymmetrie mehr aushält. Damit sich alle gleich wohl fühlen können. Nicht selten ist jedoch zu beobachten, dass unter der egalitären Oberfläche die Rangkämpfe nur umso härter ausgefochten werden. Wenn die *Ordnung* unklar ist, kämpft jeder unentwegt um seinen Platz im System. Auch das beliebte Abflachen der Hierarchie, das ja über viele Jahrzehnte (und vor allem in Aufschwungphasen) vorangetrieben wurde, ist durchaus differenziert zu beurteilen. Was immer das an Offenheit und kommunikativer Geschwindigkeit erzeugt hat – auf der anderen Seite wiegt das Wegbrechen der Karriereleiter schwer. Die Ordnung wird dann eben auf die informelle Ebene verschoben. Der Vorteil der Hierarchie, der »heiligen Ordnung«, war ja, dass man nicht permanent um seine Position kämpfen musste. Man konnte sich auf das Sachliche konzentrieren und musste nicht jeden Sachgegenstand nutzen, um seine Stellung zu behaupten. Außerdem war klar, wer bei schlechtem Wetter die Verantwortung übernimmt.

Titel und andere Formen

In einer Zeit wachsender Distanzlosigkeit verliert sich auch das Gefühl für Form. Vor allem der Egalitäre glaubt, Form-wahrung mache unterlegen. Deshalb markiert die Form-losigkeit seinen Rang (man erinnere sich der griechischen Politiker im Jahr 2015). Besonders deutlich wird das als Kom-munikations-Entformung: Die E-Mail, die den Brief und mittlerweile auch das Telefonieren weitgehend ersetzt hat – sie ist mitverantwortlich für die Erosion der Unterscheidung, hier der Höflichkeit. »Sorry for the brevity«, so glaubt sich das Gewerbe der Aufdringlichkeit entschuldigen zu dürfen. Nein, das entschuldige ich nicht. Das ist verrohend. Noch schlimmer die SMS, die gar keinen Platz mehr für Form lässt. Aus einem »Sehr geehrter Herr Professor XY« ist oft nur noch ein »Hallo«, gar ein »Hi« geworden, oft ohne weitere Anrede. Führt nun die fehlende Form zu fehlender Distanz oder die fehlende Distanz zu fehlender Form? Das mag unbeantwor-tet bleiben. Von einer E-Mail kann man nicht erwarten, dass sie höflicher ist als die Gesellschaft, in der sie geschrieben wird. Die gegenwärtige Gesellschaft wähnt sich aufgeklärt und sieht der Aufkündigung sinnvoller Traditionen zu, auf deren Autorität sie beruht. Aber mit dem Niedergang von Höflichkeit geht auch eine Fähigkeit verloren, die Nähe und Distanz auslotet. Und das ist eine Frage des Anstands.

Nun wurde zu allen Zeit der Niedergang der Form beklagt, »früher hätte es so etwas nicht gegeben«, es verfielen die Sit-ten und es fehlte an Ehrerbietung gegenüber den Verdiensten derer, die sich verdient gemacht hatten. Nicht immer barsten deshalb gleich die Grundfesten der Gesellschaft. Aber ein Unternehmen ist ein gesellschaftliches Subsystem und hat enormen kulturellen Einfluss. Es verhält sich unanständig, wenn es allgemeine Anstandsregeln per Dekret aushebelt oder forciert. Wenn es Mitarbeitern vorschreibt, wie höflich oder unhöflich sie sich im Umgang miteinander zu verhalten haben. Das Unternehmen ist keine Sonntagsschule.

Noch einmal zurück zur eingangs erwähnten BASF. Gesetzt den Fall, ein Mitarbeiter hatte das Bedürfnis, ein Spiel zu gewinnen, andere auf Abstand zu halten, und erwarb schließlich einen Titel. Und dann kommt irgendein anderer Gewinner und verweigert ihm vom Sockel hierarchischer Position herab die Anerkennung dieses Titels. Und das auch noch als (formal inoffiziellen) Bestandteil seines Namens, also da, wo jedermann besonders empfindlich ist. Ist das in Ordnung? Ist das anständig? Er kann sich ja kaum wehren. Er machte sich lächerlich, wenn er auf der Nennung seines Titels bestünde. Er hätte sich als eitle Figur von gestern zu erkennen gegeben. Man kann Titel nicht einfordern, das verbietet die Etikette. Man kann – wie bei jeder Ehrung – mit Titeln nur beschenkt werden. Weil man nicht nur etwas geleistet hat, sondern dafür auch anerkannt wird. Und für dieses Anerkennen ist die Geste des »Gebens« die einzig angemessene Sozialform. Wenn man diese Leistung im Unternehmen will, ist es wichtig, Titeln die Anerkennung zu sichern. Nur dann fallen die Spiele nicht aus.

Wir Menschen, wir wollen beides: dazugehören und uns gleichzeitig unterscheiden. Wir wollen Teil eines sozialen Zusammenhangs sein. Und wir wollen in unserem Besonderen anerkannt werden. Die Peinlichkeit liegt in den Extremen: Die offene Titelsucht, die zum Beispiel in Österreich noch aus jedem Hanswurst einen »Herr Geheimrat« macht; oder die verdeckte Privilegierung, die es in der DDR ja sehr wohl gab, obwohl an der Oberfläche alle gleich waren. Und einige gleicher. Diese Extreme sollten wir meiden. Das anständige Unternehmen erschwert aber nicht die Möglichkeit, durch Titel sozialen Abstand zu wahren.

ENGLISCH ALS UNTERNEHMENSSPRACHE
Die universelle Imperialsprache

Ein deutscher Landmaschinenhersteller aus dem Allgäu, der von einem amerikanischen Konzern gekauft wurde. Die Mitarbeiter sind hervorragende Experten, viele Jahrzehnte dabei, hochloyal und kompetent. Eines können sie nicht – Englisch. Jedenfalls nicht so richtig. Jetzt sitzen sie in *meetings*, an denen neben einem Amerikaner noch ein Niederländer teilnimmt, der gut Deutsch spricht – aber alles kippt ins Englische. Oder besser: Man schweigt ins Englische, die neue *corporate language*.

Kein Zweifel: »Anglomania« breitet sich in den Unternehmen epidemisch aus. Englisch ersetzt selbst bei vielen Mittelständlern die Muttersprache (darf man das noch sagen?). Das geht in manchen hier ansässigen amerikanischen Unternehmen so weit, dass sich Deutsche mit Deutschen auf Englisch verständigen. Deutsch gilt dort als verstaubt und provinziell. Wenn man zum Beispiel in einer Großbank arbeitet, betritt man ein fremdes Land.

Dynamisiert wird diese Entwicklung durch den modischen Gebrauch von Anglizismen (»Change« statt »Veränderung«, »Low Performer« statt »Versager«). Vor allem aber durch etliche ausländische Manager, die sich beharrlich weigern, Deutsch zu lernen, obwohl sie nicht selten schon seit Jahren hier leben. Sie sind nicht bereit, die kulturellen Wurzeln des Landes zu ehren, dessen Gast sie sind. Begründet wird diese Verweigerung mit einem Bündel rhapsodischer Passivitätsargumente: Man habe Wichtigeres zu tun als Vokabeln zu pauken; Englisch sei nun einmal eine Weltsprache, die ohnehin fast jeder spreche; außerdem begreife sich das Unternehmen als *global player,* und da müsse man sich nun einmal auf eine Sprache einigen (und dabei wird vollkommen übersehen, dass die wichtigste Fremdsprache heute Informatik ist).

Wer gegen diese Argumente Einspruch erhebt, gilt schnell als deutschtümelnder Sprachhysteriker (dabei kenne ich beide Seiten der Situation, ich habe seit Jahren auch eine Heimat in den USA). Lassen wir kulturrelativistische Sprechverbote beiseite und fragen nüchtern: Ist der Verzicht auf das Deutsche und die Anerkennung des Englischen als Liturgiesprache wirklich klug? Ist der Verzicht auf die Muttersprache und auf die Distanz zwischen Eigenem und Fremdem der Weisheit letzter Schluss? Was ist dazu zu sagen aus der Perspektive des anständigen Unternehmens?

Kontext

Um die falsche Wegweisung aufzuzeigen, die mit Englisch als allgemein verbindlicher Unternehmenssprache aufgerufen wird, ist eine fast ethnologische Sichtweise nötig. Ich versuche einige Blicklenkungen.

Das grundsätzliche Umschwenken in eine Fremdsprache ist nicht folgenlos. Zunächst ändert sich das *Sprechen* – was nicht weiter schlimm ist, solange es um standardisierte Regelabläufe geht. Da kann man sich mit Sprech-*patterns* irgendwie durchhangeln. Aber das, was in der Muttersprache schon unwahrscheinlich ist: ein echtes Verstehen, das diesen Ehrentitel wirklich verdient, das wird in einer Fremdsprache noch unwahrscheinlicher, wenn nicht unmöglich.

In einer Fremdsprache wird man eben das sprachliche Niveau eines Muttersprachlers nie erreichen können. Der Anspruch eines *substanziellen* Sprechens, das einen wirklichen Unterschied macht, geht so notwendig verloren. Präsentiert werden oberflächliche Vorträge mit fest eingefahrenen terminologischen Wendungen in einem internationalen Küchenenglisch. Problematischer ist die Tatsache, dass die Sprache sich zu einem kommunikativen Tunnel verengt: Das Klar-Rationale geht einigermaßen gut von der Zunge; Gefühle auszudrücken ist schwieriger; und was in der Zusammenarbeit wirklich zählt, die Zwischentöne, die Doppeldeutungen, alles Nahbare – das geht in einer fremden Sprache unter. Da türmt sich ein Sperrgut aus anglisierten Leerformeln vor das tiefere Verstehen. Das ist ja nicht die Sprache eines Yeats oder Shakespeares, sondern fader Einheitsjargon. Die Managersprache ist ohnehin leblos und gestanzt – und jetzt auch noch auf Englisch. Die Konsequenz: klar artikulierte Undifferenziertheit.

Ein noch höherer Preis ist der Verlust an kompetenter Mit-Sprache. Da sind 300 deutsche Manager in einem Raum plus etwa ein gutes Dutzend englischsprachige, darunter der CEO – und alles wechselt ins Englische; die paar MBAs lassen ihr modisches Sprach-Styling warmlaufen, einige der übrigen Anwesenden halten tapfer mit, der große Rest verstummt. In der Praxis ist das nicht selten verheerend: 90 Prozent der Mitarbeiter sprechen Deutsch (und auch irgendwie Englisch), 10 Prozent sprechen nur Englisch – Konzernsprache: Englisch. Das spricht nicht nur aller Verhältnismäßigkeit Hohn, das ist auch ökonomisch dumm. Die Deutschen verlieren ihre Sprachsouveränität, über die nur ein Muttersprachler verfügt. Wie viele CEOs büßen schlagartig ihre Autorität ein, wenn sie sich durch eine Fremdsprache quälen, mit schlechter Betonung, grammatikalischen Fehlern und den üblichen Übersetzungsunschärfen? Sprache ist eine Kraftquelle. Wie soll das den anderen erreichen? Unmittelbar muss die Sprache sein, die wirklich packen will. Das ist das Gegenteil des Übersetzens. Mit der Sprache steht also auch unser Selbstwertgefühl auf dem Spiel.

Im Herbst 2014 besuchte ich in São Paulo ein Seminar zum Thema »Innovation«. Von den dreißig Teilnehmern war die Hälfte deutsch, die andere Hälfte waren Nord- und Südamerikaner, Franzosen und Italiener. Die Südamerikaner hatten die in Englisch verfassten Texte sowie die englischsprachigen E-Mails, die zur Vorbereitung versandt worden waren, erst gar nicht gelesen. Interessant war, dass nachmittags fast nur noch die US-Amerikaner miteinander redeten. Zudem dominierte bei den Vorträgen das Plakative, das übliche personenzentrische Fordern. Auch an den Diskussionen am Nachmittag beteiligten sich fast nur die US-Amerikaner. Die wichtigsten Beiträge zum Thema aber, die auf das Strukturelle hinweisen, auf die organisatorischen Bedingungen von Innovation – das alles fand in den Pausengesprächen statt. In den jeweiligen Muttersprachen, also auf Deutsch, Italienisch, Spanisch, Portugiesisch, Französisch und (natürlich auch) auf Englisch.

Auch das habe ich schon erlebt: dass Deutsche nur deutschsprachige Teammitglieder zu ihren Besprechungen einladen. Oder Telefonkonferenzen zeitlich dann ansetzen, wenn in den USA alles schläft. Das ist nicht einfach Faulheit oder Ignoranz – die Leichtigkeit derselben Sprache gestattet eben in technischen wie grundsätzlichen Fragen eine Qualität des Austauschs, die sich fremdsprachlich niemals erreichen lässt.

Konsequenzen

Wenn Karl Kraus' Diktum gilt: »Sprache und Denken sind eins«, dann ändert sich mit dem Wechsel in eine andere Sprache auch das *Denken*. Wenn wir als Deutsche ins Englische wechseln, denken wir in einer Fremdsprache. Wir übernehmen jedoch nicht das komplexe Denksystem des Englischen, sondern dessen Begriffe überlagern lediglich unsere vertrauten Sprachstrukturen. Es ist ja nicht so, dass die Sprache die Wirklichkeit abbildet – die Sprache *erschafft* die Wirklichkeit. Sprachen kategorisieren Wirklichkeit unterschiedlich; Perspektiven werden verengt oder erweitert. Wir hängen derart in unserer Sprache drin, dass allein ein Wort wie »wirklich« kaum angemessen übersetzbar ist. Zum Beispiel: »it makes sense« heißt wortwörtlich übersetzt »es macht Sinn«. Dabei kann nichts Sinn machen – Sinn wird gegeben, zuerkannt. Es ist die Aktivität des Individuums. Wenn wir »it makes sense« wörtlich nehmen, unterstellen wir einfach Objektivität – und unterschlagen, dass die Fakten auch ganz anders bewertet werden können. Das ist verdeckte Diskursverweigerung; das Weiterdenken hört auf. In der Folge bemüht man sich nicht mehr um Differenzierungen. Man wird übersicher, es scheint ja alles klar zu sein, die blank geputzte Oberfläche reicht.

Und auch das *Handeln* ändert sich. Der spanische Pychologe und Neurowissenschaftler Albert Costa Martinez konnte nachweisen, dass die Verwendung einer Fremdsprache emotionale Indifferenz erzeugt. Menschen sind gleichgültiger, risikobereiter und emotional weniger betroffen, wenn sie in einer Fremdsprache denken. Sie haben weniger Skrupel, Entscheidungen zu treffen, die sie eigentlich für unmoralisch halten. Außerdem schließt die Anglo-Welt viel Erfahrungswissen aus. Alles, was nicht ins Englische übersetzt wurde, existiert nicht; aus anderen Sprachen wird bekanntlich kaum etwas wahrgenommen. Damit verschwinden ganze Bibliotheken. Auch Wettbewerbsnachteile ergeben sich daraus. Der deutsche Exporterfolg erklärt sich nicht zuletzt durch unsere Fähigkeit, uns sprachlich auf den Kunden einzustellen. So schickt der schwäbische Mittelständler nach Schweden eben einen Schwedisch sprechenden Mitarbeiter. Immer wieder sehe ich, wie internationale Expansionen scheitern (zumindest unter ihren wirtschaftlichen Möglichkeiten bleiben), weil man jemanden als nationalen Chef in ein Land schickt, dessen Sprache er nicht beherrscht.

Ludwig Wittgensteins Satz »Die Grenzen meiner Sprache bedeuten die Grenzen meiner Welt« heißt übertragen auf die Wirtschaft: Die Grenzen meiner Sprache sind auch die Grenzen meines Erfolges. Dann haben wir einen Wettbewerbsnachteil, wenn wir uns dem Englischen unterwerfen. Und was folgt daraus?

Natürlich stellen sich hier die ganz großen Fragen, die wir weder beantworten können noch wollen. Bildet der Vorstand in vielen Firmen ohnehin schon eine Parallelgesellschaft, die sich vom Rest des Unternehmens abgekoppelt hat, so tut das Englische ein Übriges: Es ist kein Zufall, dass die lokalgesellschaftliche Integrationsverweigerung vieler Unternehmen mit der Verbreitung der englischen Sprache in multinationalen Unternehmen zusammenfällt. Ich möchte das betonen: Die Universalsprache Englisch zeigt auf das Horizontale – nicht auf das Vertikale, das Besondere. Aber die Globalisierung ist nicht zurückzudrehen. Und von außen lässt sich leicht »Ändert euch!« rufen. Daher geht es mir nicht um kulturkritisches Lamento, und schon gar nicht will ich einen latenten Antiamerikanismus munitionieren. Auch nicht um Sprachreinigungsideen – die verebben im deutschen Sprachraum schon seit mehr als dreihundert Jahren. Aber die Fremdheit in der Sprache macht uns zu Ausländern in unserer beruflichen Heimat. Ist das anständig?

Durch das Englische als Einheitssprache delokalisieren wir uns. Wir tun so, als könnte es Unternehmen als ortlose und damit »sprachlose« Gebilde geben. Das ist ein Irrtum; wir müssen unsere sprachlichen Wurzeln ehren. Unsere Sprache lässt uns zu Hause sein, oder wie Heidegger sagt: »Die Sprache ist das Haus des Seins.« Das klingt vielleicht verstiegen, aber dahinter verbirgt sich viel anthropologische Klugheit. Sprache dient nicht einfach der Übermittlung von Information, sondern schafft vor allem Beziehung und Zugehörigkeit. Das wird häufig übersehen – man wähnt sich modern, ignoriert jedoch sein biologisches Gepäck.

Wenn man mit Wilhelm von Humboldt anerkennt, dass verschiedene Sprachen verschiedene »Weltansichten« sind, dann sollte man »Diversity« auch im Hinblick auf die Sprachenvielfalt eines Unternehmens fordern – schon allein im unternehmerischen Interesse. Wer glaubt, mit *einer* Sprache auskommen zu können, glaubt auch an uniformes Denken. Und das ist nicht selten der Grund für mangelhaftes Verständnis von lokal-kulturellen Eigenarten. Nur weil jemand in Thailand leidlich Englisch spricht, begeistert er sich dort noch lange nicht für »Feedback«.

Wie immer, so kommt es auch hier auf das rechte Maß an. Da, wo es notwendig ist, müssen wir Englisch sprechen, keine Frage. Jede neue Sprache eröffnet uns neue Perspektiven auf die Welt; wer sich in mehreren Sprachen auskennt, dessen »Haus des Seins« hat viele Zimmer. Es ist klar, dass internationale Korrespondenz in Englisch läuft. Und wo das die Regel ist, gibt es wohl kaum eine vernünftige Alternative. Dass aber in anderen Fällen gar nicht nach Alternativen *gesucht* wird, das verstößt gegen den Anstand. Zumindest sollten wir nicht ohne Not das Muttersprachliche unterdrücken, weil wir glauben, dadurch auf der Höhe der Zeit zu sein. Und ebenso natürlich brauchen wir ausländische Manager in den Unternehmen. Aber sie müssen unsere Sprache lernen, sie müssen sich integrieren wollen (man denke an den tapferen Pep Guardiola auf seiner ersten Pressekonferenz in München).

Das ist vorrangig nicht einmal ein moralischer Appell, sondern ein ökonomischer. Erinnert sei daran, dass die Existenzberechtigung des Unternehmens (gegenüber den Knappheitsagenten »Markt« und »Staat«) darin besteht, dass es *Zusammenarbeit zu geringen Transaktionskosten* ermöglicht. Genau dieses Ziel aber wird durch eine Fremdsprache für Unternehmen mit mehrheitlich Deutsch sprechender Mitarbeiterschaft verfehlt: Die Zusammenarbeit wird erschwert, die Transaktionskosten steigen.

Spricht man verschiedene Sprachen und bedient sich beispielsweise eines Dolmetschers, so respektiert man den Unterschied, anerkennt die grundsätzliche Möglichkeit, *nicht* verstanden zu werden, und bemüht sich wieder um ein vertieftes Verstehen. Der Danone-Konzern etwa hat sich entschieden, die Mitarbeiter bei der einmal jährlich stattfindenden Strategietagung in ihrer Muttersprache vortragen zu lassen. Man arbeitet mit Dolmetschern, damit mangelnde Englischkenntnisse nicht zu einem K.o.-Kriterium werden.

Es ist die blau leuchtende Kugel mit den vielfarbigen Flecken, die Kinder mit einer Handbewegung rotieren und dann anhalten, indem sie mit dem Finger auf das »Hier!« zeigen. Hier, hier sind wir, und nicht irgendwo. Dieses *Hier* beschreibt die geographische Monade, die allem Leben, Denken und Sprechen als Grundlage dient. Und genau hier müssen wir uns einfügen – und nicht irgendwo. Das anständige Unternehmen verzichtet daher auf eine Imperialsprache.

Die Pointe dieses Textes ist, dass ihn viele derjenigen, die er angeht, nicht lesen können.

FRAUENFÖRDERUNG
Welches Problem lösen wir damit?

Die Zahlen zum Thema »Frauen im Management« sind bekannt und je nach Zählweise provozierend. In den Topetagen der Konzerne liegen sie kaum im zweistelligen Prozentbereich: eine männliche Monokultur, die sich allerdings langsam – sehr langsam – differenziert. Im öffentlichen Dienst ist der Frauenanteil bei Chefposten gespreizt: in der hierarchischen Mitte niedrig, oben und unten hoch. Insgesamt aber steht die weibliche Repräsentanz in einem krassen Missverhältnis zu den Ausbildungszahlen der Wirtschaftshochschulen. Aus dieser statistischen Differenz bezieht die Debatte ihre Fallhöhe.

Wer etwas ändern will, steht unter Beweispflicht. Dies umso mehr, wenn der Staat mit der kuriosen Frauenquote in private Eigentumsrechte eingreifen will. Das fällt kaum noch jemandem auf: Die *Grenze* zwischen Privatem und Öffentlichem wird immer löchriger. Private Aktiengesellschaften werden zu öffentlichem Terrain. Bildlich gesprochen darf das breite Publikum ohne Zutrittsbeschränkung das Firmengelände betreten, sich dort umschauen und Dinge ändern, die ihm nicht passen.

Darum geht es bei der Quote: Eine Menschengruppe, die man offenbar für besonders schwach und daher für schutzwürdig hält, will man direkt und ohne Umwege an die Spitze der Unternehmen befördern. Das kann man für amüsant oder irrsinnig halten. Aber es hat nichts mit *Frauen* zu tun.

Es ist Aufmerksamkeitsheischerei der politischen Kaste. Sie will an talkshowprominenter Stelle den Primat der Politik über die Wirtschaft durchsetzen. Wenn es wirklich um die Frauen ginge, dann müsste man strukturelle Rahmenbedingungen schaffen, die Frauen zumindest gute Karriere*chancen* einräumen. Die Erfahrungen mit der Frauenquote aus anderen Ländern zeigen aber, dass sie *Quotenfrauen* an der Unternehmensspitze befördert, während sich im Restunternehmen nichts ändert.

Ich will hingegen hier den Glutkern des Themas diskutieren: Ist eine Frauen-*Förderung* betriebswirtschaftlich und/ oder ethisch zu rechtfertigen?

Auch ohne Quote haben wir es hierbei mit ideologischem Sperrgebiet zu tun. Wie kann man zu dem Thema schreiben, ohne lediglich Vorurteile zu bestätigen und gleich in Schubladen gesteckt zu werden? Die Diskussion wird mittlerweile völlig irrational geführt. Gespenstische Argumente werden hin und her geschoben; auf dem Boden der Denkfaulheit wachsen gesinnungsethische Weltdeutungen, die reflexhaft Frauen als unterdrückte Subjekte und Opfer des Patriarchats modellieren. Wer das anders sieht, ist ein gefühlskalter Chauvinist, der seine Privilegien verteidigt. Das müssen wir aushalten.

Wie lautet die Frage?

Überall ist zu lesen: »Über das Ziel der Frauenförderung sind sich alle einig.« Das wird so selbstbewusst vorgetragen, dass einem Einwände vorkommen wie ewig gestrige Spielverderberei. Man mag dem zustimmen oder nicht, sicher ist, dass viele Unternehmen Frauen fördern wollen. Da gibt es Frauenfördertage, Diversity-Programme, Mentoring, Betriebskindergärten, Eltern-Kind-Emergency-Rooms, Frauen-Netzwerke, Home offices, Teilzeitangebote, Leitlinien, Zielvereinbarungen, in Geschäftsberichten ganze Kapitel zu dem Thema. Unternehmensberatungen bieten Selbsttests an, mit deren Hilfe Unternehmen im »Quick Check« überprüfen können, ob sie der neuen Herausforderung gewachsen sind. Und im Unternehmensranking werden die »besten Frauen-förderer Deutschlands« ermittelt.

In einigen Unternehmen fördert man die Förderung, indem man das Erreichen bestimmter Frauen-Prozentsätze incentiviert, also an das Einkommen bindet. In anderen werden »Arroganztrainings für Frauen« angeboten, weil man die geringe Zahl weiblicher Führungskräfte mit mangelnder Überheblichkeit begründet (und ganz nebenbei Emanzipation mit Imitation verwechselt). Es gibt sogar einen großen deutschen Versicherungskonzern, der seine männlichen Führungskräfte einem Unconscious-Bias-Test unterzieht, einem Selbsttest, der unbewusste Vorurteile gegenüber Frauen entlarven soll. Vielleicht sollte man den Chefpersonaler dieses Unternehmens mal einem Geht's-noch?-Test unterziehen.

Bizarr ist auch die Unterstützung männlicher Topmanager jenseits der Fünfzig, die Frauenförderung für eine gute Sache halten – solange sie selbst nicht davon betroffen sind. Unternehmenskulturelle Sugar-Daddys. Sie lassen die Frauen »gewähren«, halten vor ihren versammelten Managerinnen »ermutigende« Ansprachen, sind ohnehin ganz anregend in ihrer gönnerhaften Attitüde. Und singen dann noch kräftig mit, wenn dreihundert weibliche Mitarbeiter zum Lied »Karriere trotz Babybauch« die Arme schwenken. Beim World Economic Forum 2015 in Davos gab der Veranstalter die Parole »4 plus 1« aus: Wenn Unternehmen über die vier bezahlten Plätze hinaus eine Frau mitbrächten, wäre deren Teilnahme kostenlos. Frauen gratis. Das Groteske daran ist, dass es den Veranstaltern wahrscheinlich nicht mal auffällt, was sie da tun.

Aus der Perspektive des anständigen Unternehmens stellen wir eher unlustig die Frage: Wie lautet das *Problem*, für das die Frauenförderung die *Lösung* sein soll? Denn, wie Thomas Pynchon bemerkte: »Wem es gelingt, dir falsche Fragen einzureden, dem braucht auch vor der Antwort nicht zu bangen.«

Ich will das Ergebnis vorwegnehmen: Es gibt weder ein betriebswirtschaftliches noch ein moralisches Problem, dessen Lösung die Frauenförderung sein könnte. Frauenförderung ist schlicht zu einer Heilsbotschaft geworden, die sich mit rationalen Mitteln nicht mehr in Frage stellen lässt. Und ich würde hier auch darüber schweigen, wäre ich nicht überzeugt, dass sie ihr eigenes sozialmoralisches Fundament untergräbt. Mehr noch: Es gibt wohl nur wenige Gegenstände im Unternehmen, bei denen in gleichem Maße die gute Absicht alles niederrennt, was man als Anstand bezeichnen könnte.

Wenn Sie das anders sehen, will ich Sie warnen: Meine Argumentation wird nicht dadurch falsch, dass sie gegebenenfalls nicht Ihrer Meinung entspricht. Und wer hier männliche Zurückgebliebenheit sieht, liest nichts aus diesem Text heraus, sondern sich selbst hinein. Noch einmal deutlich: Ich argumentiere nicht gegen »Frauen an die Macht!«, mein Thema ist auch nicht »Frauen im Management – ja oder nein?«, sondern »Anstand im Management« – am *Beispiel* der Frauenförderung. Nun zur Sache.

Wer Frauen fördert, diskriminiert Männer. Man muss also Rechtsverletzungen abwenden wollen, mindestens aber gute Gründe haben, eine *Gegendiskriminierung* zu rechtfertigen. Deshalb wird behauptet: Frauen wollen – aber man lässt sie nicht. Man muss also Frauen *Opferstatus* zubilligen. Als Kandidaten für die Täterschaft eignen sich gesellschaftlich tradierte Geschlechterrollen, männlich geprägte Unternehmenskulturen sowie die sogenannte »gläserne Decke«, mit der ein konspirativer Männerbund aus »Anzugträgern mittleren Alters« (EU-Politikerin Viviane Reding) den Himmel verhängt. Dieses Argument wird gerne angeführt, weil es weder beweisbar noch zu widerlegen ist. Es stützt sich auf Plausibilitätsannahmen. Jedenfalls entbehrt es (bisher) jeder wissenschaftlich-empirischen Bestätigung. Ebenso gut könnte man behaupten, die 5,5 Jahre, die Männer durchschnittlich früher sterben, und ihre etwa dreimal höhere Suizidrate seien das Ergebnis einer weiblichen Verschwörung.

In Norwegen, das die Quote 2008 einführte, liegt der Frauenanteil in den Aufsichtsräten bei den gesetzlich vorgeschriebenen 40 Prozent, im operativen Management jedoch noch immer unter 20 Prozent. Auch die Zahl weiblicher Vorstände stieg nicht – trotz flächendeckender Krippen, langer Vaterschaftsurlaube, flexibler Arbeitgeber und moderner Rollenmodelle. In diesem Zusammenhang hat der Frankfurter Soziologe Fabian Ochsenfeld auf eine bemerkenswerte statistische Signifikanz hingewiesen: Es gibt kaum empirisch nachweisbare Karrieredifferenzen zwischen kinderlosen Männern und Frauen, jedoch erhebliche zwischen *Vätern* und *Müttern*. In Deutschland haben ohnehin nur etwa

20 Prozent der Mütter mit Kindern unter 18 Jahren eine Vollzeitstelle inne – aber 80 Prozent der Väter. Wenn es also eine (strukturelle) gläserne Decke gibt, dann existiert sie für Mütter, nicht für Frauen ohne Kinder. Und ob sie Männerwerk ist, bleibt zumindest offen.

Frauen als Opfer männlicher Glasdeckenkonstrukteure: Weil diese Denkfigur hochideologisch ist, genügt es, an dieser Stelle meine ebenfalls unwiderlegbare Erfahrung aus dreißig Jahren Managementberatung ins Spiel zu bringen: Das ist Unfug. Es gibt keinen mächtigen Männerbund, der die Führungsposten der Wirtschaft monopolisiert. Dazu kenne ich zu viele Unternehmensführer, die schon lange die Situation zu verändern suchen. Und ich habe in all den Jahren keinen einzigen Manager oder Unternehmer kennengelernt, in dessen Handeln (zum Beispiel bei der Personalauswahl) ich eine Skepsis gegenüber Frauen hätte wahrnehmen können. Ich kenne auch keine Managerin, die sich – weil sie eine Frau ist (!) – in ihrem Karrierewillen ausgebremst fühlt. Genau das aber müsste man plausibilisieren, wollte man hier das »Allgemeine Gleichbehandlungsgesetz« anwenden.

Sind Frauen die erfolgreicheren Führungskräfte?

Genderstereotype mögen Frauen benachteiligen – doch damit sind noch keine Rechtsverletzungen gegeben. Die müssten aber vorliegen, wollte man Zwangsmaßnahmen wie Privilegien, Subventionen oder Quoten legitimieren. Kann man *keine* Rechtsverletzungen nachweisen und werden keine Fragen der Menschenwürde berührt, dann kann der Grund für die Frauenförderung im Kontext der Ökonomie nur *betriebswirtschaftlicher* Natur sein. Er lautet: Frauen seien »als Frauen« grundsätzlich gelassener, pragmatischer und weniger risikofreudig; durch weibliche Führungskräfte verbessere sich insbesondere die Qualität der Kontrollgremien in den Unternehmen. Christine Lagarde, Direktorin des Internationalen Währungsfonds, merkte mit Blick auf die Finanzmärkte einmal an, die Krise 2007/08 wäre anders verlaufen, wenn Lehmann »Sisters« statt Lehmann Brothers am Ruder gewesen wären.

Das Trumpf-As im Ärmel der Befürworter: Gemischte Teams arbeiten besser! Dafür verweist man immer wieder auf »Studien«, die angeblich die Entscheidungsqualität gemischtgeschlechtlicher Gruppen belegen; auch die Aktienkursentwicklung von Unternehmen mit Frauen im Aufsichtsrat sei besser. Es handelt sich dabei 1.) um sehr wenige Studien von 2.) zweifelhafter wissenschaftlicher Qualität, die 3.) häufig von Interessengruppen finanziert werden. Um es gleich geradeheraus zu sagen: Mit Wissenschaft kann man in diesem Zusammenhang *nicht* argumentieren. Das alles ist schlichter Behauptungsdespotismus; dafür gibt es keine belastbaren Daten. Leider ist das typisch für die sogenannte wissenschaftliche Politikberatung, die aus schwacher Datenbasis starke Meinungen ableitet.

Die Kausalitätspornographie tut das ihre: Es gibt eine Studie, die glaubt nachgewiesen zu haben, dass die Wertentwicklung des Unternehmens überproportional steigt, wenn wenigsten *eine* Frau im Vorstand ist. Deshalb? *Weil* eine Frau im Vorstand ist? Will man hierbei allen Ernstes einen kausalen Zusammenhang unterstellen? Ebenso gut könnte man behaupten, die Unternehmen sind so erfolgreich, dass sie sich eine Frau im Vorstand leisten können. Und das will doch wohl auch keiner behaupten, oder? Zudem stammen die Daten, auf denen die Untersuchungen sich stützen, aus Vor-Quoten-Zeiten. Das heißt aus Zeiten, in denen es Frauen aus eigener Kraft (und nicht durch Förderung oder Quote) bis in die Topgremien geschafft haben. Diese Frauen sind da, weil sie etwas geleistet haben, nicht weil sie Frauen sind. Glaubt man ernsthaft, Quotenfrauen würden dasselbe leisten? Nur weil sie Frauen sind? Ein solcher Gedanke ist nicht nur irrational, sondern lächerlich und schlägt allen Frauen ins Gesicht, die sich angestrengt haben und erfolgreich wurden.

Nun, es gibt seriöse Wissenschaft, die sich schon länger mit der Frage beschäftigt, ob Männer oder Frauen unterschiedlich entscheiden. Ein Überblick über die einschlägige Forschung zeigt: Die Wissenschaft bestätigt das nicht. Es gibt bisher keine Studie, die einen signifikanten Unterschied im Entscheidungsverhalten der Geschlechter nachweist. Die durchgeführten Experimente zeigen allenfalls geringfügige Tendenzen, die mal in die eine Richtung weisen, mal in die andere. Man kann sich also auf Erfahrung berufen, Vorurteil oder persönliches Interesse, aber nicht auf Forschung.

Gerne wird auch gesagt, Frauen seien die besseren Führungskräfte. Stimmt das? Zunächst einmal gibt es keine Einigung darüber, was »gute/schlechte« Führung ist; mir scheint die Unterscheidung »erfolgreich/erfolglos« praxisnäher. Vor allem aber gibt es bisher keine einzige Studie, die eine solche Behauptung methodisch seriös und auf breiter Datenbasis stützen könnte. Auch die zwischen 2007 und 2010 durchgeführte McKinsey-Studie *Women matter*, die gerne zitiert wird, ist nach allgemein akzeptierten Wissenschaftsstandards überaus dürftig (darüber hinaus unter Mitwirkung von Frauenverbänden entstanden). Und was soll da besser werden – das Arbeitsklima? Entscheidungen? Profitabilität?

Um die Behauptung der überlegenen Führungsqualität von Frauen beweisen zu können, müssten Frauen erst einmal führen. Länder mit einem hohen Frauenanteil in den Führungsetagen (zum Beispiel Spanien, Italien, Russland, auch die östlichen deutschen Bundesländer) schlagen jedenfalls bislang nicht den internationalen Wettbewerb. Und wenn Führungsqualität mit »freundlicher« Arbeitsatmosphäre und »netten« Umgangsformen gleichgesetzt wird: Wahrscheinlich ist, dass Frauen deshalb netter wirken, weil sie Positionen besetzen, auf denen sie noch nett sei können. Werden sie – wie Carly Fiorina bei Hewlett Packard – plötzlich CEO, ist man oft enttäuscht.

Die Konstanzer Forscherin Sabine Boerner fasst ihre Meta-Analyse von 18 Untersuchungen 2013 so zusammen: »Es zeigt sich, dass die einschlägige Forschung derzeit keine Schlüsse auf eine generelle ökonomische Vorteilhaftigkeit von Gender Diversity zulässt.« Allerdings (!) gibt es bislang auch keine Gegenstudien, die die Überlegenheit einer männerdominierten Wirtschaft plausibilisieren. Auch die Studie der Amerikaner Kenneth R. Ahern und Amy K. Dittmar (2013), die für 250 börsennotierte Unternehmen in Norwegen einen Rückgang der Aktienkurse um durchschnittlich 12 Prozent nach Einführung der Quote ausweist, ist kausalanalytisch fragwürdig.

Ökonomische Notwendigkeit

Ob Frauen tatsächlich die erfolgreicheren Führungskräfte sind, darüber kann man also unterschiedlicher Meinung sein. Sie hängt ab von persönlicher Erfahrung. Meine eigene sagt mir: Ja, das ist so. Ich halte Frauen tendenziell für die erfolgreicheren Führungskräfte. Ich habe einfach mit Frauen in

Führungspositionen gute Erfahrungen gemacht. Das kann Zufall sein, das könnte aber vor allem eine *quantitative* Wahrnehmungsverzerrung sein. Es gibt einfach weniger weibliche Führungskräfte; und von denen habe ich entsprechend weniger scheitern sehen. Weil sie sich als Frauen mehr angestrengt haben? Weil sie biologische Vorteile hatten? Ich weiß es nicht. Wenn man sich nicht von rein statistischen Ungerechtigkeiten blenden lässt, wird es sehr lange dauern, bis genauso viel weibliche Schwachleister Karriere machen wie männliche. Und noch etwas sagt meine Erfahrung: Leistungsunterschiede sind *innerhalb* der Geschlechtspopulation tendenziell größer als *zwischen* den Geschlechtspopulationen. Aber, wie gesagt, alles das sind persönliche Eindrücke; sie können nicht die Basis weitreichender institutioneller Entscheidungen sein.

Ein weiteres Problem, für das die Frauen die Lösung sein sollen, ist die zu erwartende demographische Entwicklung. Nur knapp über die Hälfte aller Frauen im erwerbsfähigen Alter arbeiten. Auf diese Personalressource könne, so das Argument, die Wirtschaft nicht verzichten. Die Politik sekundiert: Die arbeitsmarktdistanzierten Frauen lebten an ihren »eigentlichen« Interessen vorbei, weil sie auf die Annehmlichkeiten einer beruflichen Karriere verzichteten. Nun, wer schon seit Anfang der 80er Jahre den Arbeitsmarkt beobachtet, der wird sich an mehrere Wellen der zum Teil hysterisch prognostizierten Personalknappheit erinnern. Sie sind alle nicht eingetreten. Wenn beispielsweise gegenwärtig das allfällige Fehlen von Ingenieuren beklagt wird, so müsste man davon ausgehen, dass die Ingenieursgehälter explodieren. Tun sie aber nicht; sie sind sogar leicht rückläufig. Zudem bleibt in der mit Personalknappheit argumentierenden Literatur oft unklar, ob eine *Fach*kräftelücke zu erwarten ist oder eine *Führungs*kräftelücke. Eine Führungskräftelücke hat es schon immer gegeben – aber sie war nicht demographischer Natur. Sähen sich die Unternehmen hingegen mit handfesten ökonomischen Notwendigkeiten konfrontiert, würden ganz automatisch mehr Frauen in Führungspositionen gespült. Dazu bräuchte man keine Förderung. Und wollte man in den Unternehmen wirklich die Arbeitskultur an die Lebensrealität junger Mütter/Frauen anpassen, würde das die Organisation der meisten Firmen auf den Kopf stellen. Warum passiert das nicht? Weil es kein wirkliches Problem gibt.

Doppelte Diskriminierung

Grundsätzlich kann man sagen: Ein Unternehmen verstößt nicht gegen den Anstand, wenn es Mitarbeiter aus betriebswirtschaftlich relevanten Gründen bevorzugt. Ginge man davon aus, dass das Geschlecht betriebswirtschaftlich relevant ist, dann wäre eine Bevorzugung also zu rechtfertigen. Geht man hingegen davon aus, dass das Geschlecht betriebswirtschaftlich irrelevant ist, dann ist eine Bevorzugung *nicht* zu rechtfertigen. Das gälte dann für Frauen und Männer gleichermaßen. Es ist also insgesamt zweifelhaft, ob Frauenförderung das Problem lösen wird, das sie lösen soll. Eben weil es kein Problem gibt. Lägen ernstzunehmende betriebswirtschaftliche Argumente vor, wäre das alles schon längst kein Thema mehr. Eher scheint das Ganze auf den Beratungsklassiker hinauszulaufen: Ich habe die Lösung – wo ist das Problem?

Wenden wir uns daher der ethischen Aufgabe zu – der Frage, wie sich ein anständiges Unternehmen zu dem Thema verhält. Dazu schauen wir auf die unbeabsichtigten Nebenwirkungen der Problemlösung: Wer oder was sind die *Verlierer* der Frauenförderung?

Männer natürlich. Schon heute gelten sie bei Bewerbungs-verfahren vielfach nur als Sättigungsbeilage. Diese Benach-teiligung mag für manche hinnehmbar sein. Sie haben keine Mühe, eine behauptete Diskriminierung der Frau durch jene des Mannes zu ersetzen. Das müssen sie aber durchhalten: Wollen manche Unternehmen die selbstgesetzten Quoten-ziele erreichen, müssten sie rein rechnerisch zwanzig Jahre lang nur Frauen befördern, ohne dass eine einzige Frau das Unternehmen verlässt.

Stünde hingegen das Wohl der *Unternehmen* im Mittel-punkt, wäre, wie gesagt, das Thema längst obsolet. Denn dass die Frauenförderung der betriebswirtschaftlichen Rationa-lität hohnlacht, ist oft bemerkt worden. Wie ohnehin die Förderer ein zynisch gebrochenes Verhältnis zu den Anfor-derungen an Leitungsfunktionen haben. Wohl kaum jemand würde sich von einer Ärztin operieren lassen, die ihren Job der Frauenförderung verdankt.

Mehr noch: Wenn Frauenförderung heißt, Frauen bevor-zugt aufsteigen zu lassen, dann muss man sich das leisten kön-nen. Nicht, weil Frauen *grundsätzlich* weniger leistungsfähig wären. Sondern weil sie die Bevorzugung ihrem Geschlecht verdanken und gerade *nicht* ihrer Leistung. Gefördert wird ja die einzige Eigenschaft, für die Frauen nichts können: weib-lich zu sein.

Eine Karriere auf der Basis eines Nicht-Leistungskri-teriums aber fügt dem Unternehmen Schaden zu. Wer also Frauen *als Frauen* fördert, schädigt das Unternehmen. Natürlich gilt das genauso, wenn man Männer *als Männer* förderte. Wirklich qualifizierte Frauen brauchen weder För-derung noch bürokratischen Rückenwind; sie gehen ihren Weg auch so. Und unqualifizierte wollen wir doch nicht, oder?

Mehr noch, den Männern mag man ja noch zurufen: »Heult leiser, Jungs!«, aber der gleichzeitige *Angriff auf die Würde der Frauen* sprengt jeden Anstand. Wenn die Förderung den Leistungsaufstieg ersetzt, schwächt man die Anerkennung der Aufsteiger. Unter der Bedingung der Frauenförderung wäre daher der Aufstieg einer Frau ihrem Frausein geschuldet. Kann das jemand mit Wirklichkeitssinn vertreten, ohne den Frauen schaden zu wollen? Die Frauenförderung diskriminiert also nicht nur Männer, sondern selbst die Nutznießerinnen. Sie spricht ihnen implizit die Fähigkeit ab, ihre Ansprüche aus eigener Kraft durchzusetzen. Schon munkelt man in den Konzernen von den »gefallenen Engeln« – jenen hastig inaugurierten Top-Managerinnen, die früher als vorgesehen die Unternehmensspitze wieder verlassen, einfach weil ihr Aufstiegstempo zu hoch war, um die Erwartungen erfüllen zu können. Nimmt man das symbolische Besetzungsmarketing hinzu – Frauen vor allem für die »leichten« Ressorts Personal, Recht, Marketing vorzuschlagen –, dann kann man nur von Freikaufaktionismus auf Kosten der Frauen sprechen.

Man könnte meinen, die Frauenförderung sei der Riesentrick einer männlichen Kampfgemeinschaft, um eine wirklich leistungsstarke Frau nicht als Wettbewerberin anerkennen zu müssen. Und man wird nicht ernsthaft argumentieren wollen, dass es im Interesse der Frauen sei, die weibliche Sucht-, Stress- und Burnout-Rate an die der Männer anzugleichen. Wir haben es also bei der Frauenförderung tatsächlich mit einer *doppelten Diskriminierung* zu tun: der Männer über Karriereverknappung, der Frauen über Würdeverknappung.

Bleibt die Frage: Wer sind die Gewinner? Der Bevölkerung ist das Thema mehrheitlich egal, für junge Frauen ist es eher »retro«. Und erfolgreiche Frauen reden nicht gerne darüber: Sie wollen endlich für ihre Arbeit anerkannt werden, nicht für ihr Geschlecht. Interessantes Nebenphänomen: Ich habe persönlich noch keine weibliche Führungskraft getroffen, die die Frauenförderung *für sich selbst* in Anspruch nehmen wollte. Niemand sieht sich selbst als bloßer Repräsentant einer Fördergruppe innerhalb eines übergeordneten Wohlfahrtskonzeptes; die Quote wird sogar als Abwertung der eigenen Leistung erlebt. Das hindert etliche von ihnen nicht, sie »im Allgemeinen« zu fordern.

Befürwortet wird die Förderung von feministischen Aktivisten, kinderlosen Frauen ab 45 und ambitionierten Frauen im mittleren Management, die ihr Geschlecht für einen etwaigen Karriereknick verantwortlich machen. Das Zurückbleiben hinter den eigenen Ambitionen schiebt man ja gerne anderen in die Schuhe. Das sind Frauen, die wollen, aber nicht dürfen, weil sie nicht können. Im Unterschied zu den Frauen, die können und dürfen, aber nicht wollen. Welche verlangen wohl Quoten?

Zu den *rent seekern* gehört auch eine Vielzahl von Institutionen, die die lukrative Frauenförderung aus den Töpfen des Europäischen Sozialfonds anzapfen. Und natürlich die anflutende Zertifizierungsindustrie (EDGE), die jedes zweite Jahr ihre Re-Zertifizierung oktroyiert. Ebenfalls pro Frauenförderung eingestellt sind Marketingabteilungen der Unternehmen, die sich Vorteile für ihr Employer-Branding versprechen. Auch die Headhunting-Industrie hat ein neues Produkt. Und natürlich die Politik, die offen-

bar mangels wichtigerer Themen die Aufmerksamkeitsökonomie mit der Bekämpfung von Ungleichheit aller Art
beliefert. Sie alle instrumentalisieren die Frauen für ihre
Ziele; für all diese Interessen sind Frauen bloß Mittel zum
Zweck.

Dass vor diesem Hintergrund die Frauenförderung
überhaupt Fans hat, liegt an einer sympathischen Idee:
Niemand soll durch Merkmale wie Alter, Rasse oder eben
Geschlecht benachteiligt werden. Eben durch Merkmale,
die sich nicht ändern lassen. Ob das mit Wirklichkeitssinn machbar ist, soll hier offen bleiben. Aber Lebensstil
zum Beispiel ist kein Schicksal. Mutterschaft ebenso wenig.
Das sind Entscheidungen, meistens jedenfalls. Wenn das
bestritten wird, müsste man über eine Förderung alleiner-
ziehender Väter nachdenken. Dennoch ist wohl nichts
dagegen einzuwenden, wenn ein Unternehmen Frauenförderung als Angebot einer Infrastruktur definiert, die
Frauen und Müttern tatsächlich die *Chance* gibt, sich stärker in den Arbeitsprozess zu integrieren. Das wären flexible Arbeitszeiten, Kinderbetreuung und die Option der
Teilzeitarbeit – dort, wo es möglich ist. Es ist aber unwahrscheinlich, dass sich die Dinge dann wesentlich ändern.
Die Unternehmen, die das alles schon anbieten, haben nur
einen höheren Frauenanteil im Mittelmanagement, nicht
im Topmanagement.

Ebenso wichtig ist es, insbesondere bei der Personalauswahl auf die implizite Wirkung der Geschlechterunter-
scheidung hinzuweisen: Oft werden echte Führungsqualitä-
ten verwechselt mit Habitusformen, anhand derer Männer
sich als Männer erkennen. Und auch wenn es bar jeder
betriebswirtschaftlichen Logik ist: Es mag unter bestimmten
Umständen zu rechtfertigen sein, nicht nur die *Leistung* als

Auswahlkriterium für die Besetzung von Führungspositionen gelten zu lassen. Aber es ist entwürdigend, Menschen nicht mehr als *Individuen* zu definieren, sondern auf ihre Zugehörigkeit zu einer *Gruppe* zu reduzieren.

Die Frauenförderung gibt vor, die Frauen fördern zu wollen. Das genaue Gegenteil ist der Fall: Man spricht ihnen Erwachsensein ab – weil sie nicht wüssten, was sie tun; weil sie die Vorteile des Karrieremachens nicht sähen; weil sie in ihren Lebensstilentscheidungen eigentlich verblendet seien. Man diskriminiert sie, indem man ihnen implizit die Fähigkeit abspricht, ihre Ansprüche selbst durchzusetzen. Und man instrumentiert sie für Zwecke der Aufmerksamkeitsökonomie.

Das anständige Unternehmen verzichtet grundsätzlich auf jede nicht-betriebswirtschaftlich zu rechtfertigende Förderung von Gruppen. Es verzichtet mithin auch auf Frauenförderung.

Nachsatz:

Wenn es um mein *privates* Geld ginge, würde ich vorrangig Frauen zu Führungskräften machen. Also Männer bewusst diskriminieren. Warum? Weil ich mit weiblichen Führungskräften, wie gesagt, einfach gute Erfahrungen gemacht habe. Insbesondere mit Müttern ab 45 – die können managen und beherrschen das artistische Kunststück mit dem gleichzeitigen Drehen vieler Teller. Aber: Ich würde – erstens – diese Erfahrungen nicht generalisieren und daher auch nicht in meine Beratung einfließen lassen. Zweitens würde ich niemals Frauen *fördern*. Das wäre entwürdigend. Frauen sind meiner Erfahrung nach keine schwachen und schutzwürdigen Wesen. Auf gar keinen Fall aber könnte ich den massiven Eingriff in private Eigentumsrechte durch eine Quote rechtfertigen. Es ist eine delirante Politik, die behauptete Schwäche derart perfide ausbeutet. Mit Langzeitwirkung: Es untergräbt unser natürliches Mitgefühl für Menschen, denen man *wirklich* helfen muss.

TRANSPARENZ

Der Verlust von Würde, Anstand und Vertrauen

Der Präsident der mächtigsten Nation der Welt im Fernsehen. Die Kamera zeigt sein Gesicht formatfüllend in Großaufnahme, jede Regung für ein Millionenpublikum entblößend. Aus dem Off die Frage: »Hatten Sie Sex mit dieser Frau?«

In ihrem *Folgenreichtum* markierte die öffentliche Befragung Präsident Clintons in der Lewinsky-Affäre einen mindestens ebensolchen Epochenbruch wie die Ereignisse des 11. September 2001. Hier wurde in einer monströsen Szene nicht nur eine öffentliche Institution entweiht. Hier wurde auch *meine* Privatsphäre verletzt. Das alles im Namen der *Transparenz*.

Fahnenwort

Den Zustand einer Gesellschaft erkennt man an ihren Fahnenwörtern. Eines der Wörter, bei denen reflexhaft Zustimmung aufbrandet, ist »Transparenz«. Rechtsstaat und Demokratie verlangen danach; Steuertransparenz ist die neue Realität für Unternehmen und Bürger; Fluggastdaten werden ausgetauscht; Großmutters »Über Geld spricht man nicht« gilt für Managergehälter längst nicht mehr; die *audit explosion* (Michael Power) erzeugt kafkaeske Rechtfertigungstribunale; Lieferanten werden gezwungen, Informationen über ihre Kostenstruktur offenzulegen und damit Einsicht in die

Gewinnmarge zu geben. Zu schweigen von den Entblößungs-
bühnen der sogenannten »sozialen« Medien.

In den Niederungen des Firmenalltags wird das Thema als
Dauerruf »Mehr Information!« verhandelt, als passive Erwartung und letztlich unerfüllbare Forderung. Denn wenn alle
über alles informiert sind, wandert das Unternehmen in die
Paralyse: Nichts wird mehr entschieden. Zudem schwindet
mit dem Informationsvorsprung die legitimatorische Basis
von Führung. Wurde früher im Jahresbericht nur das gesagt,
was man beim besten Willen nicht verheimlichen konnte,
haben die Berichte heute Telefonbuchstärke. Und keine Vor-
standsrede kommt mehr ohne Transparenzbekenntnis aus –
so signalisiert man Modernität. Sogar Betriebsgeheimnisse
sind nicht mehr sakrosankt: Tesla-Chef Elon Musk hat sie
der Öffentlichkeit übergeben.

Der Anfangsimpuls für Transparenz war staatskritisch:
Es ging um Abwehr eines immer gieriger Daten speichern-
den Staates. Dann wurde daraus ein Anti-Korruptions-
Ideologem. Danach kam der Wunsch hinzu, auch privat-
wirtschaftliche Datenkraken wie Google oder Facebook
einzudämmen. Und heute richtet sich der Lichtblick mehr
und mehr auf den Bürger und leuchtet in nahezu alle
Lebensbereiche hinein.

Wir leben in einer Gesellschaft, in der es immer weniger
Tabus gibt – oder es Tabus nicht mehr geben soll. »Alle Karten auf den Tisch«, das klingt für viele einfach gut. Schon
die bloße Forderung nach Transparenz – egal wie, wann und
wo – wird reflexhaft abgenickt.

Der Mensch im Rampenlicht

Kein Zweifel: Wer sich für Transparenz einsetzt, wähnt sich auf der guten Seite. Schließlich kann es nicht falsch sein, zu zeigen, was »ist«. Diejenigen, die dagegen sind, gehören zum »lichtscheuen Gesindel«, Dunkelbrüder, die offenbar etwas zu verbergen haben. Google-Chef Eric Schmidt hat es auf den Punkt gebracht: »Wer etwas zu verbergen hat, sollte es vielleicht einfach nicht tun.« Und der amerikanische Autor Dave Eggers beschreibt in *The Circle* die neue digitale Unternehmenswelt, in der Geheimnis »Lüge« ist und Privatsphäre »Diebstahl«.

Der hypertransparente Mensch, er liefert sich durch öffentlichen Dauer-Livestream der totalen Kontrolle seiner Chefs, Kollegen, sogar Kunden aus. Horrorvision? Nein, in Ansätzen schon Teil unseres digitalen Lebens. Dazu passt das Konzept der »radikalen Transparenz«, das Facebook-Gründer Mark Zuckerberg idealisiert: Mehr als eine Identität zu haben sei ein »Mangel an Integrität« – je größer unsere Offenheit, desto größer sei auch unsere Toleranz gegenüber den menschlichen Fehlern anderer, die dann sichtbar wären.

Gespenstisch. Von Toleranz künden die Foren des Internets gerade nicht. Dort dominieren das Denunziantentum im Schutz der Anonymität, das permanente Ranking, das Sternchen-Verteilen und der gehobene oder gesenkte Daumen. Auch völlig legale Verhaltensweisen werden durch die Mühle moralischer Empörung gedreht und räumlich und zeitlich unbegrenzt verbreitet. Und schaffen als »sich selbst erfüllende Prophezeiungen« eine Wirklichkeit, die sie abzubilden vorgeben: In der Kapitalmarkttheorie gibt es mannigfache Belege dafür, dass eine kommunizierte Insolvenzgefahr

Realität *erzeugt* – als Folge der Transparenz. Siehe Leo Kirch und die Deutsche Bank.

Jean-Jacques Rousseau ist der Kronzeuge einer befriedeten Welt totaler Publizität und restloser Aufrichtigkeit. Er war es, der sich einen gesellschaftlichen Zustand vorstellte, in dem man einander »ohne Mühe wechselseitig zu durchschauen« vermochte. Dessen Vollendung war die Französische Revolution, die die radikale Öffentlichkeit mit der Guillotine schärfte.

Heute stellen sich diese Fragen: Hat die Privatsphäre als *Wert an sich* ausgedient? In einem Rechtsstaat ist das Private verdeckt und das Politische öffentlich; in einem Unrechtsstaat ist es umgekehrt. Wie verhält es sich bei uns? Stehen da nicht die Dinge mittlerweile auf dem Kopf? Aber dann sollen bei Bewerbungsschreiben die Angaben über Alter, Geschlecht und Hautfarbe verboten werden – dort soll es plötzlich absichtsvoll intransparent zugehen. Man sieht: Ganz so transparent ist das Transparente nicht. Wer etwas be- oder erleuchtet, verdunkelt automatisch etwas anderes. Licht erzeugt Schatten. Wie sieht diese Schattenseite aus? Diesem Themenkomplex kann ich hier natürlich nicht einmal ansatzweise gerecht werden, beschränke mich daher exemplarisch auf einige wenige Aspekte, die am Arbeitsplatz beobachtbar sind.

Transparenz am Arbeitsplatz

Am Arbeitsplatz ging es schon immer um Kontrolle, Überwachung, Dokumentation: »Macht er, was er machen soll?« Aber die technologische Entwicklung verändert die Arbeitswelt auch in dieser Hinsicht tiefgreifend. Die Balancen von privat/öffentlich und ich/wir werden massiv verschoben.

Angesichts der technischen Möglichkeiten der Totalüberwachung wirkt die Welt, die George Orwell in *1984* entworfen hat, fast idyllisch. Und es mutet geradezu nostalgisch an, wenn die Unternehmen noch Detektive gegen die eigenen Mitarbeiter einsetzen, sie durch Löcher in den Wänden heimlich filmen oder die Handtaschen der Angestellten durchsuchen.

Heute wuchert das *Screening*: Scanner, Kameras und Diensthandys liefern detaillierte Daten über Was, Wo und Wieviel. Und auch das ist fast schon wieder Schnee von gestern. Zunehmend greifen jetzt Spezial-Software und Tracking-Technologien um sich. Dabei werden nicht nur Lagerbestände und ganze Fabrikdesigns erfasst, nicht nur Warenfluss und Fahrzeuge werden »getracked« und »getraced«, sondern vor allem auch Menschen.

Die sich explosionsartig entwickelnde Informationstechnik stellt den Unternehmen immer differenziertere Mittel zur Verfügung, das Verhalten ihrer Mitarbeiter zu kontrollieren und vorherzusagen. Dies sind »weichere« Formen der Kontrolle, die aber viel tiefer gehende Rückschlüsse auf Zeiteinteilung und Arbeitsergebnisse erlauben. Dazu muss man nicht mehr wie früher Besuchsberichte und Tätigkeitsnachweise auf Papier auswerten, das geht heute in Echtzeit.

Volometrix ist ein Startup aus Seattle, das aus Firmen-E-Mails und Mitarbeiterkalendern Daten zieht und analysiert. Mitarbeiter erhalten so ein Art Produktivitäts-Cockpit für ihre eigenen Aktivitäten und die ihrer Kollegen. Eine digitale Kontrolle, um das eigene und fremde Verhalten zu optimieren. Allerdings kann auch der Chef Einsicht nehmen. Immer mehr Unternehmen wissen zu jedem Zeitpunkt, wer sich wo und wie bewegt. Oder eben nicht bewegt. Was dann schon mal ein Feedback-Gespräch fällig macht. Auf breites Medieninteresse stießen die Überwachungspraktiken der Online-Händler Amazon und Zalando. Dort wird das Arbeitstempo genau kontrolliert, die elektronischen Scanner rechnen aus, wie lange es dauern darf, um von einem Regal zum anderen zu gehen, die Daten werden laufend an den Vorgesetzten übermittelt. Dadurch verwandelt sich das operative Handeln in ein permanentes Tribunal: Rechtfertige dich! Adornos Wunsch – »Ohne Angst verschieden sein können« – ist unter Bedingungen eines neuen digitalen Feudalismus nahezu unmöglich.

So ist schon Realität, was eigentlich eher nach dem Hollywood-Streifen *Minority Report* klingt (ohnehin einer der hellsichtigsten Filme der jüngeren Filmgeschichte): Die Investmentbank JP Morgan sammelt fleißig Daten über die Investmententscheidungen ihrer Händler und schickt sie durch Algorithmen, die diese Daten mit anderen Daten wie E-Mails, Telefonaten, Chat-Protokollen, Seminarbesuchen oder Arbeitszeiten kombinieren. Heraus kommt ein Risikoprofil des Mitarbeiters. Damit soll zukünftiges Fehlverhalten vorhergesagt werden. Mittlerweile bietet eine ganze Industrie solche Spionage-Algorithmen an.

Aber auch diese Beispiele sind wohl nur Übergänge zu weiteren Überwachungstechniken, die Mensch und Maschine verschmelzen und uns zu Cyborgs werden lassen. Der nächste Schritt ist die Durchbrechung der Hautgrenze – implantierbare Chips oder Elektro-Tattoos. Das geht im wahrsten Sinne des Wortes »unter die Haut«. Es ist nur eine Frage der Zeit, bis auch das gesellschaftlich akzeptiert wird. Die Soziologie spricht von *shifting baselines* – man gewöhnt sich langsam an das kürzlich noch Undenkbare. Dann ist die Überwachung lückenlos.

Überhaupt scheint »lückenlos« das Zauberwort zu werden. Nichts erzeugt im Transparenzzeitalter so viel Horror wie die »Lücke«. Es sind mithin längst nicht mehr die Herausforderungen der Produktivität oder der Effizienz, die zu immer neuen Transparenzdesigns führen – es ist der *autonome Vervollständigungsdrang* selbst. Es sind eben überall Lücken zu schließen, die diesen vermeintlichen Fortschritt fern von Not oder Bedarf vorantreiben: Sicherheits-, Kontroll-, Gerechtigkeitslücken, nicht zu vergessen die Präventionslücken. Die eigentlichen Sachen hat man längst alle im Griff. Die Instrumente der Komplettierung sind mittlerweile selbst die Ursache für neue Gefahren, deren Beseitigung meistens ein neues Tun beschwört.

Entscheidend für das anständige Unternehmen ist der Paradigmenwechsel. Der Mitarbeiter ist nicht Produktivfaktor, sondern vorrangig Risikofaktor mit latenter Kriminalitätsneigung, nicht Leistungspartner, sondern »Gefahr«.

Es ist auch für den nicht ideologisch verengten Blick irritierend zur Kenntnis zu nehmen, dass die von Marx diagnostizierte Herrschaft des *Maschinensystems* über die Fabrikarbeiter in neuem technologischen Gewand wieder aktuell wird. Nicht mehr die Menschen sagen den Maschinen, was zu tun ist, sondern die Maschinen sagen es den Menschen. Aus unzähligen Daten errechnen Maschinen optimale Abläufe und setzen den Mitarbeiter auf die Schiene. Der bewegt sich wie eine lebendige Lokomotive auf vorgebahntem Weg. Wollen wir so leben? Wird hier unter dem Signum wirtschaftlicher Produktivität gesellschaftliche Akzeptanz vorgeformt? Welche Konsequenzen hat diese Entwicklung für Zwischenmenschliches, für die Zusammenarbeit?

Vertrauen durch Transparenz?

Immer wieder wird betont, Vertrauen sei das Bindemittel, auf das keine Zusammenarbeit verzichten könne. Dem ist zuzustimmen: Kein Unternehmen, keine Leistungspartnerschaft kann ohne die Gewissheit auskommen, einander vertrauen zu können. Einst war dieses Vertrauen ein Vertrauen aus Vertrautheit; später dann eine aktive Vorleistung des Kontrollverzichts, die einen Verpflichtungssog erzeugt. Heute soll Vertrauen durch Transparenz bewirkt werden. Selbst von anerkannten Geistesgrößen (etwa dem Dalai Lama) ist zu hören, Transparenz sei die Voraussetzung für Vertrauen; Transparenz stelle gar erodiertes Vertrauen wieder her. Diese Sichtweise ist nicht auf der Höhe der Komplexität des Problems. Man kann auch einfach sagen: Falsch! Die Forderung nach Transparenz ist vielmehr ein deutliches Zeichen für *Misstrauen*. Vertrauen ist erst nötig, wenn es eben *keinen* rationalen Grund für Vertrauen gibt. Vertrauen ist ein Akt des Risikos, des Sich-verwundbar-Machens, des Schenkens – wenn man die Dinge nicht im Griff hat. Vertrauen erübrigt sich in Situationen vollständiger Information, wenn man alles über den anderen wüsste. Es setzt Intransparenz also geradezu voraus. Wenn ich jemandem vertraue, gehe ich eine Beziehung mit ihm ein, obwohl oder eben gerade weil es mir an Wissen über ihn fehlt. Hingegen: Die totale Sichtbarkeit zerstört das Tabu – und jedes Tabu ist besser als ein zerstörtes. (Hier ist beispielsweise die Chefverdrossenheit zu nennen, die sich aus der Tatsache ergibt, dass man zu viel Banales oder gar Kritisches weiß, um diesem Chef noch vertrauen zu können.)

Und: Kann Transparenz, wie behauptet, verlorenes Vertrauen wieder herstellen? Ebenso falsch. Es mag sein, dass systematische Transparenz Korruption verhindert; aber deshalb ist das Vertrauen noch nicht wieder repariert. Im Gegenteil: Das Misstrauen wird institutionell festgeschrieben. Die Kontrolle signalisiert nun grundsätzlich und ausnahmslos: Ich vertraue dir nicht! Der Verpflichtungssog des Vertrauens wird so gerade *nicht* erzeugt. Meist wird zudem schnell ein weiterer Risikobereich entdeckt – und dadurch das Misstrauen weiter vertieft. Nicht nur, dass Transparenz kein Vertrauen erzeugt – Transparenz *vernichtet* Vertrauen. Wer also nach »totaler Transparenz« ruft, der ruft nach totaler Kontrolle. Das ist das Ende der Vertrauensorganisation.

Eine Managemententscheidung lässt sich nie vollständig transparent machen, ja nicht einmal erklären. Und sie kann sich nicht fundamentalistisch an Eindeutigkeiten orientieren. Der Verdacht folgt der Macht wie ein Schatten. Es ist daher genau umgekehrt: Je heller das Managementtheater ausgeleuchtet wird, desto nebelhafter und unfassbarer wird der Hintergrund. Mit der Sichtbarkeit nimmt auch das Unsichtbare zu. Je weiter wir schauen, desto größer wird die Grenzlinie zum Unbekannten.

Die einfache Rechnung lautet: Je offener, ausgesprochener die Welt des Managements, desto größer der Verdacht, dass nur ein Schauspiel geboten wird, um die Tatsachen zu verhüllen, um das wahre Spiel vor den Blicken abzuschirmen. Misstrauen lässt sich *niemals* mit Transparenz beschwichtigen.

Transparenz erzeugt Paranoia

Das Paradox: Durch Offenlegung gibt es am Ende nicht weniger Geheimnis, sondern *mehr*. Übersehen wird, dass der Kontrollblick, je tiefer er dringt, immer mehr Unerschlossenes entdeckt. Das Noch-nicht-Ausgeleuchtete dehnt sich immer weiter aus! Was das Vertrauen gerade wieder erodieren lässt. Aus gutem Grund: Je mehr die Transparenz-Aktivisten aufrüsten, desto mehr werden sich Parallelwelten aufbauen, in denen nichts mehr dokumentiert, nichts mehr geschrieben wird, heikle Themen nur noch mündlich besprochen und die Kreise der Eingeweihten enger gezogen werden. Die inkriminierten Absprachen wandern nun in die Hinterzimmer, von dort in die Hinterhinterzimmer, und von dort in die Hinterhinterhinterzimmer. Im Foyer wird nur noch ein Schauspiel für die Öffentlichkeit aufgeführt, bei dem nichts zu hören ist als die politisch korrekte Fassadensprache.

Die Transparenzfanatiker befördern mithin unentrinnbar genau das, was sie zu bekämpfen vorgeben: Intransparenz. Mit jeder Beleuchtung stellt man etwas in den Schatten, dunkelt etwas ab. Weshalb die Lichtstärke fortwährend erhöht werden muss. Aus Transparenz wird Paranoia. Das wird immer wieder übersehen: Transparenz bildet Verhalten nicht passiv ab, sondern erzeugt es aktiv – entweder Ausbeutung oder Umgehung. Das, was geheim bleiben soll, zieht sich immer weiter in den Schatten zurück. Der Beobachtete verhält sich unter Beobachtung eben anders (was jeder weiß, der schon einmal eine Firma übernommen hat). Weshalb die Anpassung ans Beobachtetwerden beobachtet wird. Es kommt zu einem Wettlauf wechselseitigen Misstrauens, an dessen Ende man nicht weiß, wer Hase oder Igel ist: »Ich bin schon da!«

Müssen wir mithin immer mit »einer zweiten Welt neben der offenbaren« (Georg Simmel) rechnen? Müssen wir fortwährend an Verschwörungen denken? Auf immer neue Enthüllungen gefasst sein? Gar darauf hoffen? Wenn das doch endlich begriffen würde: Enthüllung ist nicht Aufklärung!

Zur Aufklärung gehört die Einsicht in die Notwendigkeit der *Verhüllung*. Denn ohne Sphären des Geheimnisses funktioniert keine Gesellschaft, keine Institution, kein Unternehmen.

Geheimnis

Es gibt keine zwischenmenschliche Beziehung ohne Geheimnis – etwas, von dem andere ausgeschlossen werden. Menschliche Beziehungen werden durch Geheimnisse gestiftet und geformt. Es formt zum Beispiel Gruppen: Ein Geheimnis ist das, was die Menschen, die es miteinander teilen, von denen trennt, die es nicht teilen. Deshalb ist das Geheimnis auch keineswegs moralisch abzulehnen – ebenso wenig wie die Lüge. Es ist schlicht eine zivilisatorische Errungenschaft, die nur dem Menschen eignet. Dabei handelt es sich nicht einfach um eine Technik des Verbergens von Wirklichkeit. Das Geheimnis erzeugt erst den Freiraum, in dem etwas Neues entstehen kann. Es ist eine Technik des Nicht-Sagens, der Zurückhaltung, des Abtrennens, des Separat-Machens. Was durchaus produktiv sein kann: als *Feingefühl* für die Spannungen, Wechselseitigkeiten und Paradoxa, die menschliche Verhältnisse stets bestimmen.

Der Philosoph Georg Simmel hat das Geheimnis als »eine der größten Errungenschaften der Menschheit« bezeichnet. Es ist eine Bedingung von Individualität – ohne Geheimnis keine Persönlichkeit. Und in sozialen Belangen beschreibt es die Möglichkeit, zwischen dem zu *unterscheiden*, was gesagt werden kann, und dem, was nicht gesagt werden sollte.

Das Geheimnis eröffnet dem Menschen zudem die Möglichkeit, sich in unterschiedlichen Kontexten neu zu erfinden. Eine ungeheure Freiheit. Und die Quelle seiner Würde. Es gibt einen Raum frei für die Fähigkeit des Menschen, in jedem Moment seinem Leben eine neue Richtung zu geben. Noch mal an den Start zu gehen. Was immer auch gewesen ist, hinter sich zu lassen. Es sei denn, man lebt im Zeitalter der totalen Transparenz. Das Internet vergisst nie. Und zerstört damit eine Voraussetzung menschlicher Würde.

Das alles klingt im Zeitalter von Big Data und Wikileaks wie ein Echo aus alter Zeit. Und doch resonieren wir darauf nicht nur aus Gründen eines formalen Datenschutzes. Wir ahnen zumindest, dass damit Fundamentaleres gemeint sein könnte: Kultur. Für Friedrich Nietzsche beginnt »jede Art von Kultur (...) damit, dass eine Menge von Dingen verschleiert werden. Der Fortschritt des Menschen hängt an diesem Verschleiern.« Wenn wir das für einen Moment anerkennen, dann ist der Stand der Dinge ein kultureller Rückschritt.

Transparenzterror

Der gläserne Mitarbeiter ist wahrscheinlich die größte Herausforderung, die sich am Arbeitsplatz der Zukunft stellt. Viele Entwicklungen sind hier noch gar nicht absehbar, allenfalls zu erahnen. Vielleicht lässt sich das, was uns bevorsteht, nicht einmal mehr mit einer Metapher wie »Transparenz-Wahn« fassen. Doch selbst wenn jedes beliebige Vorkommnis an jedem beliebigen Ort zu jeder beliebigen Zeit beliebig schnell zugänglich geworden ist und Zeit nur noch, wie Heidegger sagen würde, Augenblicklichkeit und Gleichzeitigkeit ist, stellt sich immer noch die Frage nach der *Conditio humana,* die Frage nach der Selbstbestimmung des Menschen. Wie viel Autonomie ist unter transparenten Bedingungen möglich?

Es geht hier nicht um Technikkritik oder darum, einzelne Unternehmen an den Pranger zu stellen. Es geht darum, ob solche Arbeitsumstände mit der Idee eines anständigen Unternehmens vereinbar sind. Wenn wir grundsätzlich werden, dann gehört zur Selbstbestimmung auch die Wahl der Fremdbestimmung. Ein Sichbestimmen-lassen-Können ist auch eine Erfahrung von Freiheit. Jeder kann ja *wählen,* ob er sich auf extrem transparente Arbeitsbedingungen einlässt. Und die Mitarbeiter inkriminierter Betriebe werden in der Regel vor ihrer Einstellung über die Arbeitsbelastung und sämtliche Arbeitsbedingungen intensiv informiert. Man kann sich also auch autonom dafür entscheiden, seine Autonomie aufzugeben. Aber erreicht dieses Argument auch die Lebenssphäre der Menschen? Das bezweifele ich. Sie erleben nach allem, was wir bisher darüber wissen, den Verlust von Schutzzonen als eine neue Qualität der Zudringlichkeit und der Entmündigung. So wie es ein Mitarbeiter eines großen Online-Versandhauses sagt:»Es ist, als würde man sich selbst an einen Scanner anschließen. Man traut uns nicht zu, dass wir als menschliche Wesen selbst denken können.«

Menschen gewinnen ein Gefühl von Würde und Anstand, wenn man ihnen etwas zutraut, wenn sie als vertrauenswürdig anerkannt werden. Das heißt, dass man ihnen Leistungsbereitschaft und -fähigkeit unterstellt und grundsätzlich davon ausgeht, dass sie dem Unternehmen nicht schaden wollen. Michèle Lamont konnte nachweisen, dass Arbeiter ihren Stolz und Selbstrespekt weniger aus ihrem Einkommen speisen, sondern aus dem Gefühl, als verlässlich und kompetent anerkannt zu sein. Vertrauensverweigerung hingegen lässt den Stolz erodieren. Und Transparenzterror ist Vertrauensverweigerung.

Was folgt aus alldem? Wir sollten die Kirche im Dorf lassen. Wir dürfen nicht jener Enthüllungswut verfallen, die häufig die Neidgeplagten dieser Erde kurzzeitig ruhigstellt, letztlich aber nur einen Wettlauf wechselseitigen Misstrauens erzeugt. Lassen wir Reservate des Undurchschauten zu. So wie wir sie in allen Kulturen zu allen Zeiten als menschengemäß finden.

Ein anständiges Unternehmen macht also nicht alles, was technisch machbar ist. Vertrauen entsteht dann, wenn Transparenz nur dort hergestellt wird, wo es überlebenswichtig ist. Sonst sind Zonen der Privatheit unerlässlich. Und auch betriebswirtschaftlich wertvoll, denn nur so ist Platz für das Individuelle, kann die Abweichung entstehen, die für Innovation so wichtig ist. Also: Offenheit ja, Transparenz nein. Hier muss man im vermeintlich Einunddemselben die Gabelung zwischen anständig und nicht-anständig freilegen, Balancen abwägen, wo und wie viel Transparenz zu fordern ist – und wo nicht. Was nicht immer leicht ist.

Ja, es gibt sie, jene, die Intransparenz ausbeuten. Korrupte Manager, bestechliche Beamte, Daten- und andere Diebe. Nicht jeder von ihnen wird erwischt. Aber muss ein Unternehmen nicht mit einer gewissen Unsicherheit, Regelübertretung und Pflichtverletzung leben? Ein Unternehmen, das nicht mindestens 10 Prozent an krimineller Grundlast toleriert, wird sich in ein totalitäres Zwangssystem verwandeln. Und nebenbei wichtige betriebswirtschaftliche Potenziale unterdrücken. Da ist es besser, wir schauen bisweilen nicht so genau hin. Ein Witzbold hat einmal gesagt, die Wahrheit sei ein kostbares Gut, man müsse daher sparsam mit ihr umgehen. In der Tat: Die ganze Wahrheit wäre des Guten zuviel.

Ich halte Transparenz für eine der größten Naivitäten unserer Zeit. Vor allem die gesellschaftliche: Der Privatmensch ist der Ketzer, der einzige Oppositionelle gegenüber einer alles durchdringenden, alles herunterregelnden Öffentlichkeit, die sich der Enthüllung, der Enttäuschung verschrieben hat. Aber auch die organisatorische des Unternehmens. Dieser Fetisch der Moderne walzt mit seiner guten Absicht einfach alles nieder, was Kultur und Zivilisation über Jahrhunderte aufgebaut haben: den Kodex des Nichtwissenwollens, des Nichthinsehens. Dieser Kodex ist gekündigt. Was dabei verkümmert, sind Diskretion, Scheu, Scham und Tabu. Wenn Leben nur öffentlich geführt wird, verflacht alles. Was ständig sichtbar ist, verliert die Fähigkeit, Kontur zu gewinnen: aus dem Dunklen ins Helle, aus dem Verborgenen ins Offene aufzusteigen. Das Erhabene, Erhobene, das Eigene. Das Leben verliert dann das Ver- und Geborgene, die Tiefe und den Weg der Helligkeitszunahme. Wir dürfen uns nicht einem Transparenztraum ausliefern, der sich wie ein Nachtmahr über unsere Freiheit legt.

TEIL III

ARBEIT UND LEBEN

Man kann der Auffassung sein, die ethische Relevanz von Wirtschaft erschöpfe sich in Produkten und Dienstleistungen. Aber Menschen erleben Wirtschaft vor allem am Arbeitsplatz. Wie Menschen täglich in ihren Unternehmen und Organisationen handeln und behandelt werden, das beeinflusst in fundamentaler Weise, wie sie insgesamt ihr Leben führen. Das ist für eine Gesellschaft kulturprägend.

Was sind das für Erfahrungen? Es sind zunehmend Erfahrungen der Distanzlosigkeit; es sind Erfahrungen der Vereinnahmung, der Infantilisierung, der Therapeutisierung. Schon früh hat die Industriesoziologie die Formel von der »Entgrenzung der Erwerbsarbeit« gefunden, die den Sichtschutz des privaten Lebens gefährde – zunächst dafür, dass der Dienstwagen auch für Ferienfahrten genutzt werden darf und der Dienstrechner auch für private Zwecke. Diese Entwicklung hat sich dramatisiert. Mit der Distanzlosigkeit wächst ein *neues Machtprinzip* heran, das in vielen Unternehmen zivile Maßstäbe erodieren lässt und in seinen neuen Ausfaltungen einen Paradigmenwechsel in der Geschichte der Machttechniken herbeiführt. Es ist nicht mehr nur der Staat, der unterwirft und diszipliniert, sondern psychohistorisch übernehmen die Unternehmen diese Rolle.

Unternehmen agieren dabei, als seien sie Kirchen oder Umerziehungsheime. In der Logik der »Vorsorge« – der

Zukunftsvorsorge, der Risikovorsorge, der Gesundheitsvorsorge – machen sie den Mitarbeiter durch vielfältige Prozeduren zum dauerüberforderten Objekt. Zu einem Akkusativobjekt, das unter Anklage steht (lateinisch *accusare* = anklagen), das jedenfalls »noch nicht« ist: noch nicht vollständig, noch nicht perfekt. Vielmehr durch und durch optimierbar, verbesserungs- und entwicklungsbedürftig – aufgehübscht als »Ziel« oder »Potenzial«. Die Unternehmen und Organisationen verachten die selbsthelferischen Kräfte ihrer Mitarbeiter und universalisieren das Herabsetzungsbedürfnis. Die Gegenwart, alles, was »ist«, gilt wenig bis nichts. Alles schaut und wirft sich nach vorne und *unterwirft* sich gleichzeitig der Gegenwarts- und Vergangenheitsabschaffung. Auf verdeckte Weise sorgen Unternehmen dafür, dass die Normvorstellungen des »noch nicht« gesamtgesellschaftlich übernommen werden.

Diese Erfahrungen am Arbeitsplatz – und das ist das Verwirrende daran – bemänteln sich mit Menschenfreundlichkeit und Vernunft. Weshalb die Entmündigten ihre Entmündigung oft nicht wahrhaben wollen. Aus der von Michel Foucault beschriebenen »Disziplinarmacht« wird so unter der Hand eine *Macht der Selbstdisziplin*. Unternehmen schließen daher nicht mehr ein, nein, sie öffnen sich. An die Stelle der Stechuhr-Fabrik tritt das flexible Wellness-Unternehmen; die lebenslange Weiterbildung ersetzt den Schulzwang. Umzingelt von fürsorgenden, hilfreichen und wohlmeinenden Institutionen geben die Menschen freiwillig und arglos ihre Freiheit auf und tauschen sie gegen Zielvorgaben, Frauenquote und Feedbackrunden.

Das Grundgesetz sagt: Die Würde des Menschen ist unantastbar. Das ist falsch. Im Unternehmen wird sie täglich angetastet.

Es gibt dabei einen immensen Unterschied zwischen dem, was die Unternehmen sagen, und dem, was sie tun. Oder besser: zwischen expliziter und impliziter Botschaft. Auf der *expliziten* Ebene spricht man von Mitarbeitern als unternehmerisch denkenden und handelnden Menschen, als Intrapreneuren, als Innovatoren, kurz: als Erwachsenen. Die *impliziten* Botschaften der Institutionen jedoch kommunizieren das genaue Gegenteil: Hör auf, ein Erwachsener zu sein! Hör auf zu denken! Lass allen Eigensinn fahren! Gib deine Mündigkeit ab! Vor allem aber: Verhalte dich konform! Der Konformitätsdruck explodiert geradezu als Meinungskonformismus, Leistungskonformismus, Verhaltenskonformismus. Sogar bezogen auf die »Diversität« soll man ironischerweise konform sein.

Viele Unternehmen sind daher nicht anständig, obwohl sie sich alle Mühe geben, diesen Widerspruch zwischen offizieller Botschaft und innerer Verfasstheit propagandistisch zu umwölken. Ich mag nicht unterstellen, dass es hier um eine vorsätzliche Verschleierung geht; vielen Unternehmen ist das eingewebte Menschenbild ihrer Institutionen gar nicht bewusst. Ihnen ist es nicht klar, dass sie auf die Menschen *herunterschauen*. Mehr noch: Ich bin überzeugt, die Unternehmen beabsichtigen das nicht. Aber es ist doch befremdlich, dass sie zwar merken, dass sie oft nicht vorankommen, aber nur das individuelle Nichtwollen und Nichtkönnen dafür verantwortlich machen, nicht aber ihre Institutionen.

Das Produkt dieses Herabschauens: der fremdgesteuerte, gläserne, unterkomplexe Mensch. Es ist ein Mensch, der das Sichselbsthelfen verlernt hat. Es ist ein Mensch, der Verantwortung vollumfänglich abgegeben hat, dem Selbstvertrauen institutionell aberzogen wird und dem man fortwährend sagen muss, was er tun oder lassen soll. Es ist ein

Mensch, der Fürsorge und Dauerverwöhnung erwartet, gerne und freiwillig seine Daten preisgibt, der die Sorge für seine Gesundheit anderen überantwortet, sich psychologisch analysieren und seiner Muttersprache berauben lässt. Und der diese Entmündigungen oft keineswegs erleidet, sondern als Selbstoptimierung erlebt.

Und das hat wiederum Konsequenzen jenseits der beruflichen Sphäre. Wenn der Mensch von sich schwach denkt, fängt er an, sich zu unterbieten. Schwäche wird mehr und mehr zu seiner zweiten Natur. In Verbindung mit unserer Bequemlichkeit und Unterwerfungsbereitschaft bringt das eine Gesellschaft hervor, in der der aufrechte Gang eine anthropologische Verirrung ist und Erwachsensein lediglich ein biologisches Datum.

Die pragmatische Ethik, die ich dieser Entwicklung mit diesem Buch entgegensetze, baut auf Distanz und Grenzen, auf »Anstand durch Abstand«.

Distanz – Was leistet sie?

Wenn ein unverbildetes Kind durch einen Wald geht, fühlt es sich einem großen Organismus zugehörig. Es freut sich nicht *an* ihm, sondern *in* ihm. Es spaltet die Welt nicht auf in Subjekt und Objekt, es ist eins mit ihr. Es ist ähnlich verschmolzen wie einst mit der Mutter. Wenn es dann erwachsen wird, geht es zur Welt auf Distanz. Es nimmt seine Stellung ihr *gegenüber* ein, unterscheidet nun zwischen sich und den Dingen, beobachtet sie, vielleicht aus der Ferne, weiß sich nur mit sich selbst identisch, nicht mit dem Beobachteten.

Im Rückblick erinnern wir wehmütig die verlorene Nähe zu den Dingen. Aber wem es gelingen würde, Kind zu bleiben, der bliebe immer »kindisch«. Er bliebe auch überzeugt, dass die Erde eine Scheibe sei – weil er sie nicht »von Weitem gesehen« hat, weil er sie nie aus der Distanz betrachtete. Was sogar für den geliebten Menschen gilt: Ohne den nötigen Abstand werden die kleinsten körperlichen Äußerungen des anderen in der Vergrößerung abstoßend. Aus der Ferne sehe ich Anmut, aus der Nähe Poren. Ohne Distanz keine Schönheit. Ohne sie gedeiht auch die Liebe nicht; sie verlangt ein ehrfürchtiges Getrenntsein, um zu bestehen. Wie es bei Khalil Gibran heißt: »Steht einer beim anderen, aber steht nicht zu nah, denn die Säulen des Tempels stehen einzeln ...«

Der Begriff der Distanz beschreibt also den Unterschied zwischen einer kindlichen und einer erwachsenen Lebenswelt. Und was an Weltansicht zu gewinnen ist, das sind immer wieder neue *Distanzergreifungen*.

Der eingangs erwähnte Amerikaner John Rawls hat mit seiner *Theory of Justice* eines der wichtigsten Werke zur Ethik vorgelegt. Um zu diskutieren, was für das Gemeinwesen richtig und falsch ist, bedient er sich – der *Distanz*. Distanz in Form eines Schleiers: Eine Gruppe von Menschen sitzt zusammen und diskutiert Regeln und Institutionen vernünftigen Zusammenlebens. Sie alle umhüllt ein »Schleier des Nichtwissens« – niemand weiß, welche Rolle er in der Gesellschaft spielen wird, wenn die Regeln in Kraft treten; niemand weiß, ob er Schuhputzer sein wird oder Bankdirektor, niemand weiß, ob er etwas erhält oder etwas abgeben muss. Wenn dann der Schleier weggezogen wird, müssen alle bereit sein, sich dem Zugewiesenen zu unterwerfen. Der Schleier schafft also Distanz. So lange er das Ergebnis *verhüllt*, entschärft er die Diskussion und verhindert Extreme. Erst wenn er fällt, beginnen die Probleme. Wenn es »distanzlos« wird.

Der 1995 verstorbene Hanns Joachim Friedrichs, eine Ikone des deutschen Nachrichtenjournalismus, erklärte in

347

einem *Spiegel*-Interview einmal, er habe nach dem Krieg bei
der BBC in London gelernt, Distanz zu halten, »sich nicht
gemein machen mit einer Sache, auch nicht mit einer guten,
nicht in öffentliche Betroffenheit versinken, im Umgang mit
Katastrophen cool bleiben, ohne kalt zu sein.«

Für unser Leben in Unternehmen hat Dietrich Bonhoeffer das Notwendige gesagt; er schrieb 1942 eine Programm-
schrift für die *Kultivierung der Distanz*, für die Absonderung
vom konformistischen Mainstream. Unter der erstaunlichen
Überschrift »Qualitätsgefühl« heißt es: »Wenn wir nicht den
Mut haben, wieder ein echtes Gefühl für menschliche Distanzen aufzurichten und darum persönlich zu kämpfen, dann
kommen wir in einer Anarchie menschlicher Werte um.«

Bonhoeffers Satz habe ich diesem Buch motivisch vorangestellt; ich kenne keine wichtigere Aussage zum Thema.
Jemanden achten heißt: Distanz wahren. Respektvolle Distanz.
Das beinhaltet auch das Recht, anders zu sein. Sich »ausein-
ander-zu-setzen«. Nicht der Norm zu entsprechen, nicht stan-
dardisiert zu sein. Wo keine Distanz ist, wird alles unerträglich.

Deshalb ist Zivilisation ohne Distanz nicht denkbar. Distanzen schützen die Menschen voreinander, ermöglichen es
ihnen aber zugleich, sich zu »begegnen«, Gefallen aneinander zu finden, sich zu entscheiden, aufeinander zuzugehen –
oder auch sich voneinander zu entfernen. Gleichzeitig orientieren sie, geben Sicherheit und Klarheit, schaffen Übersicht
und Individualität. Sie ermöglichen soziale Teilnahme trotz
ungleicher Lebensbedingungen, Vertrauen trotz Unvertraut-
heit, Berechenbarkeit trotz individueller Launenhaftigkeit,
Rollenerfüllung trotz disparater Wertorientierung, Bezie-
hungsaufnahme trotz Asympathie. Distanzen gehören auch
zu den größten Errungenschaften der modernen, offenen
Gesellschaften des Westens. Zum Beispiel die Trennung

der Sphären von Staat, Recht, Wirtschaft, Religion und des Privaten. Aber Distanzen haben einen schlechten Ruf. Distanz ist heute etwas, das man »überwindet«. Es gibt Abfahrt und Ankunft, dazwischen – nichts. Keine Stufenfolge, auch kein Verweilen, schon gar kein Distanz-Wahren, keine Ehre, kein Tabu. Aber nicht nur sozialistische Staatsanbeter oder religiöse Fundamentalisten wollen ihr an den Kragen. Ständig wird sie von zwei Verschmelzungsphantasien bedrängt. Die *eine*, die man »romantisch« nennen kann, will die Moderne wieder rückgängig machen: Sie bedauert den Verlust von Nähe, Unmittelbarkeit, Gemeinschaft. Die *andere*, »veränderungsdynamische«, betont die Notwendigkeit der Vorwärtsspannung, setzt den Wandel über die Stabilität, den Wettbewerb über die Sicherheit, das Globale über das Lokale.

Beide Tendenzen fließen in den Unternehmen zusammen und verstärken sich wechselseitig: Der Wunsch nach unverstellter Kooperation kreuzt sich mit der Notwendigkeit der Anpassung an das wirtschaftliche Umfeld. Auf bizarre Weise verschränken sich so vormoderne Moralvorstellungen mit aktuellster Wirtschaftsrationalität. Trotz unterschiedlicher Begründungen läuft beides auf das gleiche hinaus: Grenzüberschreitung. In der Folge entwickeln sich in den Unternehmen *Formen der Distanzlosigkeit*, die vor langer Zeit erkämpfte Zivilisationsgewinne erodieren lassen. Während der Taylorismus vor allem auf die physisch-körperliche Arbeitskraft (Hand) zielte, die Human-Relations-Bewegung die emotionalen Triebkräfte (Herz) pflegte und die sogenannte »Kooperative Führung« die Intelligenz der Mitarbeiter herausfordern wollte (Hirn), so wird der Einzelne heute gleichsam »ganzheitlich« von der Arbeitswelt vereinnahmt: die Totalinklusion von Hand, Herz und Hirn.

Die Totalinklusion fällt umso leichter, als sich die Distanz-auflöser sowohl mit der Sentimentalität der ersten Tendenz munitionieren können als auch mit der Rationalität der zwei-ten. Wer dagegen die Stimme erhebt, sieht sich als »unnahbar« oder »nicht teamfähig« etikettiert. Zumindest die *Absichten* der Distanzauflöser sind daher kaum diskutierbar; sie waren und sind populär und gelten als ambivalenzfrei. Ob die *Folgen* es auch sind, daran wurde hier gezweifelt.

Das vorliegende Buch schaut genau auf die Schattensei-ten dieser Entwicklung. Es schaut auf die unbeabsichtigten Spät- und Nebenwirkungen für die Verfasstheit des Unter-nehmens, für die betriebswirtschaftliche, vor allem aber und vorrangig für die ethische. *Wollen* wir so leben? Was wir wissen können: Souverän handelt nur, wer sich aus der Sphäre der Unmittelbarkeit entfernt. Vor allem bei anspruchsvollen Aufgaben können wir kein mentales Groß-raumbüro gebrauchen. Wenn das Getrennte ineinander über-geht (innen/außen, oben/unten, öffentlich/privat, männlich/weiblich), verlieren wir die Fähigkeit der Unterscheidung. Und damit den Grundakt wirtschaftlichen Erfolges. Wir ver-lieren aber auch Takt, Höflichkeit, Zurückhaltung. Wir ver-lieren Anstand.

Gegen die verbreitete Auffassung, »Nähe« sei ein mora-lischer Wert an sich, bringe ich die Formel *Anstand durch Abstand* in Stellung. Distanz ist ein menschliches Grundrecht und ist der »Nähe« an moralischen Potenzen überlegen. Ein humanes Verhalten hält sich zurück, tritt niemandem »zu nahe«, wahrt die Form. Formverlust sollten wir nicht als Zukunftsoffenheit deklarieren. Und wer das Wort »ganzheit-lich« hört, sollte es mit »undifferenziert« übersetzen.

Nun kann es um fixierte Ordnungen nicht mehr gehen, wohl aber um *Balancen*. Um eine Abwehr des Übermaßes.

Dabei steht viel auf dem Spiel: Vertrauen, Schutz, Sicherheit, Individualität, das *wohltätig Trennende von Grenzen*. Wo man nicht schließen kann, kann man nicht öffnen; wo man sich nicht trennen kann, kann man sich auch nicht begegnen. Hier mag sich der Einwand regen, wer sich distanziere, verhalte sich abwertend. Das ist nur eingeschränkt richtig. Man kann sich auch distanzieren, um schlicht *besser sehen* zu können. So wie man einen Schritt zurückgeht, um ein Bild vollständiger zu erfassen. Oder sich eine Auszeit nimmt, um über Wesentliches nachzudenken. Oder sich aus der operativen Alltagshektik zurückzieht, um den Überblick zu behalten. Um dadurch Handlungsmöglichkeiten zu erweitern. Ohne Distanz ist überhaupt nichts Neues erfahrbar.

Treten wir genau diesen Schritt zurück und fragen uns: Was wollen wir? An welchem Menschenbild wollen wir uns orientieren? Welches Menschenbild ist sowohl anständig wie wirtschaftlich produktiv? Diese Entscheidungen hier lagen dem vorliegenden Buch zugrunde:

- Der Mitarbeiter als Gegenüber, als Verhandlungspartner, dem wir auf Augenhöhe begegnen und der seinen Zweck in sich selber trägt.

- Der Mitarbeiter als Erwachsener, der kompetent und in der Lage ist, sachangemessene Entscheidungen zu fällen.

- Der Mitarbeiter als Individuum, den wir so nehmen, wie er ist, und dem wir einen Arbeitsrahmen gestalten, der sein Sosein zu Stärken werden lässt.

- Der Mitarbeiter als Mensch, dem wir vertrauen, dem wir Freiraum eröffnen und der selbstverantwortlich entscheidet, wie er im Rahmen seiner Aufgabe handelt.

- Der Mitarbeiter als Wählender, der Wertkonflikte kennt und anerkennt, dem wir Mehrdeutigkeit zumuten und den Preis, der bei Entscheidungen jeweils zu zahlen ist.

351

All das können wir erreichen; diesem Menschenbild können wir uns nähern. Wenn wir wollen. Dazu müssen wir einiges tun – aber noch mehr müssen wir lassen. Weil viele Managementpraktiken dieses Menschenbild nicht stützen, sondern herabsetzen. Deshalb will ich eine Auseinandersetzung entfachen über die zunehmende Distanzlosigkeit in den Unternehmen.

Die positive Kraft des negativen Denkens

Wenn wir Distanz/Anstand zum ethischen Maßstab machen und auf die Institutionen der Unternehmen anwenden, dann kann die Antwort auf die Frage »Was ist zu tun?« oft nur lauten: »Lassen ist das neue Tun.« Es geht darum, Dinge *nicht mehr* zu tun oder *erst gar nicht* einzuführen.

Die Energie, die dafür genutzt wird, nenne ich die »positive Kraft des negativen Denkens« (den Begriff selbst hat – mit anderer inhaltlicher Ausrichtung – die Psychologieprofessorin Julie K. Norem geprägt). Wir wissen ja in vielen Lebensdimensionen nicht genau, was wir in einem positiven Sinne tun sollen. Aber wir wissen sehr wohl, was zu lassen ist. Was wir nicht tun sollten. Und wenn wir das dann nicht oder nicht mehr tun, öffnet sich zwar nicht der Himmel, aber es ist ein pragmatischer Schritt, um Schlechtes abzuwenden.

So sollten wir nicht davon träumen, Menschen zu motivieren, aber wir sollten alles tun, sie nicht zu demotivieren. Wer will, dass die Mitarbeiter sich verstärkt dem Kunden zuwenden, muss sie von Kundenablenkungsbürokratie entlasten. Wer will, dass die Mitarbeiter kreativer sind, muss den Rechtfertigungsdruck zurückfahren. Wer unternehmerisch denkende und handelnde Mitarbeiter will, der nimmt alles weg, was sie zu Untergebenen macht. Wer Leistungsträger will, lässt alles weg, was sie auf Zuträger reduziert. Wer Führende will, unterlässt alles, was sie zu bloß Ausführenden macht. Was eben auch ein Tun ist. Ebenso pflegt ein »guter« Chef in der Regel einen sehr persönlichen Führungsstil, der kaum zu imitieren ist. Hingegen kann man bei einem »schlechten« Chef beispielhaft sehen, wie man es nicht machen sollte. In gleicher Weise kann niemand eindeutig sagen, was Unternehmen erfolgreich macht; aber man kann mit hoher Präzision sagen, was sie scheitern lässt. Das ist sehr weitgehend generalisierbar und in seinem Lerneffekt sehr viel konkreter.

Diese Perspektive ist für viele Manager ungewöhnlich, gar kontraintuitiv. Die Frage lastet im Raum: »Ja, was denn stattdessen?« Darauf ist zu antworten: »Das weiß ich nicht.« Oder besser: »Das weiß ich *noch* nicht.« Ich verteidige das Recht zu kritisieren, auch ohne einen besseren Gegenvorschlag zu haben. Und das aus drei Gründen. *Erstens,* weil nur das kritisierbar ist, was schon existiert. Das ist das Alte. Wenn wir aber wirklich Neues finden wollen, dann kann man nicht voraussagen, ob es besser ist. Das muss man ausprobieren. Und ohne Experiment, Fehler und Scheitern ist Innovation eben nicht zu haben. (Wer das bestreitet, sollte das WeirdStuff Warehouse im Silicon Valley besuchen; ein *boulevard of broken dreams:* es kauft die Computer und Büromöbel insolventer Startups auf.) *Zweitens* erkenne ich oft das Problem nicht an, für das eine Institution die Lösung sein soll. Wenn X die Antwort ist – wie war noch mal die Frage? Nicht selten wird vielmehr ein Problem von der Lösung her definiert – und insofern erst *erzeugt* vor dem Hintergrund dessen, was gerade als Lösung im Angebot ist. *Drittens,* weil ich vielen Unternehmen gerne zurufen würde: »Einfach streichen!« Keine Alternativen, keine süßlichen Relativierungen, keine sogenannten »Verbesserungen«. Abschaffen, ohne Rest, ohne Mangel oder Mangelgefühle. Alle reden davon, Komplexität abzubauen – hier können Sie es tun. Wer sich bewegen will, muss Platz schaffen.

Natürlich muss man nicht erst Logik studieren, um zu wissen, dass es eine rein negative Konzeption gar nicht geben kann – verteidigt wird immer etwas Positives. Hier, betriebswirtschaftlich: Das Nein zum institutionell Angerichteten, das sich in tausenderlei Sekundärem verliert, ist das Ja zum Primären, zum institutionell Offenen, zum Markt, zum Kunden. Oder, moralphilosophisch: Das Nein zur Distanzlosigkeit ist ein Ja zum Anstand.

Nichttun

In der Unternehmensführung geht es zunächst darum, schlechte Einflüsse erst gar nicht zuzulassen. Die Kraft der Autonomie, das hat Theodor W. Adorno gesagt, ist die Kraft zum Nicht-Mitmachen. Wirkliche Freiheit ist die *Freiheit zum Verzicht*. Erst Verzicht gibt Profil – eben nicht das zu machen, was alle machen. Viele Unternehmen, die bewundert werden, machen nicht das, was alle machen, sondern verzichten. Der dafür hier vorgeschlagene Kompass weist betriebswirtschaftlich und moralisch in dieselbe Richtung: Abstand halten! Nicht zudringlich sein! Zurückhaltend bleiben!

Enthaltung als Haltung: Brauchen wir wirklich noch ein zusätzliches Kontrollsystem? Soll ein weiterer Handlungsbereich verregelt werden? Müssen wir den Mitarbeitern noch näher auf die Pelle rücken? Gerade für den Mittelstand gilt: Zurückgebliebenheit ist ein Vorteil! Nicht alles mitmachen, was sich gerade auf dem aufsteigenden Ast der Worthülsen-konjunktur befindet. An das Gewöhnliche sollte man sich gar nicht erst gewöhnen.

Das zielt auch auf das Recht, sich abzugrenzen, nicht teilzunehmen an Befragungen, Feedback-Runden,»Team-Events«. Den Burnout verhindern – wer das will, der muss fähig sein, Nein zu sagen. Und damit Ja sagen zu etwas, was ihm wertvoller scheint. Wenn die Teilnahme an Firmenfeiern gering ist, dann vielleicht, weil die Familien wichtiger sind. Was ist daran schlimm?

Die Kraft zum »Nein«. Wir brauchen sie, um uns der Konformität zu entziehen, den Konsens des Üblichen auf-zukündigen. Die bunte Schar der Kopfschüttler wird sich über den Nein-Sager als Querulanten hermachen mit Kon-senssuggestion und bewährt lächelnder Elastizität. Oder ihn mit einem empörungsneutralisierten »Hallo?« zur Ordnung rufen. Das kann man ertragen. Waren nicht Urteilskraft und Mut zum Unterschied schon immer die Bedingungen des Erfolgs?

Auch jede Führungskraft kann entscheiden, bewusst etwas *nicht* zu tun, damit der Mitarbeiter etwas *tut*. Das Nichttun der Führungskraft zielt auf das Selbertun des Mit-arbeiters. Suchprozesse, auf die sich der Mitarbeiter selbst begeben kann, wird die Führungskraft nicht vorbahnen. Lösungen, die der Mitarbeiter selbst finden kann, muss die Führungskraft nicht zeigen. Fragen, auf die er selbst kommt, wird sie nicht stellen. Dann kann er von den Dingen lernen, nicht vom Chef.

Wie oft habe ich den Satz gehört: »Aber überfordern Sie die Menschen damit nicht?« Wer so fragt: Wie schaut der auf den anderen? Wie schaut der auf sich selbst? Will er den Status quo beibehalten, weil er daraus seinen Vorteil zieht?

Überlegenheit? Unersetzlichkeit? Macht? Oder will er zu-
und vertrauen? Darauf vertrauen, dass Mitarbeiter eigene
Ressourcen der Problemlösung haben? Für die Freiheit zum Verzicht brauchen Sie einen souve-
ränen Überblick. Sie müssen genau wissen, was Sie tun, um
in der Lage zu sein, es nicht zu tun. Sie sollten nur das tun,
was Sie mit Blick auf die Überlebensfähigkeit des Unternehmens nicht lassen können.

Nicht mehr tun

1807 fielen bemerkenswerte Worte. Es gelte, »alles zu entfernen, was den Einzelnen bisher hinderte, den Wohlstand zu
erlangen, den er nach dem Maaß seiner Kräfte zu erreichen
fähig war.« Preußenkönig Friedrich Wilhelm III. erließ das in
seinem berühmten Oktoberedikt (der Verfasser war der Frei-
herr vom Stein), das die Stein-Hardenberg'schen Reformen
anstieß – das Paradebeispiel staatlicher Modernisierung. Zu
viele Strukturen versperrten den Weg – was die preußische
Niederlage gegen Napoleon erst ermöglicht hatte.

Ballast belastet. Ist er weggeräumt, kehren Energie, Sensibilität und Lebensfreude zurück. Alles fühlt sich gleich leichter an. Wir sind flexibler und offen für Neues. Aufräumen,
entrümpeln, ausmisten – dann findet man das, was man
nicht gesucht hat. Stolpert in sein Glück. Der Medizinfor-
scher Julius Comroe schreibt: »Du suchst nach der Nadel
im Heuhaufen und kommst heraus mit der Bauerstochter«.

Der leider fast vergessene Schriftsteller Wolfgang Hildes-
heimer lässt seinen Gottlieb Theodor Pilz dadurch zu einem
bedeutenden Faktor der Weltgeschichte werden, dass er ihn
unermüdlich gegen den künstlerischen Übereifer seiner
Zeit kämpfen lässt. Goethe und Schiller redet Pilz schwache

Werke aus, entwendet und vernichtet im Einzelfall ganze
Manuskripte – und rettet so den Weltruf der Dichterfürsten.
Das ist natürlich nur Fiktion. Aber wie viele große Geister
hätten nicht einen solchen Schutzengel brauchen können?
Und wie viele Unternehmen? Die Zukunftsfähigkeit eines Unternehmens besteht
hauptsächlich aus den Moden, die es sich abgewöhnt. Vorrang hat, was frei macht. Was uns befreit. Das heißt, regelmäßig zu fragen: Welche Institutionen, Systeme und Richtlinien können wir wegnehmen, ohne dass die Architektur des
Unternehmens bedroht ist? Was können wir lassen? Nach
Peter Drucker ist es die Hauptaufgabe des Unternehmens,
sogar die eigenen Produkte selbst abzuschaffen, bevor es der
Wettbewerb tut. Das bedeutet: Sich konzentrieren – immer
auf das Notwendige, selten auf das Wünschenswerte, nie auf
das Schädliche.

Zurückhaltende Führung

Woran sich dabei orientieren? Aus betriebswirtschaftlicher
Sicht sollten wir uns richten nach der Leitunterscheidung des
Kunden: *Zahlen / Nichtzahlen*. Bezahlt uns der Kunde dafür?
Oder ist es ihm egal? Was können wir vom Unternehmen
alles wegdenken, ohne dass der Kunde etwas vermisst? Was
darf fehlen, ohne dass es fehlt – ohne dass das Unternehmen
in den Augen des Kunden seine Identität verliert? Wenn wir
uns intellektuell verrenken müssen, um irgendwann auch mal
beim Kundennutzen anzukommen, sollten wir es lassen. Einfach lassen. Was die Frage aufwirft: Wie gut kennen wir unsere
Kunden? Wie sehr sind wir unseren Kunden verbunden?
   Aus ethischer Perspektive sollten wir in der Tradition
von John Stuart Mill und John Locke die »Schädigung« der

Prinzipien des Anstands zur Grenze erheben. Welche Instrumente schaden? Welche Zudringlichkeiten sollten wir nicht länger dulden? Wo sind die Grenzen der Entgrenzung? Welche Infantilisierungen sollten wir beenden? Welche Praktiken beeinträchtigen übermäßig die eigensteuernde Kontrolle der Aufgaben?

Wir zielen also auf die Abschaffung von Institutionen, die vor dem Hintergrund der oben aufgeführten Prinzipien nicht zu rechtfertigen sind. Das heißt nicht, dass es keine Gründe für ihre Erhaltung gäbe. Es gibt immer Rechtfertigungen für bestimmte Vorgehensweisen, sonst wären sie nicht implementiert worden. Aber überwiegen diese Gründe? Wollen wir dafür Nicht-Anständigkeit in Kauf nehmen?

Das Plädoyer dieses Buchs zielt nicht auf die Negation des Managements, sondern auf ein Management der Negation. Es geht um ein negatives Tun, das ganz gewiss ein entschiedenes Handeln ist. Und das sicher alle zum Gegner hat, die aus dem *Herkömmlichen*, aus dem *Hinzufügen* und dem *Sekundären* ihre Vorteile ziehen.

Unternehmensführung, die sich zurückhält – es fällt nicht leicht, sich das vorzustellen. Gemeinhin dominiert die Auffassung, Führung habe aktiv zu sein und sich so auch zu präsentieren. Ich erinnere noch gut eine Führungskräfte-Konferenz von Mobil Oil Ende der 8oer Jahre, auf der ich vorsichtig und eher tastend die Vorteile des Lassens (statt des Machens) für Manager vorschlug. Damals antwortete mir ein Teilnehmer sinngemäß: »Wenn unser Chef alles lassen würde, wären wir bald ver-lassen.« Allseits belustigte Zustimmung für ein nettes Sprachspiel. Tatenlosigkeit ist der schlimmste Vorwurf, den man hierzulande einem »Entscheidungsträger« machen kann. Karrieretechnischer Selbstmord, denn das Unterlassen ist kritisierbarer als das Machen, und sei das Machen noch so »blind«. Aber manchmal ist eine lustige Bemerkung eben auch ein Eimer Wasser auf einen Tropfen Wahrheit. Und diese Wahrheit heißt: Wir müssen unterscheiden lernen. Wir müssen heraus aus dem reflexhaften Dauer-Machen. Heraus aus dem Immer-Mehr und Immer-oben-drauf.

CSR – Schlechtes unterlassen

Mancher Leser wird beim *anständigen Unternehmen* die üblichen Moralbekundungen vermisst haben. Sie signalisieren heute zusammengefasst als »Corporate Social Responsibility« dem geneigten Publikum, was man denn Gutgemeintes in die Welt setze. Angewandte politische Korrektheit – Großunternehmen füllen auf ihren Webseiten über 100 Seiten damit. CSR wird dabei oft als Marketing (miss)verstanden. Und vermarkten lässt sich nun mal Positives – Aktionen wie Spenden, Sponsoring für Kulturveranstaltungen und Fahrradtouren für benachteiligte Kinder. Das alles mag gut gemeint sein. Faktisch aber ist es ein luxurierendes Wohltätigkeits-Schaulaufen, beutet überdies die Schwäche anderer in obszöner Weise aus und – Paradoxie des Helfens – verlängert sie zumeist. Vor allem aber: Es hat nichts mit dem Unternehmenszweck zu tun. Der besteht nun mal darin, Güter und Dienstleistung herzustellen und zu verkaufen. Will man in dieser Hinsicht verantwortlich handeln, dann geht es darum, dass ein Unternehmen die dafür notwendige Wertschöpfung verantwortlich organisiert. Also anständig umgeht mit Mitarbeitern, Zulieferern, Kunden und anderen »stakeholdern« (dazu gehört auch die Umwelt, die Zukunft).

Will man CSR ernst nehmen, dann muss man einklagbar konsequent sein. Wie oben gezeigt, erreicht man das nicht, indem man etwas tut, sondern etwas *nicht* tut. Indem man Fehlverhalten vermeidet: Preise absprechen, Umwelt belasten, Steuern hinterziehen, Kunden täuschen, Mitarbeiter ausbeuten, Zulieferer demütigen. Es geht also nicht um demonstratives Gutmenschentum, sondern um ehrlichen Verzicht. Nicht Gutes tun, sondern Schlechtes unterlassen – das ist konsequent und am Unternehmenskern. Das ist konkret und einklagbar. Und das kann man dann auch öffentlich sagen. Eben dass man bestimmte Dinge nicht tut. Wenn man sich ausdrücklich dazu bekennt, auf etwas zu verzichten – selbst wenn es Geld kostet. Zumindest kurzfristig Geld kostet. Langfristig dann kann man sich über den moralischen Konsum im Wettbewerb differenzieren. Und auch auf den Personalmärkten ist ein entsprechendes Image kaum zu überschätzen: Niemand arbeitet gerne für ein Unternehmen, dessen man sich schämt.

Engagierte Gelassenheit

In einer Kultur des Lassens verbinden sich Ökonomie und Moral, Effizienz und Anstand. Sie fügen sich zu einer engagierten Gelassenheit. In den historischen Urtexten bedeutet Gelassenheit eine innere Distanzierung, eine Trennung von Ereignis und Reaktion: Die Fähigkeit, sich nicht erschüttern zu lassen (griechisch *ataraxia*), nicht reflexhaft zu reagieren. Meister Eckharts»gelâzenheit« meint vorrangig ein»hinter sich lassen können«, vor allem von Dingen, die man nicht mehr braucht.

Dem mag man eine *zweite* Bedeutung von »lassen« hinzufügen: Vor allem die Menschen in ihrem Sosein zu belassen. Die Dinge in Ruhe zu lassen, sie zu schonen, ihnen keine Gewalt anzutun.

Eine *dritte* Bedeutung führt weiter zum sich »einlassen« auf etwas Neues. Das nur dann eine Chance hat, wenn man ihm Raum schafft. Wenn wir es lebensphilosophisch wenden, dann ist Freiheit – wie oben gezeigt – immer die Freiheit zum Verzicht. Verzicht nicht als Askese, sondern als Stärke, als Gewinn, als Souveränität. »Der Verzicht nimmt nicht«, schrieb Heidegger, »der Verzicht gibt. Er gibt die unerschöpfliche Kraft des Einfachen.« Es ist jene unabhängige Haltung, die zwar kann, aber nicht unbedingt muss. Die weiß: Je mehr Dinge wir haben, desto mehr haben die Dinge uns. Die klug die Vorteile und Nachteile wägt, nicht mit dem Strom schwimmt und den Mut zur eigenen Stimme hat. Die weiß, dass wer A sagt, nicht unbedingt B sagen muss. Die im Lassen den Weg zur Gelassenheit sieht. Die den eigenen Weg geht, nicht jeden Modetrend mitmacht, nicht alles kauft, was die Beratungsindustrie feilhält, Freiräume lässt, den Hysterien des Immerbesser entspannt begegnet. Das sind Führungskräfte, die den alten Mist regelmäßig entrümpeln und so Raum für Neues schaffen, die forträumen, was bedrängt und beengt. Die wissen: Man muss Ballast abwerfen, um an Höhe zu gewinnen. Und damit Übersicht schaffen. Die zwischen Ja und Nein bewusst wählen, sich der Moderne weder ausliefern noch verschließen. Die cool sind. Die die Dinge nutzen, wenn sie wirklich gebraucht werden. Und nicht deshalb brauchen, weil sie da sind. Schon gar nicht oktroyieren, wenn sie niemand braucht. Die im richtigen Moment hohe Geschwindigkeit mobilisieren – aber nicht dauernd. Dann wird man Herr im eigenen Haus, nimmt das Ruder wieder in die Hand.

Es gibt Führungskräfte, die sind *raumfüllend,* und andere, die sind *raumöffnend.* Gerade die letzteren brauchen wir. Sie werden alles in ihrer Macht Stehende unterlassen.

NACHWORT: NEGATIVE ETHIK

Warum eine »negative« Ethik? Wer will schon etwas »Negatives«? Man könnte sich zwar noch vorstellen, dass Lassen dem Machen vorzuziehen wäre, das Weniger oft Mehr bedeutet – aber schon das »sich begnügen« ist wenig erotisch. Wo bleibt das Positive? Warum nicht positiv formulieren, sagen wir, dass ein anständiges Unternehmen seine Mitarbeiter respektiert? Unterstützt? Wertschätzt? Geht es nur darum, die amerikanische Zuckerbäcker-Attitüde »Don't worry, be happy« zu vermeiden? Viele Leser werden bei den Prinzipien genickt, aber den Kopf geschüttelt haben bei den konkreten Anwendungen, die auf ein ersatzloses Abschaffen hinauslaufen. Das ist dann doch irgendwie nicht positiv genug.

Das Positive

Das Positive erfreut sich in unserer Gesellschaft ungebrochener Wertschätzung. Auch vollständig geleerte Gläser sind hierzulande halbvoll, gehobene Daumen und Smileys sind allgegenwärtig, immerfort gibt es »Silberstreifen am Horizont«, ist man »auf gutem Wege«. Wir mögen die Ja-Sager mehr als die Nein-Sager, lieben die Erweiterung mehr als die Grenzen, wollen lieber an etwas hängen als unabhängig sein. Vor allem das Denken soll positiv sein. Wir sollen nicht auf das Unmögliche schauen, sondern auf das Mögliche, sollen

Lösungen bringen, nicht Probleme, sollen den Käse sehen, nicht die Löcher.

Nachdenklichen Zeitgenossen schwante schon immer, dass mit dem Konzept des »positiven Denkens« etwas nicht stimmt: Positives Denken kann krank machen – dann, wenn man sich über längere Zeit die rosarote Brille aufsetzt und die Dinge schönredet. Ich nenne das die *negative Kraft des positiven Denkens*. Positives Denken kann nicht die Grenzen der Selbstermächtigung aufheben. Wir haben nicht alles im Griff. Uns sind Grenzen gesetzt durch Genetik, durch soziale Prägung, auch durch Zufälle, etwa durch Schicksalsschläge oder Krankheit. Man kann das – wenn man auf Allmacht-phantasien verzichtet – »Schicksalskompetenz« nennen: Ich akzeptiere, was mir widerfährt und ich nicht ändern kann.

Diese Überlegungen sind nicht beiläufig. Denn auch das Management ist krank. Es leidet an »Positivismus«. Statt sich – wie beim Arzt – über einen negativen Befund zu freuen (»Es ist alles gut, wir müssen nichts tun«), sind die Befunde überall »positiv«: Alles wuchert und metastasiert. Der Manager macht ja nicht die Augen auf und freut sich daran, dass alles gut läuft und sich auf wundersame Weise zusammenfügt. Nein, er erkennt sofort eine Kontrolllücke, eine Optimierungsmöglichkeit, eine Veränderungschance. Also wird er positiv. Er fügt etwas hinzu. Irgendein Instrument, eine Policy, ein Monitoring-System, ein KPI. Das ist – wie schon eingangs gesagt – die Grundstruktur: Im Management kommt immer etwas hinzu.

Der normale Manager ist dem Paradigma des *Machens* verhaftet. Für ihn ist das Ändern vom Mittel zum Zweck geworden. Es ist sein Geschäftsmodell. Er ändert grundsätzlich und immer, selbst wenn beim besten Willen kein Reformbedarf erkennbar ist. Je mehr Änderung, desto aktiver und nützlicher kommt er sich vor, desto beschäftigter sind die Stäbe und über desto mehr Absatz freut sich die Beratungsindustrie. Also kann es für ihn gar nicht genug Änderung geben, gar nicht genug Krisendiagnose, gar nicht genug Zukunftsdrohung. Es fällt ihm ungeheuer schwer, den Spiegel zu wenden und sich selbst als Differenzgenerator anzuschauen.

Dieses Muster segelt durchaus im Windschatten des Zeitgeistes: »Mehr ist besser« ist ein Glaubenssatz, der monopolistisch die Vielfalt organisatorischer Modelle aufgesogen hat. Auch wenn es oft heißt, manchmal sei weniger eben mehr, sagt man das immer mit diesem Zusatz: »manchmal«. Täglich dringender stellt sich jedoch die Frage, ob damit eine kontingente, turbulente und kurzlebige Gegenwart noch zu bewältigen ist. Ob es nicht Alternativen gibt.

Ich plädiere daher hier für die *positive Kraft des negativen Denkens*. Für eine Strategie, die klarer und konsequenter ist als die üblichen Konzepte des positiven Tuns, sei es das »gelungene Leben«, die »gerechte Gesellschaft« oder die »gute Führungskraft«. Das Nein öffnet, schafft Freiraum, Sphären des Möglichen, Neuen, Kreativen; das Ja schließt ab, es ist das Ende der Neugier. Das Nein hat verstanden; das Ja weiß nichts – es nickt nur.

Das Negative

Wir kennen das Negative aus vielen Bereichen des Lebens. Schon für Hegel war die Negativität die treibende Kraft des Fortschritts, die dann der Ökonom Joseph Schumpeter mit seinem »schöpferischen Zerstörer« personifizierte. Emile Durkheim hat die alten Platonischen Kategorien Maß und Grenze konkretisiert: als Maß, das *nicht* überschritten, als Grenze, die *nicht* verletzt werden soll. Die »Negative Theologie« basiert auf der Einsicht, dass von Gott nicht gesagt werden könne, was er sei, sondern nur, was er nicht sei. Der Eid des Hippokrates verlangt von jedem Arzt: »Vor allem schade nicht!« In der Biologie erklärt die »Schlechte-Gene-Hypothese« sexuelle Selektion mit einer Vermeidungsstrategie: Nicht »Suche das Beste!«, sondern »Meide das Schlechte!«.

Weniger ist mehr – der Architekt Ludwig Mies van der Rohe und der Maler Piet Mondrian machten diese Idee zu ihrer gestalterischen Maxime. Gemeint war die Reduktion auf das Wesentliche, die zu besseren Ergebnissen führt als Überfrachtung. Analog dazu Antoine de Saint-Exupéry: »Vollkommenheit entsteht (...) nicht dann, wenn man nichts mehr hinzuzufügen hat, sondern wenn man nichts mehr wegnehmen kann.« Und vom amerikanischen Musik-Produzenten Rick Rubin wird gesagt, dass er zunächst unzählige Tonspuren bespielen lässt, um dann eine nach der anderen wegzunehmen, bis zu jener letzten, bei der die innere Struktur des Songs zerfällt – diese letzte Spur zieht er wieder hoch.

Auch für die *Ethik* ist die Fähigkeit des Weglassens elementar. Fragen wir uns zunächst: Das gute Leben – kann irgendwer allgemein angeben, worin es besteht? Wenn man mit Menschen spricht, bin ich immer wieder erstaunt, wie unterschiedlich sie ihr Leben gestalten. Denn letztlich weiß niemand, was in einem absoluten Sinne gut, richtig und wahr ist. Kant bestätigte das auch für die Freiheit – »die Unerforschlichkeit der Idee der Freiheit schneidet aller positiven Darstellung gänzlich den Weg ab.« Wir sind mithin gut beraten, nicht an das gute Leben zu glauben, das man irgendwie herstellen kann. Sondern an die Vermeidung des schlechten – auch wenn wir natürlich wissen, dass das nicht durchgehend gelingt. Klug scheint es zu fragen: Wie kann ich Leid vermeiden? Oder in welchem Maße kann ich es? Denn es werden immer irgendwelche Katastrophen eintreten. Denen muss man nicht unnötig zusätzliche hinzufügen.

Das Böse, das man lässt

Im Grunde beruhen die Ethiken aller Zivilisationen auf Geboten der *Unterlassung*. Neun der sogenannten Zehn Gebote aus dem Buch Exodus sind in Wirklichkeit *Verbote*. Sie sind negativ formuliert und haben die Form: »Du sollst nicht ...« (Mit einer Ausnahme: »Du sollst Vater und Mutter ehren.«)

Isokrates formulierte im fünften Jahrhundert vor Christus einen symmetrischen Grundsatz, der vom Alten Testament so tradiert wird: »Was du nicht willst, das man dir tu', das füg' auch keinem andren zu.« Was ist das, was du *nicht* willst? Darüber sind sich die meisten Menschen schnell einig, das ist recht konkret. Und es sind nicht viele Dinge: körperliche Gewalt etwa, Krankheit, Krieg, Folter. Die *negative Reziprozität* ist also bescheiden, sie will Schlimmes abwenden. Sie biegt jedenfalls nicht ins Abstrakte und allgemein Wünschbare ab. Mir scheint daher das »Was du *nicht* willst ...« geeignet, als ein moralischer Minimalkonsens im universalen Sinne anerkannt zu werden. Gleichsam ein negatives Weltmoralerbe.

Im Unterschied dazu heißt es im Neuen Testament bei Matthäus: »Alles, was ihr also von anderen erwartet, das tut auch ihnen!« Ähnlich Muhammed: »Keiner von euch ist ein Gläubiger, solange er nicht seinem Bruder wünscht, was er sich selber wünscht.« Das ist nun aber viel weiter ausgreifend. Was möchte ich nicht alles, was man mir Gutes tun solle? Ein prall gefüllter Sack mit Wohltaten möge über mir ausgeschüttet werden! Es wird schwer sein, dort auszuwählen. Mehr noch: Was wünsche ich mir nicht alles, was einem anderen Menschen völlig gleichgültig ist, ja, was er sogar ablehnt!

Das hat den Philosophen Isaiah Berlin 1958 dann zur Unterscheidung der *negativen Freiheit* (als Abwesenheit von Zwang) von der *positiven Freiheit* (als Zugang zu sozialen Wohltaten) geführt. Für Berlin ist Freiheit im realen Leben nicht reine Selbstbestimmung – die gibt es weder theoretisch noch praktisch. Wenn überhaupt, dann sollten wir Freiheit *negativ* formulieren: als Reduzierung der Fremdbestimmung. Die *positive* Freiheit indes ist das Einfallstor für Totalitarismus, Volksbeglückung und Bevormundung, kurz, für Unfreiheit. Denn die Forderung nach »freiem Zugang« läuft meist darauf hinaus, etwas kostenlos haben zu wollen. Eine solche Freiheit ruft Millionen von Bürokraten auf den Plan, die sich als Statthalter des »moralischen Ganzen« aufspielen. Es ist die Erlaubnis, Politik, Recht und Wirtschaft zu *moralisieren*, Vorschriften für das »richtige« Leben zu erlassen, die Menschen zu »erziehen« und ihr konkretes Handeln im Namen des moralisch Erwünschten zu unterdrücken.

Zwischen der Abschaffung von Übeln und der Förderung von Gutem besteht also ein Missverhältnis. Das hat uns der austro-britische Philosoph Karl Popper in seinem Buch *Die offene Gesellschaft* klargemacht. Es ist sowohl sehr viel dringender wie lebenspraktischer, das Übel zu beseitigen, als Gutes zu schaffen. Viele Denker haben das ähnlich gesehen. Zum Beispiel Johann Gottfried Seume: »Was als Böses erscheint, ist meistens böse; aber was als Gutes erscheint, ist nicht immer gut.« Und Wilhelm Busch sekundiert: »Das Gute – dieser Satz steht fest – ist stets das Böse, das man lässt.«

Die positiven Pflichten (Gebote:»Du sollst!«) sind häufig Hilfs- oder Unterstützungsgebote, während die negativen Pflichten (Verbote:»Du sollst nicht!«) als *Schädigungsverbote* zu verstehen sind. Verständlicherweise haben letztere eine höhere Verbindlichkeit. Jemanden zu schädigen wiegt schwerer als Gutes zu unterlassen. Und weil sie zudem

- von geringerer Zahl
- konsensfähiger
- konkreter und einklagbarer sind,

regulieren negative Pflichten das Verhalten besonders wirkungsvoll. Darüber hinaus kann man das Übel (wie demütigende Strukturen) sehr viel leichter identifizieren als respektvolle – ähnlich wie Krankheit leichter zu diagnostizieren ist als Gesundheit.

Aber kann man auch durch Unterlassungen schädigen? Das ist umstritten. Die Rechtssysteme der meisten europäischen Länder bejahen das als unterlassene Hilfeleistung. England, die USA und Australien verneinen es. Für Letztere ist es moralisch schwerwiegender, andere aktiv zu schädigen, als ihnen passiv keine Hilfe zu leisten. Wie dem auch sei, klar ist: Positive Pflichten lassen Abstufungen zu – es ist legitim, Familienmitgliedern eher zu helfen als Fremden. Negative Pflichten lassen dagegen *keine Abstufungen* im Verbindlichkeitsgrad zu: Das Schädigungsverbot gilt universell!

Diejenigen, die dem Vorrang des Schädigungsverbots zustimmen, orientieren sich also an einer negativen Realität, von der sie sich abgrenzen wollen. Das hat sehr praktische Vorteile: Die Aufforderung, etwas nicht zu tun, umgeht die Versuchung, etwas »einzig Richtiges« absolut zu setzen. Sie behauptet keine allein denkbare Wahrheit. Sie bekennt sich zur Mehrdeutigkeit: Im Wahren ist immer auch etwas Falsches, im Vernünftigen immer auch etwas Unvernünftiges, in der Freiheit immer auch etwas Zwang. So ist Freiheit immer Freiheit *in Grenzen,* sonst wäre sie leer (was die deterministische Hirnforschung gerne ignoriert). Man könnte schlicht keine Aussage über sie machen. Auch Vertrauen ist ohne Kontrolle undenkbar, es wäre eine vorreflexive Kategorie und insofern bewusstlos. Und nur der kann unvernünftig handeln, der zur Vernunft befähigt ist. Freiheit ist dann die Fähigkeit, beide Seiten zu sehen und sich dennoch für ein Mehr oder Weniger zu entscheiden.

Eine negative Ethik hat also *kein Ziel* – außer dem, Schaden zu vermeiden. Sie will keinen Endzustand erreichen, kein Paradies auf Erden. Das ist das Gegenteil des maßlosen »Das Beste oder Nichts!« Es ist gerade der Gegenentwurf zum Perfektionsideal.

Was heißt das nun für das anständige Unternehmen? Welche Konsequenzen ergeben sich daraus für die Ökonomie?

Ökonomie der Zurückhaltung

Ökonomie kommt vom griechischen *oikonomia* (»Haushaltsführung«), bezeichnet also ursprünglich das Wissen darum, wie man ein Hauswesen erhält und wachsen lässt. Was es dazu braucht und welche Qualität der Verwalter eines solchen Hauswesens mitbringen muss, das hat Xenophon im 9. Kapitel seines *Oikonomikos,* seinem Gespräch über Haushaltsführung benannt: »Enthaltsamkeit« und »Vorsicht«.

Genau das ist die wahre Ökonomie: die knappe, effiziente auf das Wesentliche konzentrierte Haushaltsführung.

Die wahre Ökonomie beruht auf Zurückhaltung; in ihrem Wesenskern ist sie eher ein »Lassen« als ein »Machen«. Auch der allgemeine Sprachgebrauch kennt den Zusammenhang von Ökonomie und Zurückhaltung: Wer Mittel »ökonomisch« einsetzt, ist sparsam; wer mit seinen Kräften »haushalten« will, der teilt sie ein. Ökonomie ist die Suche nach dem *geringstmöglichen Aufwand*. Das wird in den Unternehmen oft vergessen.

Platon nennt jenen den wahren Führer, der seine Aufgabe lustlos erledigt. Richtig gelesen: *lustlos*. Andernfalls sei er anfällig für Leidenschaften aller Art, was ihn launisch und daher unberechenbar mache. Zum anderen neige er dazu, Regelung über Regelung zu erlassen, sich in den Vordergrund zu drängen und damit die Menschen zu bevormunden. Dem wollen wir uns anschließen: Es ist die Verpflichtung eines intelligenten Vorgesetzten, an seinem Job einen breiten Rand zu lassen, um nicht im Treibsand der Operationen zu versinken. Er darf sich nicht im Dauerhandeln erschöpfen. Übersicht heißt auf Lateinisch *supervisio* – was bedeutet, Anfang und Ende zu überblicken, die Perspektive zu wechseln. Die Zurückhaltung, die damit einhergeht, ist aber nicht passiv im Sinne eines »Unterlassens«, sondern aktiv, sie ist eine entschiedene Tat. Jeder Praktiker weiß: Man muss sich streng disziplinieren, um gelassen untätig zu sein.

Eine Management-Architektur ist ohne diesen negativen Teil einfach unvollständig. Wer aber die Zurückhaltung eines Managers beklagt, übersieht, dass er ihr seinen Freiraum verdankt.

LITERATUR

Adler, Jerry: Freud in our Midst, in: Newsweek 27.03.2006

Ahern, Kenneth/Dittmar, Amy: The Changing of the Boards, in: Quarterly Journal of Economics, 2012

Albers, Markus: Besuch bei Besserwissern, in: brand eins 9/14, S. 122–127

Alemann, Ulrich v.: Grenzen schaffen Frieden, in: Die Zeit, 04.02.1999, S. 39

Ambler, Tim/Barrow, Simon: The employer brand, in: Journal of Brand Management, 4/1996, S. 185–206.

Armbruster, Alexander: Die Börse darf unsere Demokratie nicht gefährden, in: FAZ, 28.11.14, S. 26

Asendorf, Christoph: Entgrenzung und Allgegenwart, München 2005

Bernstein, Ethan S.: The Transparency Paradox, in: Administrative Science Quarterly, Juni 2012

Bieri, Peter: Eine Art zu leben – Über die Vielfalt menschlicher Würde, München 2013

Boerner, S., Hartmann, J. und Hüttermann, H.: Mehr Chefinnen = mehr Erfolg? Personalmagazin 4/2013, S. 24–27

Brock, Bazon: Ästhetik des Unterlassens, in: Gronau/Lagaay, a.a.O., S. 147–165

Brotbeck, Stefan: Vergällte Freiheit?, in: Werner/Dellbrügger, a.a.O., S. 1–25

Buchhorn, Eva: Rolle rückwärts, in: manager magazin, 1/2014, S. 125–128

Budras, Corinna: Der totalüberwachte Mitarbeiter, in: FAS, 23.11.2014, S. 17

Budras, Corinna: Der Algorithmus als Spion, in: FAS, 12.04.2015, S. 17

Cohn, Alain/Fehr, Ernst/Maréchal, André: Business culture and dishonesty in the banking industry, in: Nature, 04.12.2014, S. 86–89

Collins, Jim/Porras Jerry: Built to Last, New York 2011

Costa Martinez, Albert: »Piensa« twice: On the foreign language effect in decision making, in: Cognition, 2/2014, S. 236–254

Darwall, Stephen: Two kinds of respect, in: Ethics, 88/1977, S. 36–49

Dellbrügger, Peter: Bei uns steht der Mensch im Mittelpunkt, in: Werner/Dellbrügger, a.a.O., S. 26–36

Durkheim, Emile: Erziehung, Moral und Gesellschaft, Frankfurt am Main 1984

Deranty, Jean-Philippe/Renault, Emmanuel: Arbeit als Ort von Ungerechtigkeit und Herrschaft, in: Deutsche Zeitschrift für Philosophie, 2012, S. 573–592

Dietz, Karl-Martin: Initiative statt Gefügigkeit, in: Werner/Dellbrügger, a.a.O., S. 37–46

Eggers, Dave: Der Circle, Köln 2014

Ehrenberg, Alain: Das erschöpfte Selbst, Frankfurt am Main 2008

Fischer, Hans Rudi (Hrsg.): Wie kommt Neues in die Welt?, Weilerswist 2013

Fontana, David: Social Skills at Work, New York 1990

Franzen, Jonathan: Das große Schlafzimmer, in: Anleitung zum Einsamsein, Reinbek 2002

Frey, Bruno S.: Mehr Respekt für Säufer und Ehebrecher, in: FAS, 04.05.2014, S. 21

Fritzen, Florentine: Silikon, in: FAS, 19.10.2014, S. 12

Gadamer, Hans-Georg: Über die Freundschaft, in: Universitas, 7/2003, S. 721–724

Gaedt, Martin: Mythos Fachkräftemangel, Weinheim 2014

Garvin, David: Zu viel des Guten, in: Harvard Business Manager, 3/2014, S. 76–80

Gilens, M.: Why Americans hate Welfare, Chicago 1999

Goffee, Rob/Jones, Gareth: Das Unternehmen ihrer Träume, in: Harvard Business Manager, 12/2013, S. 69-80

Gomez, Peter: Integrated Value Management, London 1999

Gomez, Peter/Meynhardt, Timo: Gewinnstreben und die Frage der gesellschaftlichen Akzeptanz, in: NZZ, 12.01.2015, S. 15

Grober, Ulrich: Gelassenheit, in: Universitas 68/2013, S. 69–80

Gronau, Barbara/ Lagaay, Alice (Hrsg.): Ökonomien der Zurückhaltung, Bielefeld 2010

Grossarth, Jan: Was die Arbeit mit mir macht, in: FAZ, 22.11.2014, S. C1

Gutberlet, Wolfgang: Zur Kunst der Freiheit in der Führung, in: Werner/Dellbrügger, a.a.O., S. 47–55

Han, Byung-Chul: Sehnsucht nach dem Feind, in: FAS, 16.03.2014, S. 40

Hank, Rainer: Untreue, in: FAS, 16.11.2014, S. 33

Hank, Rainer: Freiheit: Geliebte Entmündigung, in: Schweizer Monat, 4/2015, S. 62–65

Hansen, Hartwig: Respekt – Der Schlüssel zur Partnerschaft, Stuttgart 2008

Hartmann, Michael: Die transnationale Klasse – Mythos oder Realität? in: Soziale Welt, 60 Jg., Heft 3/2009.

Haupt, Friederike: Müde, in: FAS, 09.03.14

Heen, Sheila/Stone, Douglas: Aus Feedback lernen, in: Harvard Business Manager, 3/2014, S. 20–29

Heidegger, Martin: Die Selbstbehauptung der deutschen Universität, Das Rektorat 1933/34, Frankfurt am Main 1983

Herz-el Hanbli, Julia: Der Begeisterer, in: Forum Nachhaltig Wirtschaften, 4/2014, S. 81–83

Hoffman, Reid/Casnocha, Ben/Yeh, Chris: Ein neues Bündnis, in: Harvard Business Manager, 2/2014, S. 43–51

Honneth, Axel: Kampf um Anerkennung, Frankfurt am Main 1994

Honneth, Axel: Das Recht der Freiheit, Berlin 2011

Horovitz, Jacques: Dem Kunden ein Schloss, in: Harvard Business Manager 12/2013, S. 51–56

Illouz, Eva: Die Errettung der modernen Seele, Frankfurt am Main 2009

James, William/Rorty, Richard: Über die Wahrheit, München 2007

Jumpertz, Silvia: Mach dich zufrieden, in: managerSeminare, 10/2014, S. 40–45

Kaeser, Eduard: Im digitalen Gestell, in: NZZ, 18.10.2014, S. 66

Kant, Immanuel: Grundlegung zur Metaphysik der Sitten, AA IV, S. 434f, Hamburg 1999,

Kant, Immanuel: Metaphysik der Sitten, Tugendlehre, AA VI, § 38, Hamburg 1966

Kappeler, Beat: Leidenschaftlich nüchtern, Zürich 2014

Keat, Russell: Marktökonomien als moralische Ökonomien, in: Deutsche Zeitschrift für Philosophie, 2012, S. 535–556

Koppetsch, Cornelia: Die Wiederkehr der Konformität, Frankfurt am Main 2013

Kormann, Hermut: Gibt es so etwas wie typisch mittelständische Strategie?, zit. nach: Minx, Eckard/Roehl, Heiko: Organversagen – Warum Unternehmen untergehen, in: Organisationsentwicklung, 2014, S. 49–51

Kramer, Thomas: Quo vadis, digitale Welt?, in: FAZ,17.02.2015, S. 18

Kühni, Olivia: Fairer Lohn – Das eigene Gehalt hat mit persönlicher Leistung wenig zu tun, in: Die Zeit 2/2015

Küpers, Wendelin: Klug nichts tun, in: Organisationsentwicklung, 2/2013

Lamont, Michèle: The Dignity of Working Men, Cambridge and New York, 2002

Lazonick, William: Geschäfte auf Kosten aller, in: Harvard Business Manager, 11/2014, S. 68–80

Lethen, Helmut: Verhaltenslehren der Kälte, Frankfurt am Main 1994

Lin-Hi, Nick: Lüge nicht, betrüge nicht, in: Wirtschaftswoche, 31.03.14, S. 70–71

Lobel, Orly: Talents want to be free: Why we should learn to love leaks, raids and free ridging, New Haven 2013

Lobel, Orly/Amir, On: Mitarbeiter hinter Mauern, in: Harvard Business Manager, 3/2014, S. 16-17

Lotter, Wolf: Phantomschmerzen, in: brand eins, 11/2013, S. 57–63

Lotter, Wolf: Zivilkapitalismus, München 2013

Lotter, Wolf: Die Chefsache, in: brand eins, 3/2015, S. 39–45

Lucatelli, Adriano: Die Aktionärswert-Maximierung ist nicht wertlos, in: NZZ, 12.01.2015, S. 15

Luhmann, Niklas: Soziale Systeme. Grundriss einer allgemeinen Theorie, Frankfurt am Main 2006

Maak, Niklas: Die Veröffentlichung unserer Körper, in: FAZ, 27.11.2014, S. 11

Margalit, Avishai: The Decent Society, Cambridge 1996

Margalit, Avishai: Politik der Würde, in: gdi-impuls 2/1999, S. 53–58

McCord, Patty: Die Neuerfindung der Personalarbeit, in: Harvard Business Manager, 4/2014, S. 53-61

Miklautz, Elfie: Spielräume des Unverfügbaren, in: Gronau/Lagaay, a.a.O., S. 73–93

Mühl, Melanie: Ich weiß, woran ich leide!, in: FAZ, 25.02.2015, S. N3

Müller, Hans-Ulrich: Was die Wirtschaft zusammenhält, in: NZZ, 03.01.2014.

Neuberger, Oswald: Der Mensch ist Mittelpunkt. Der Mensch ist Mittel. Punkt., in: Personalführung 1/1990, S. 3–10

Niermeyer, Rainer: Mythos Authentizität, Frankfurt am Main 2008

Ochsenfeld, Fabian: Gläserne Decke oder goldener Käfig: Scheitert der Aufstieg von Frauen in erste Managementpositionen an betrieblicher Diskriminierung oder an familiären Pflichten? Kölner Zeitschrift für Soziologie und Sozialpsychologie 64/2012, S. 507–534

Plessner, Helmuth: Die Stufen des Organischen und der Mensch (1928), Berlin 1975

Plessner, Helmuth: Grenzen der Gemeinschaft, in: Gesammelte Schriften, Band 5, Frankfurt am Main 1981

Popper, Karl: Die offene Gesellschaft und ihre Feinde, Band 1 und 2, Tübingen 1992

Pörksen, Bernhard: Ewig erpressbar, in: Die Zeit, 19.02.2015, S. 8

Rappaport, Alfred: Shareholder Value: Ein Handbuch für Manager und Investoren, Stuttgart 1998

Rawls, John: Schleier des Nichtwissens, Cambridge 1999

Rehn, Götz E.: Die Befreiung der Führung, in: Werner/Dellbrügger, a.a.O., S. 82–92

Reinhardt, Volker: Macht Geld glücklich?, in: NZZ, 14.07.2014, S. 15

Rescher, Nicholas: Principia philosophiae – Über die Natur philosophischer Prinzipien, in: Deutsche Zeitschrift für Philosophie, 2002, S. 191–202

Reuß, Roland: Ende der Hypnose, Frankfurt am Main 2012

Reuß, Roland: Zur Verteidigung des freien Subjekts, in: NZZ, 22.08.2014, S. 41

Röpke, Wilhelm: Maß und Mitte, Zürich 1950

Rössler, Beate: Sinnvolle Arbeit und Autonomie, in: Deutsche Zeitschrift für Philosophie, 2012, S. 513–534

Rorty, Richard: Kontingenz, Ironie und Solidarität, Frankfurt am Main 1989

Ruch, Peter: Rede gegen die Weltretter, in: Schweizer Monat, 7/2014, S. 42–43

Sandberg, Sheryl: Lean in, Berlin 2013

Sayer, Andrew: Würde am Arbeitsplatz, in: Deutsche Zeitschrift für Philosophie, 2012, S. 557–572

Schmid, Hans Bernhard: Vertrauen im gemeinsamen Tun (Rezension Hartmann, Martin: Die Praxis des Vertrauens, Frankfurt am

Main 2011), in: Deutsche Zeitschrift für Philosophie, 2012,
S. 630–632

Schmitt, Carl: Die Tyrannei der Werte, Berlin 1967

Schöchli, Hansueli: Hohe politische Kosten der Managerlöhne, in:
NZZ, 19.04.2014

Schönherr-Mann, Hans-Martin: Vom Nutzen der Philosophie.
Pragmatismus als Lebenskunst, Stuttgart 2012

Schreiber, Mathias: Würde. Was wir verlieren, wenn sie verloren
geht, München 2013

Sennett, Richard: Verfall und Ende des öffentlichen Lebens, Frankfurt am Main 1983

Sennett, Richard: Respekt in Zeiten der Ungleichheit, Berlin 2004

Sewell, G./Wilkinson, B.: Someone to watch over me, in: Sociology,
1992, S. 271–289

Sewell, G./Wilkinson, B.: Empowerment or Emasculation?, in:
Blyton, P./Turnbull, P. (Hrsg.): Re-Assessing Human Resource
Management, London 1992

Sloterdijk, Peter: Nicht gerettet. Versuche nach Heidegger, Frankfurt am Main 2001

Smith, Nicolas: Arbeit nach dem Liberalismus, in: Deutsche Zeitschrift für Philosophie, 2012, S. 509–512

Sprenger, Reinhard K.: Aufstand des Individuums, Frankfurt am
Main 2000

Sprenger, Reinhard K.: Mythos Motivation, Frankfurt am Main
2010

Sprenger, Reinhard K.: Radikal führen, Frankfurt am Main 2012

Staun, Harald: Der Terror des Teilens, in: FAS, 22.12.2013, S. 39

Stehr, Nico: Die Moralisierung der Märkte, Frankfurt am Main
2007

Strasser, Johano: Mit der Lüge leben, in: Universitas 7/2003, S. 691–697

Strobl, Ingrid: Respekt, der von Herzen kommt, in: Psychologie heute, 9/2008, S. 21–25

Theunert, Markus: Unsichtbare Bremser, in: OrganisationsEntwicklung, 4/2014, S. 38–43

Ulrich, Peter: Integrative Wirtschaftsethik, 2. Aufl. Bern 1998
Ulrich, Peter: Transformation der ökonomischen Vernunft, 3. Aufl. Bern 1993

Van Dick, Rolf: Gefährliche Begeisterung, in: Harvard Business Manager, 2/2014, S. 14–15

Weber, Max: Politik als Beruf, Ditzingen 1992
Werner, Götz W./Dellbrügger, Peter (Hrsg.): Wozu Führung? Dimensionen einer Kunst, Karlsruhe 2013

Werner, Götz W.: Die Kunst der Wertschätzung, in: Handelsblatt, 23.12.2014

Werner, Jürgen: Die Grenzen meiner Sprache sind die Grenzen meines Erfolgs, in: Wirtschaftswoche, 15.12.2014, S. 114–116

Wolf, Ursula: Das Problem des moralischen Sollens, Berlin 1984

Yoshino, Kenji/Smith, Christie: Nur nicht auffallen, in: Harvard Business Manager, 6/2014, S. 12–13

Zepke, Georg/Heimerl, Katharina: Thema: Abschied, in: OrganisationsEntwicklung, 2/2014, S. 52–58